21世纪高等教育计算机规划教材

Access 数据库
应用教程（2010版）

Access 2010 Applications

邓海 主编

章全 罗翠兰 副主编

U0315550

人民邮电出版社

北 京

图书在版编目（CIP）数据

Access数据库应用教程：2010版／邓海主编. --
北京：人民邮电出版社，2015.8（2021.9重印）
21世纪高等教育计算机规划教材
ISBN 978-7-115-39209-1

Ⅰ．①A… Ⅱ．①邓… Ⅲ．①关系数据库系统—高等
学校—教材 Ⅳ．①TP311.138

中国版本图书馆CIP数据核字（2015）第157271号

内 容 提 要

本书根据教育部高等学校计算机基础课程教学指导委员会提出的数据库课程的教学基本要求，结合全国计算机等级考试二级 Access 数据库程序设计的考试大纲编写。全书共 8 章，包括数据库基础知识、表、查询、窗体、报表、宏、模块与 VBA 程序设计、数据库应用系统开发实例。

本书强调理论与实践的结合，以"图书管理系统"数据库开发设计为教学案例贯穿始终，系统介绍了数据库的基础知识、Access 2010 的基本功能和操作以及 Access 数据库应用系统的开发，内容充实、实例丰富、通俗易懂、可操作性强。

本书可作为高等学校非计算机专业的 Access 数据库技术与应用课程的教材，也可作为全国计算机等级考试二级 Access 数据库程序设计考生的学习参考用书。

◆ 主　编　邓　海

　　副主编　章　全　罗翠兰

　　责任编辑　刘　博

　　责任印制　沈　蓉　彭志环

◆ 人民邮电出版社出版发行　　北京市丰台区成寿寺路 11 号

　　邮编　100164　　电子邮件　315@ptpress.com.cn

　　网址　http://www.ptpress.com.cn

　　北京七彩京通数码快印有限公司印刷

◆ 开本：787×1092　1/16

　　印张：17　　　　　　　　　　2015 年 8 月第 1 版

　　字数：447 千字　　　　　　　2021 年 9 月北京第 10 次印刷

定价：39.80 元

读者服务热线：(010)81055256　印装质量热线：(010)81055316
反盗版热线：(010)81055315

前　言

随着计算机广泛应用于各个领域，数据库技术的应用也得到了快速的发展。现在许多单位的业务开展都离不开数据库，如银行业务、电子商务、教务管理和财务管理等。从当前信息时代的特征来看，基于数据库技术和数据库管理系统的应用软件的研发和使用已经成为各专业领域和管理人员必备的基础，社会对大学生的数据库程序设计与应用的能力也有新的、更高的要求。目前，"数据库应用"课程已经成为许多高校对各专业学生开设的计算机基础教学核心课程和必修课程。

数据库系统通过数据库管理系统来对数据进行统一管理。为了能开发出适用的数据库应用系统，必须熟悉和掌握一种数据库管理系统。目前，常用的数据库管理系统有很多，相对于其他数据库管理系统而言，Access 作为一个小型的关系数据库管理系统，简单易学，而且可与学生所学专业相结合，用于开发诸如信息管理系统、客户关系管理系统、电子商务系统和企业资源计划系统等各类数据库应用系统。Access 已经成为各高校计算机基础课程中的重要内容，也是众多从事管理工作的人员和数据库开发人员学习和应用的数据库软件。

Access 是 Microsoft Office 系列应用软件之一，是一个功能强大且易于实现和使用的关系型数据库管理系统，既具有典型的 Windows 应用程序风格，也具备可视化及面向对象程序设计的特点。Access 能有效地组织、管理和共享数据库的数据信息，把数据库和网络结合起来，为用户在网络中共享信息奠定了基础。Access 有着相当广泛的用户群，既可以直接开发一个小型的数据库应用系统，又可以作为一个中小型管理信息系统的数据库部分，还可以作为一个商务网站的后台数据库部分。目前，已有大量的基于 Access 数据库的应用在 Internet 上发布，并且其数量呈快速上升之势。同时，Access 具有易学易用、功能完备、操作简单的特点，特别适合数据库技术的初学者。目前，许多高校有关数据库基础的课程是以 Access 数据库为平台来讲授和组织上机实验的，教育部考试中心每年还要组织"全国计算机等级考试二级 Access 数据库程序设计"科目的考试。

本书注重理论联系实际，以应用为目的，以案例为引导，强化实际动手能力的培养，循序渐进地介绍了数据库的基础知识、Access 2010 的基本功能和操作以及 Access 数据库应用系统的实现。全书以"图书管理系统"的设计为案例展开，以丰富的实例展示了使用 Access 2010 创建数据库以及各种数据库对象的基本知识和技巧，最后以"图书管理系统"的开发为例，详细地介绍了数据库管理系统的需求分析与系统设计、功能模块设计与实现，图文并茂、通俗易懂、内容前后呼应、可操作性强。学生只要参照本书提供的实例进行系统学习，并配合上机实验，就能很快掌握 Access 数据库管理系统的基本功能和操作，熟悉面向应用的程序开发流程与方法，并能进行小型数据库应用系统的开发，还能够提高应用计算机解决实际问题的能力。

全书共 8 章。第 1 章主要介绍数据库系统的基础知识和 Access 2010 的基础操作；第 2 章主要介绍表的操作；第 3 章主要介绍查询及其应用；第 4 章主要介绍窗体设计及应用；第 5 章主要介绍报表设计及编辑；第 6 章主要介绍宏及其应用；第 7 章主要介绍模块和 VBA 编程；第 8 章主要介绍教学案例"图书管理系统"的开发过程。每章均配有习题，供读者复习和上机练习使用。

本书参考学时为 64 学时，其中理论教学 32 学时，上机实践 32 学时。建议在具体学时分配时，注重学生逻辑思维和自学能力的培养，增加程序设计内容的学时，提高学生的 VBA 编程能力，减少讲解 Access 基本功能和操作的学时。

本书由江西财经大学现代经济管理学院邓海担任主编，负责全书的策划及统稿，章全、罗翠兰任副主编。本书第 1、2、7、8 章和附录由邓海编写，第 3、6 章由章全编写，第 4、5 章由罗翠兰编写。

在编写过程中，编者参考了大量有关 Access 数据库技术与应用的书籍和资料，在此对这些参考文献的作者表示衷心的感谢。

为便于教师教学和学生自主学习，本书配有教学课件、案例数据库等教学资源，可从人民邮电出版社教学服务与资源网（http://www.ptpedu.com.cn）下载使用。

由于作者水平有限，书中难免会有疏漏和不足之处，恳请同行专家和其他读者批评指正。

编　者
2015 年 3 月

目　录

第1章
数据库基础知识

信息技术的飞速发展和广泛应用，使人们的生产方式、生活方式和思想观念发生了巨大的变化，极大地推动了社会的发展和文明的进步，把人类带入了崭新的信息时代。

在信息社会，信息系统的建立已逐渐成为社会各个领域不可或缺的基础设施，越来越凸显其重要性。数据库技术是信息系统的核心技术和重要基础，是一种计算机辅助管理数据的方法，它研究如何组织和存储数据，如何高效地获取和处理数据。许多应用（如管理信息系统、决策支持系统、企业资源规划、客户关系管理、数据仓库和数据挖掘等）都是以数据库技术作为重要的支撑。

例如，身处数字化校园中的教师和学生可以享受到教学管理、科研管理、学生信息管理、网上选课和图书借阅等信息化服务。如果读者前往图书馆借阅图书，就好像置身于一个"数据库系统"中，正在访问一个图书的"数据库"；图书管理员使用一个条形码阅读器扫描读者借阅的每一本图书，再根据条形码阅读器获取的"数据"，从图书数据库中找出图书名称、作者、出版社和价格等信息，将读者、图书和日期等相关信息添加到借书记录中，同时将该图书的信息修改为已借出。这些操作就是"数据库系统"在工作。

1.1 数据库系统概述

数据库系统（Database System，DBS）是为适应数据处理的需要而发展起来的一种较为理想的数据处理系统，是存储介质、处理对象和管理系统的集合体。计算机的高速处理能力和大容量存储器提供了实现数据管理自动化的条件。

数据库系统的出现是计算机应用的一个里程碑，它使得计算机应用从以科学计算为主转向以数据处理为主，并从而使计算机得以在各行各业普遍使用。

1.1.1 信息、数据与数据处理

数字化是人类社会 21 世纪文明的显著特征。所谓数字化就是用二进制数 0 和 1 编码来表达和传输一切信息的一种综合性技术，即文本、声音、图形、图像和视频等各种信息全都变成数字信号，在同一种综合业务网中进行传输。信息的数字化为信息时代提供了一个强有力的技术手段。

1. 信息

在人类社会活动中，存在着各种各样的事物，每种事物都有其自身的表现特征和存在方式，

以及与其他事物的相互联系、相互作用。

信息是对现实世界中各种事物的存在方式、运动状态或事物间联系形式的反映的综合。通俗地讲，信息是经过加工处理并对人类客观行为产生影响的数据。

信息是有价值的，是可以被感知的。信息可以通过载体传递，可以通过信息处理工具进行存储、加工、传播、再生和增值。在信息社会中，信息一般可与物质或能量相提并论，它是一种重要的资源。

2. 数据

数据是记录现实世界中各种信息并可以识别的物理符号，是信息的载体，是信息的具体表现形式，也是数据库中存储的基本对象。

说起数据，人们首先想到的是数字，其实数字只是数据的一种。为了描述客观事物而用到的数字、字符及所有能输入到计算机中并能被计算机处理的符号都可以看作是数据。

数据表现信息的形式是多种多样的，不仅有数字、文字符号，还有图形、图像、音频和视频文件等。用数据记录同一信息可以有不同的形式，信息不会随着数据形式的不同而改变其内容和价值。例如，一个城市某天的天气预报是一条信息，而描述该信息的数据形式可以是文字、图像或声音等。

在用数据符号表示信息的实际应用中，可将数据定义成多种类型。常见的有两种类型，一种是数值型数据，即对客观事物进行定量记录的符号，如数量、年龄、价格和角度等；另一种是字符型数据，即对客观事物进行定性记录的符号，如姓名、单位和地址等。此外，还有对客观事物进行形象特征和过程记录的符号，如图形、图像、声音和视频等多媒体数据。

数据与信息既有区别，又有联系。数据是用来表示信息的，是承载信息的物理符号；信息是加工处理后的数据，是数据所表达的内容。值得注意的是，信息和数据这两个概念有时可以不加区别地使用，例如信息处理也可以说成是数据处理。

3. 数据处理

数据处理是指利用计算机将各种类型的数据转换成信息的过程。广义地讲，它包括对数据的收集、整理、存储、传输、检索、分类、加工或计算、打印各类报表或输出各种需要的图形等一系列活动。狭义地讲，它是指对所输入的数据进行加工整理。数据处理的目的是从收集的大量原始数据中抽取和推导出有价值的信息，作为决策的依据。

可以用一个等式来简单地表示信息、数据与数据处理之间的关系：信息=数据+数据处理。

在数据处理的一系列活动中，数据收集、存储、传输、检索和分类等操作是基本环节，这些基本环节统称为数据管理。

1.1.2　数据管理技术的发展

数据管理技术随着计算机硬件（主要是外存储器）、软件技术和计算机应用范围的发展而不断发展，大致经历了人工管理、文件系统、数据库系统和新型数据库系统等几个阶段。

1. 人工管理阶段

20 世纪 50 年代中期以前，计算机主要用于科学计算。在这一阶段，计算机硬件方面，外存储器只有卡片机、纸带机和磁带机，没有磁盘等直接存取的外存储器；软件方面，只有汇编语言，还没有操作系统软件和数据管理软件支持，数据完全由程序设计人员有针对性地设计程序进行管理，数据处理方式基本是批处理。这一阶段数据管理的特点如下。

（1）数据不保存

人工管理阶段处理的数据量较少，一般不需要将数据长期保存，仅仅在计算某一个项目时将数据随应用程序一起输入，计算后将结果输出并退出，对数据不做长期保存。若要再次进行计算，则需重新输入数据和应用程序。

（2）由应用程序管理数据

系统中没有专门的软件对数据进行管理，数据需要由应用程序自行管理，每个应用程序不仅要规定数据的逻辑结构，而且要设计物理结构（包括存储结构、存取方法、输入/输出方式等），程序设计任务繁重。

（3）数据和程序不具有独立性

数据是作为输入程序的组成部分，数据和程序同时提供给计算机运算使用，一组数据对应一个程序，这就使得程序依赖于数据。当数据的逻辑结构或存储结构发生改变时，必须修改对应的应用程序，这就进一步加重了程序设计的负担。

（4）数据不能共享

由于数据是依赖于具体的应用程序而存在的，不同应用的数据之间是相互独立、彼此无关的。即使两个应用程序使用的是完全相同的一组数据，这组数据也必须在各自的应用程序中分别定义和输入，无法共享，造成数据冗余。

人工管理阶段应用程序与数据之间的关系如图 1-1 所示。

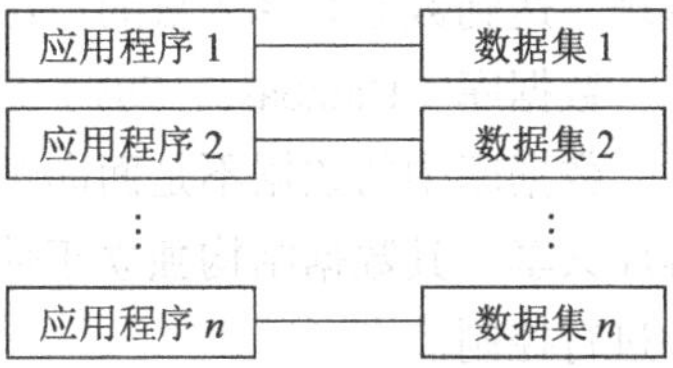

图 1-1　人工管理阶段应用程序与数据之间的关系

2. 文件系统阶段

20 世纪 50 年代中期到 60 年代中期，计算机的应用范围从科学计算扩大到信息管理。在计算机硬件方面，出现了磁鼓、磁盘等直接存取数据的外部存储设备。在软件方面，已经有了高级语言和操作系统。操作系统中的文件系统可以帮助用户将所需数据以文件的形式存储并对其进行各种处理。数据处理方式有批处理，也有联机实时处理。

在文件系统阶段，程序与数据有了一定的独立性，程序与数据分开存储，有了程序文件和数据文件的区别。数据文件可以长期保存在外存储器上多次存取，如进行查询、修改、插入和删除等操作。这一阶段数据管理的特点如下。

（1）数据可长期保存

数据以独立数据文件的形式长期保存在磁鼓或磁盘等外部存储介质上，数据文件可以被应用程序重复使用。

（2）由文件系统管理数据

数据存放在相互独立的数据文件中，由文件系统统一管理。应用程序通过文件系统对数据进行操作。程序员可以将更多的精力集中在算法上，而不必过多地考虑物理细节。

（3）数据独立性差

文件系统中的数据文件依赖于应用程序的存在而存在，程序和数据之间的依赖关系并未根本改变，数据与程序之间仍缺乏独立性。

（4）数据共享性差、冗余度大

在文件系统中，文件是面向应用的，即一个文件和一个应用程序基本上是一一对应的，这就不便于数据的共享，同时增加了数据的冗余，浪费了存储空间。

文件系统阶段应用程序与数据之间的关系如图 1-2 所示。

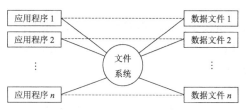

图 1-2　文件系统阶段应用程序与数据之间的关系

3. 数据库系统阶段

进入 20 世纪 60 年代后期，计算机的软、硬件得到了进一步的发展，特别是出现了大容量磁盘。同时，计算机应用于数据处理的范围越来越广，需要计算机管理的数据量急剧增长，对数据共享的需求日益增强，仅仅基于文件系统的数据管理方法已无法适应开发应用系统的需要。

为了有效管理和存取大量的数据资源，解决数据与应用程序的独立性问题，实现数据的统一管理，达到数据共享的目的，出现了数据库技术。

数据库（Database，DB）是共享数据的集合，它不仅包括数据本身，而且包括数据之间的联系。数据库中的数据不是面向某一特定的应用，而是面向多种应用，可以被多个用户、多个应用程序共享。其数据结构独立于使用数据的程序，对于数据的增加、删除、修改及检索等由系统统一进行控制。

为数据库的建立、使用和维护而配置的软件称为数据库管理系统（Database Management System，DBMS），它是在操作系统支持下运行的。目前较为流行的数据库管理系统有 Oracle、SQL Server 和 Access 等。

这一阶段数据管理的特点如下。

（1）数据结构化

采用数据模型表示复杂的数据结构，数据模型不仅描述数据本身的特征，还可以描述数据之间的相互关系。这样的数据不再面向特定的某个或多个应用，而是面向整个应用系统。

（2）数据共享性高

数据库系统从整体角度来看待和描述数据，面向整个系统，减少了数据的冗余，节约存储空间，缩短存取时间，避免数据之间的不相容和不一致；面向不同的应用，存取相应的数据库的子集。

（3）数据独立性高

数据的物理存储结构与用户看到的逻辑结构可以有很大的差别。用户只是用简单的逻辑结构来操作数据，无需考虑数据在存储器上的物理位置与结构。数据的存储和使用数据的程序彼此独立，数据存储结构的变化尽量不影响用户对程序的使用，用户对程序的修改也不要求数据结构做大的改动。

（4）有统一的数据控制功能

数据库作为用户与应用程序的共享资源，对数据的存取往往是并发的，即多个用户同时使用同一个数据库。数据库管理系统必须提供并发控制功能、数据的安全性控制功能和数据完整性控制功能。

在数据库管理系统支持下的应用程序与数据之间的关系如图 1-3 所示。

图 1-3　数据库系统阶段应用程序与
数据之间的关系

4. 新型数据库系统阶段

随着计算机硬件和软件的不断改善，数据处理应用领域持续扩大，数据库技术的发展先后经历了层次数据库、网状数据库和关系数据库。层次数据库和网状数据库可以看作是第一代数据库系统，关系数据库可以看作是第二代数据库系统。

自 20 世纪 70 年代提出关系数据模型和关系数据库后，数据库技术得到了蓬勃发展，应用也越来越广泛。但随着应用的不断深入，占主导地位的关系数据库系统已不能满足新的应用领域的需求。例如，在实际应用中，除了需要处理数值、字符数据的简单应用之外，还需要存储并检索复杂的复合数据（如集合、数组、结构）、多媒体数据、计算机辅助设计绘制的工程图纸和地理信息系统提供的空间数据等，对于这些复杂数据，关系数据库无法实现对它们的管理。

到了 20 世纪 80 年代，数据库技术与其他软件技术加速融合，新的、更高一级的数据库技术相继出现并得到长足的发展，分布式数据库系统、面向对象数据库系统和多媒体数据库系统等新型数据库系统应运而生。

分布式数据库系统是数据库技术与计算机网络技术、分布式处理技术相结合的产物。分布式数据库系统是系统中的数据物理上分布在计算机网络的不同结点，但逻辑上属于一个整体的数据库系统。分布式数据库系统不同于将数据存储在服务器上供用户共享存取的网络数据库系统，它不仅能支持局部应用（访问本地数据库），而且能支持全局应用（访问异地数据库）。

面向对象数据库系统是将面向对象的模型、方法和机制，与先进的数据库技术有机地结合而形成的新型数据库系统。它从关系模型中脱离出来，强调在数据库框架中发展类型、数据抽象、继承和持久性。面向对象数据库系统的基本设计思想是：一方面把面向对象的程序设计语言向数据库方向扩展，使应用程序能够存取并处理对象；另一方面扩展数据库系统，使其具有面向对象的特征，提供一种综合的语义数据建模概念集，以便对现实世界中复杂应用的实体和联系建模。

多媒体数据库系统是数据库技术与多媒体技术相结合的产物。随着信息技术的发展，数据库应用从传统的企业信息管理扩展到计算机辅助设计（CAD）、计算机辅助制造（CAM）、办公自动化（OA）和人工智能（AI）等多种应用领域。这些领域中要处理的数据不仅包括传统的数值、字符等格式化数据，还包括大量多种媒体形式的非格式化数据，如图形、图像和声音等。这种能存储和管理多种媒体的数据库称为多媒体数据库。现有数据库管理系统无论从模型的语义描述能力、系统功能、数据操作，还是存储管理、存储方法上，都不能适应非格式化数据的处理要求。综合程序设计语言、人工智能和数据库领域的研究成果，设计支持多媒体数据管理的数据库管理系统已成为数据库领域中一个新的、重要的研究方向。

新型数据库系统为数据库技术的发展带来了一个又一个新浪潮，但对于中、小数据库用户来说，很多高级的数据库系统的专业性要求太高，通用性受到制约。而基于关系模型的关系数据库系统功能的扩展与改善，面向对象关系数据库、数据仓库、Web 数据库和嵌入式数据库等数据库技术的出现，构成了新一代数据库系统的发展主流。

1.1.3 数据库系统的组成

数据库系统是指引入了数据库技术的计算机系统，是一个具有管理数据库功能的计算机软、硬件综合系统。它可以实现有组织、动态地存储大量相关数据，提供数据处理和信息资源共享服务。数据库系统一般由数据库、数据库管理系统、数据库应用系统、数据库管理员和用户组成。通常在不引起混淆的情况下将数据库系统简称为数据库。

1. 数据库

顾名思义，数据库是存放数据的仓库，只不过这个仓库是在计算机存储设备上，而且数据按一定的格式存放。

将数据按一定的数据模型组织起来，使其具有较小的冗余度、较高的独立性和易扩展性，并可为一定范围内的多个用户共享，这种数据的集合称为数据库。例如，将图书馆的读者、图书等数据有序地组织起来存储在计算机磁盘上，可以构成一个与图书管理有关的数据库。

简而言之，数据库是长期存储在计算机内的有组织的、可共享的数据集合。数据库不仅要反映数据本身的内容，还要反映数据之间的联系。

2. 数据库管理系统

数据库管理系统是位于用户与操作系统之间，用于建立、使用和维护数据库的系统软件。它是数据库系统的核心组成部分，一般具有以下功能。

（1）数据定义功能

数据库管理系统提供了数据定义语言（Data Definition Language，DDL），用户通过 DDL 可以方便地对数据库中的数据对象进行定义。例如，通过 CREATE TABLE 命令可以定义表结构。

（2）数据操纵功能

数据库管理系统提供了数据操纵语言（Data Manipulation Language，DML），用于实现对数据库的基本操作。例如，对数据库表中数据的查询、插入、修改和删除。

（3）数据管理和控制功能

数据库管理系统提供了数据控制语言（Data Control Language，DCL），用于保证数据库的安全性、完整性、多用户对数据的并发操作以及发生故障时的系统恢复。例如，对数据库表实施参照完整性、为数据库设置密码和定期对数据库进行备份。

3. 数据库应用系统

数据库应用系统（Database Application System，DBAS）是系统开发人员为了解决某一类信息处理的实际需求而利用数据库系统资源和数据库系统开发工具开发出来的软件系统。例如，利用 Access 开发的图书管理系统、教务管理系统、水费管理系统和超市销售系统等。这些系统都是以数据库为基础，通过数据库管理系统来访问的计算机应用系统。

4. 数据库管理员和用户

数据库管理员（Database Administrator，DBA）是数据管理机构的专门人员，他们负责对整个数据库系统进行总体控制和维护，保证数据库系统的正常运行。

用户是指通过应用系统的用户界面使用数据库的人员，他们一般对数据库知识了解不多。

1.2 数据模型

模型是现实世界特征的模拟和抽象。例如，一组建筑设计沙盘、一架精致的航模飞机，都是具体的实物模型。数据模型是模型的一种，它是现实世界数据特征的抽象。现实世界中的具体事物必须用数据模型来抽象和表示，计算机才能处理。

数据模型应满足三个方面的要求：一是能够比较真实地模拟现实世界，二是容易被人理解，三是便于在计算机系统中实现。

1.2.1　数据的抽象过程

从现实世界中的客观事物到数据库中存储的数据是一个逐步抽象的过程，这个过程经历了现实世界、信息世界和机器世界 3 个阶段，在不同的阶段采用不同的数据模型。不同的数据模型是提供给用户模型化数据和信息的不同工具。通常将现实世界的事物及其联系抽象成信息世界的概念数据模型（又称概念模型），再转换成机器世界的数据模型。

现实世界是指客观存在的事物及其相互之间的联系。现实世界中的事物有着众多的特征和复杂的联系，但人们一般只选择感兴趣的一部分来描述。例如，通常用学号、姓名和班级等特征来描述和区分学生。事物可以是具体的、可见的（如学生），也可以是抽象的（如课程）。

信息世界是人们把现实世界的信息和联系，通过"符号"记录下来，然后用规范化的数据库定义语言来描述而构成的一个抽象世界。在信息世界中，不是简单地对现实世界进行符号化，而是要通过筛选、归纳、总结和命名等抽象过程产生出概念模型。概念模型的表示方法很多，目前较常用的是实体-联系模型，简称 E-R 模型。

机器世界是将信息世界的内容数据化后的产物。将信息世界中的概念模型，进一步地转换成为计算机上某一数据库管理系统支持的数据模型，形成便于计算机处理的数据表现形式。常见的数据模型有层次模型、网状模型、关系模型及面向对象模型。

可见，数据模型是对现实世界进行抽象和转换的结果，这一过程如图 1-4 所示。

图 1-4　数据模型的建立

1.2.2　数据模型的三要素

数据模型是用来抽象、表示和处理现实世界中的数据和信息的工具。一般来讲，数据模型是严格定义的概念的集合，这些概念精确地描述了系统的静态特性、动态特性和完整性约束条件。因此，数据模型通常由数据结构、数据操作和数据约束三部分组成。

1. 数据结构

数据结构是所研究对象、对象具有的特性及对象间联系的集合。这些对象是数据库的组成部分，如表、表中的字段、名称等。数据结构分为两类：一类是与数据类型、内容等有关的对象，另一类是与数据之间关系有关的对象。

在数据库领域中，通常按照数据结构的类型来命名数据模型，进而对数据库管理系统进行分类。常用的数据结构有层次结构、网状结构和关系结构，这 3 种结构的数据模型分别命名为层次模型、网状模型和关系模型。相应地，数据库分别称为层次数据库、网状数据库和关系数据库。

2. 数据操作

数据操作是指对数据库中各种对象（型）的实例（值）允许执行的操作的集合，包括操作及有关的操作规则。数据库的操作主要有检索和更新（包括插入、删除和修改）两大类。数据模型必须定义这些操作的确切含义、操作符号、操作规则（如优先级）以及实现操作的语言。数据结构是对系统静态特性的描述，而数据操作是对系统动态特性的描述。

3. 数据约束

数据约束主要描述数据结构内数据间的语法、语义联系，描述它们之间的制约与依存关系以及数据动态变化的规则，以保证数据的正确、有效与相容。例如，对于图书管理系统中读者的"读者编号"属性取值不能出现重复值，"性别"属性取值必须为"男"或"女"。

1.2.3 概念模型

概念模型是现实世界到信息世界的第一次抽象，是按用户的观点，从概念上描述客观世界复杂事物的结构以及事物之间的联系，而不管事物和联系如何在数据库中存储。概念模型并不依赖于具体的计算机系统，与具体的数据库管理系统无关。

1. E-R 模型

在概念模型的表示方法中，最常用、最著名的是由 P.P.S.Chen 于 1976 年首先提出的实体－联系方法（Entity Relationship Approach，E-R 方法）。该方法用 E-R 图来描述现实世界的概念模型，称为实体-联系模型（Entity Relationship Model，E-R 模型）。

E-R 模型将现实世界中的客观事物及其联系转换为实体、属性和联系。

（1）实体

客观存在并可以相互区别的事物称为实体。实体既可以是具体的事物，也可以是抽象的概念。例如，一本图书、一门课程、一次借书等都称为实体。

（2）属性

实体所具有的某一特性称为属性。一个实体可以由若干个属性来刻画。例如，学生实体可以由学号、姓名、性别、出生日期、民族和入学时间等属性组成。

属性有"型"和"值"的区分。例如，在学生实体属性中，姓名、性别、民族等是属性的型，而属性的值是其型的具体内容，如张三、男、汉族分别是姓名、性别、民族的值。

（3）实体集

具有相同属性的实体的集合称为实体集。例如，所有学生的集合、所有课程的集合、所有图书的集合等。

（4）联系

现实世界中事物内部以及事物之间是有联系的，这些联系抽象到信息世界中反映为实体内部及实体之间的各种联系。实体内部的联系通常是指组成实体的各属性之间的联系，实体之间的联系通常是指不同实体集之间的联系。

两个实体之间的联系可以分为一对一、一对多、多对多 3 种类型。

① 一对一联系。如果对于实体集 A 中的一个实体，实体集 B 中只有一个实体与之联系，反之亦然，则称实体集 A 与实体集 B 具有一对一联系，记为 $1:1$。例如，一个学校有一个校长，而每个校长只在一个学校任职，则学校与校长的联系就是一对一联系。

② 一对多联系。如果对于实体集 A 中的一个实体，实体集 B 中有多个实体与之联系，反之，对于实体集 B 中的一个实体，实体集 A 中最多只有一个实体与之联系，则称实体集 A 与实体集 B 具有一对多联系，记为 $1:N$。例如，班级和学生之间存在一对多的联系，即每个班级可以有多个学生，而一个学生只属于一个班级。

③ 多对多联系。如果对于实体集 A 中的一个实体，实体集 B 中有多个实体与之联系，反之，对于实体集 B 中的一个实体，实体集 A 中也有多个实体与之联系，则称实体集 A 与实体集 B 具有多对多联系，记为 $M:N$。例如，学生和课程之间存在多对多的联系，即一个学生可以选修多门课程，而一门课程也可以有多个学生选修。

2. E-R 图

E-R 模型可以用 E-R 图来表示。其中，实体用矩形表示，属性用椭圆形表示，联系用菱形表示，实体和属性之间、联系和属性之间、联系和实体之间用直线连接，并在联系与实体之间的连线旁注明联系的类型。

例如，图书管理系统中存在读者实体和图书实体，用来描述这两个实体及它们之间的多对多联系的 E-R 图如图 1-5 所示。其中，"读者编号"属性作为读者实体的标识符（不同读者的读者编号不同），"图书编号"属性作为图书实体的标识符。联系也可以有自己的属性，如读者实体和图书实体之间的"借阅"联系可以有"借阅日期""归还日期"等属性。

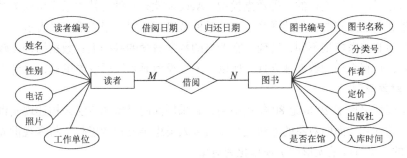

图 1-5　读者实体和图书实体及其联系的 E-R 图

1.2.4　数据模型

E-R 模型只能说明实体间语义的联系，只有在转换成数据模型后才能在数据库中表示。选择适当的数据模型是建立数据库的前提和基础，每一个数据库管理系统都是基于某种数据模型的。

1. 层次模型

层次模型用树形结构表示实体及实体之间的联系，类似于 Windows 操作系统中的文件夹，可以形象、直观地表示一对多联系，但是无法直接描述事物之间复杂的多对多联系。

在这种模型中，数据被组织成由"根"开始的"树"，每个实体由"根"开始沿着不同的分支放在不同的层次上。"树"中的每一个结点代表一个实体类型，连线则表示它们之间的联系。其特点是：有且仅有一个根结点，其他结点仅有一个父结点。结点之间的关系是父结点与子结点的关系，即一对多的关系。

在现实世界中，许多实体间的联系本身就是自然的层次关系，如一个单位的行政机构、一个家庭的世代关系等。

层次模型的优点主要有：模型本身比较简单，实体间联系是固定的，模型提供了良好的完整性支持。

层次模型的缺点主要有：现实世界中很多联系是非层次性的，如多对多联系、一个结点具有多个双亲等，用层次模型来表示这类联系只能通过引入冗余数据（易产生不一致性）或创建非自然的数据组织（引入虚拟结点）来解决；对插入和删除操作的限制比较多；查询子结点必须通过父结点；由于结构严密，层次命令趋于程序化。

2. 网状模型

网状模型以网状结构表示实体与实体之间的联系。网状模型中的每一个结点代表一个记录类型（实体），每个记录类型可包含若干个字段（实体的属性），结点间的连线表示记录类型（实体）之间一对多的联系。网状模型可以表示多个从属关系的联系，也可以表示数据间的交叉关系。网状模型的特点是：允许一个以上的结点无双亲；一个结点可以有多于一个的双亲。

网状模型的优点主要有：能更为直接地描述现实世界，具有良好的性能，存取效率较高。

网状模型的缺点主要有：结构比较复杂，用户不容易使用。由于记录之间的联系是通过存取路径实现的，应用程序在访问数据时必须选择适当的存取路径，因此，用户必须了解系统结构的细节，加重了编写应用程序的负担。

3. 关系模型

关系模型以二维表结构来表示实体以及实体之间的联系，是一个"二维表框架"组成的集合，可以描述一对一、一对多和多对多的联系。

关系模型是目前比较流行的一种数据模型。Access 就是一种支持关系模型的关系数据库管理系统。无论是实体还是实体之间的联系，在关系模型里面都用一张二维表来表示。

关系模型与非关系模型不同，它建立在严格的数学概念的基础上；数据结构比较简单，用户比较容易理解；具有很高的数据独立性。所以，关系模型诞生以后发展迅速，深受用户的喜爱。

4. 面向对象模型

面向对象模型出现于 20 世纪 80 年代中期，它采用面向对象的方法来描述现实世界中的实体以及实体之间的联系。面向对象的方法就是以接近人类思维方式的思想，将客观世界的一切实体（可以是真实的，也可以是无形的）模型化为对象。

在面向对象模型中，最基本的概念是对象（Object）和类（Class）。对象是现实世界实体的模型化，每个对象都有一个唯一的标识符，都具有属性（用于描述对象的特征）和方法（用于描述对象的行为）。类是具有相同属性和方法的一组对象的集合，它为属于该类的全部对象提供了抽象的描述。类与对象的关系就像模具与产品之间的关系一样，一个属于某类的对象称为该类的一个实例。一个类从其类层次中的直接或间接祖先那里继承所有的属性和方法。这样，在已有类的基础上定义新类时，只需定义特殊的属性和方法即可，而不必重复定义父类已有的东西，这有利于实现可扩充性。

面向对象模型建立在关系模型和面向对象设计方法之上，吸收了关系模型的简洁性和面向对象方法的封装性，具备许多优良性能，还能处理多媒体数据，已成为目前数据库中最有前途和生命力的发展方向。

1.3　关系数据库

关系数据库是基于关系模型的数据库。美国 IBM 公司的 E.F.Codd 于 1970 年发表论文，系统而严格地提出关系模型的概念，奠定了关系数据库的理论基础。20 世纪 80 年代以来，计算机厂商推出的数据库管理系统几乎都支持关系模型。关系数据库是当今主流的数据库。Access 就是一个关系数据库管理系统，使用它可以创建某一具体应用的 Access 关系数据库。

1.3.1　关系数据库的基本概念

学习 Access 关系数据库系统，首先需要理解和掌握有关关系数据库的基本概念。

1. 关系

关系的含义是数据间的联系，例如，图书编号、图书名称、作者、出版社和定价等组成有意义的图书信息，多条这样的信息组成一个关系。

一个关系就是一张二维表。通常将一个没有重复行、重复列，并且每个行列的交叉点只有一个基本数据的二维表格看成一个关系，每个关系都有一个关系名。这种用二维表的形式表示实体以及实体间联系的数据模型称为关系模型。

值得说明的是，在表示概念模型的 E-R 图转换为关系模型时，实体以及实体之间的联系都要转换为一个关系，即一张二维表。

图 1-6 为贯穿本书的图书管理系统的关系模型，其中包括 4 个关系组成的数据表，分别是"读者"表、"借阅"表、"图书"表和"图书分类"表，如表 1-1 ~ 表 1-4 所示。本书后续章节中有部分例题的数据与这里列出的相同。

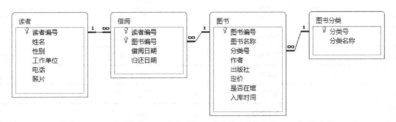

图 1-6 图书管理系统的关系模型

表 1-1　　　　　　　　　　　　　　　　　　"读者"表

读者编号	姓名	性别	工作单位	电话	照片
G001	王文斌	男	工商学院	13370235177	
G002	万玲	女	工商学院	13576068319	
J001	陈松明	男	经济学院	15279171258	
J002	许文婷	女	经济学院	18970062596	
J003	刘明亮	男	经济学院	13607093386	
R001	周振华	男	人文学院	15170006510	
R002	张玉玲	女	人文学院	13870661206	
X001	李华	男	信息学院	13107901163	
X002	刘红梅	女	信息学院	15007083721	
X003	王超	男	信息学院	13922553016	

表 1-2　　　　　　　　　　　　　　　　　　"借阅"表

读者编号	图书编号	借阅日期	归还日期
G001	S7002	2013/9/7	2014/1/5
G001	S1002	2014/6/28	2014/9/27
G002	S3003	2014/1/8	2014/3/26
G002	S7006	2014/12/20	
J001	S3001	2007/6/20	2007/9/15

续表

读者编号	图书编号	借阅日期	归还日期
J001	S3002	2010/3/10	2010/5/23
J001	S3003	2013/10/8	2014/1/5
J002	S5001	2010/4/5	2010/6/18
J002	S4002	2014/12/16	
J003	S1001	2011/5/5	2011/6/20
J003	S6001	2013/3/11	2013/5/19
J003	S3002	2014/9/12	2014/12/8
R001	S5002	2012/3/6	2012/6/9
R001	S6001	2013/5/24	
X001	S7001	2009/3/23	2009/6/2
X001	S4001	2011/6/29	2011/9/20
X001	S7005	2014/12/27	
X002	S7003	2013/4/6	2013/6/26
X002	S3002	2014/12/16	
X003	S2001	2013/3/12	2013/5/24

表 1-3　　　　　　　　　　　　　"图书"表

图书编号	图书名称	分类号	作者	出版社	定价	是否在馆	入库时间
S1001	老子的智慧	B	林语堂	中华书局	¥28.00	TRUE	2010/5/10
S1002	中国哲学简史	B	冯友兰	北京大学出版社	¥38.00	TRUE	2013/8/15
S2001	孙子兵法全集	E	赵俊杰	高等教育出版社	¥39.00	TRUE	2007/12/3
S2002	大学生军事理论教程	E	李 政	北京大学出版社	¥29.00	TRUE	2010/3/25
S3001	金融经济学	F	王长江	中国人民大学出版社	¥26.00	TRUE	2007/5/12
S3002	生活中的经济学	F	孙海波	清华大学出版社	¥33.00	FALSE	2009/12/7
S3003	税法原理	F	张守文	北京大学出版社	¥39.00	TRUE	2013/6/2
S4001	计算机英语	H	吴建军	人民邮电出版社	¥39.00	TRUE	2010/10/16
S4002	商务英语阅读	H	董晓霞	清华大学出版社	¥26.00	FALSE	2011/10/10
S4003	外贸英语	H	吴春胜	中国人民大学出版社	¥38.00	TRUE	2013/12/1
S5001	中国文学史	I	林国平	人民文学出版社	¥46.00	TRUE	2009/12/7
S5002	围城	I	钱钟书	人民文学出版社	¥20.00	TRUE	2011/9/5
S6001	中国近代史	K	邓云飞	中华书局	¥25.00	TRUE	2012/5/10
S6002	用年表读懂中国史	K	马文东	北京大学出版社	¥32.00	TRUE	2014/9/5
S7001	Java 编程入门	T	付文明	清华大学出版社	¥38.50	TRUE	2008/5/22
S7002	VB 程序设计及应用	T	李淑华	高等教育出版社	¥35.80	TRUE	2012/12/15
S7003	C 语言从入门到精通	T	王明华	清华大学出版社	¥49.80	TRUE	2012/12/26
S7004	Access 数据库技术	T	郭海霞	人民邮电出版社	¥43.80	TRUE	2014/6/17
S7005	从零开始学 Java	T	王松波	高等教育出版社	¥49.80	FALSE	2014/12/8
S7006	关系数据库应用教程	T	王明华	人民邮电出版社	¥36.00	FALSE	2014/12/8

表 1-4   "图书分类" 表

分 类 号	分 类 名 称
B	哲学
E	军事
F	经济
H	语言
I	文学
K	历史
T	工业技术

2. 元组

二维表的每一行在关系中称为一个元组。在 Access 中，一个元组对应表中的一条记录。

3. 属性

二维表的每一列在关系中称为属性。每个属性都有一个属性名，一个属性在其每个元组上的值称为属性值。一个属性包括多个属性值，只有在指定元组的情况下，属性值才是确定的。在 Access 中，一个属性对应表中的一个字段（Field），属性名对应字段名，属性值对应各个记录的字段值。

4. 域

属性的取值范围称为域。域作为属性值的集合，其类型与范围由属性的性质及其所表示的意义具体确定。同一属性只能在相同域中取值。例如，表 1-1 中的"性别"属性的域是"男"或"女"。

5. 关键字（Key）

在关系模型中，能唯一标识关系中不同元组的属性或属性组合，称为该关系的一个关键字。单个属性组成的关键字称为单关键字，多个属性组成的关键字称为组合关键字。需要强调的是，关键字的属性值不能取"空值"。所谓空值就是"不知道"或"不确定"的值，因为空值无法唯一地区分、确定元组。

在"读者"表中，"读者编号"属性可以作为使用单个属性构成的关键字，因为读者编号不允许重复。而"姓名"则不能作为关键字，因为可能存在重名的读者。

关系中能够成为关键字的属性或属性组合可能不是唯一的。凡是在关系中能够唯一区分、确定不同元组的属性或属性组合，均称为候选关键字。在候选关键字中选定一个作为该关系的主关键字，简称主键或主码。关系中的主关键字是唯一的。在图 1-6 所示的各表中，小钥匙图标表示该表的主键。

关系中某个属性或属性组合并非关键字，但却是另一个关系的主关键字，称此属性或属性组合为本关系的外部关键字。关系之间的联系是通过外部关键字实现的。例如，"分类号"是"图书"表和"图书分类"表的联系字段，它是"图书分类"表的主关键字，同时又是"图书"表的外部关键字。

6. 关系模式

对关系的描述称为关系模式，其表示格式如下。

关系名（属性名 1，属性名 2，…，属性名 n）

关系既可以用二维表格来描述，也可以用数学形式的关系模式来描述。一个关系模式对应一个关系的结构。在 Access 中，这就是表的结构，其表示格式如下。

表名（字段名1，字段名2，…，字段名 n）

例如，"读者"表对应的关系模式可以表示为：读者（读者编号，姓名，性别，工作单位，电话，照片）。

可以这样定义关系模式和关系模型：关系模式是属性名及属性值域的集合，关系模型是一组相互关联的关系模式的集合。

1.3.2 关系的基本性质

在关系模型中，对关系做了种种规范性限制。关系具有以下基本性质。

（1）关系必须规范化，属性不可再分割。规范化是指关系模型中每个关系模式都必须满足一定的要求，最基本的要求是关系必须是一张二维表，每个属性必须是不可分割的最小数据单元，即表中不能再包含表。

例如，表 1-5 不能直接作为一个关系，因为该表的"联系方式"列有 2 个子列，这与每个属性不可再分割的要求不符。

表 1-5 　　　　　　　　　　　　　　不能直接作为关系的表格

序　号	姓　　名	联 系 方 式	
		电 话 号 码	电 子 邮 箱
1	李　丽	13022501317	lili@163.com
2	张　伟	18907905566	zhangwei@126.com
3	王　涛	15100223639	wangtao@yeah.net

规范化表 1-5，只需去掉"联系方式"项，将"电话号码"、"电子邮箱"直接作为基本数据项即可。规范化后的结果如表 1-6 所示。

表 1-6 　　　　　　　　　　　　　　　修改后的表格

序号	姓　　名	电 话 号 码	电 子 邮 箱
1	李　丽	13022501317	lili@163.com
2	张　伟	18907905566	zhangwei@126.com
3	王　涛	15100223639	wangtao@yeah.net

（2）在同一关系中不允许出现相同的属性名。一个关系中每一列的属性名必须是唯一的，不能重复。

（3）关系中不允许有完全相同的元组。

（4）在同一关系中元组的次序无关紧要。任意交换两行的位置不影响数据的实际含义。

（5）在同一关系中属性的次序无关紧要。任意交换两列的位置不影响数据的实际含义，且不会改变关系模式。

以上是关系的基本性质，也是衡量一个二维表格是否构成关系的基本要素。在这些基本要素中，有一点是关键，即属性不可再分割，表中不能套表。

1.3.3 关系运算

关系模型的数据操作可以通过关系运算来实现。关系运算的输入是一个或多个关系，其输出为一个关系。关系的基本运算有两类，一类是传统的集合运算，如并、交、差；另一类是专门的关系运算，如选择、投影、自然连接。

1. 选择运算

从关系中挑选出满足给定条件的记录（或元组）的过程称为选择运算。

【例 1-1】 从表 1-3 所示的"图书"关系中选择出版社为"人民邮电出版社"的元组，结果如表 1-7 所示。选择运算的结果是一个新的关系。

表 1-7　　　　　　　　　　　　　　　选择运算的结果

图书编号	图书名称	分类号	作者	出版社	定价	是否在馆	入库时间
S4001	计算机英语	H	吴建军	人民邮电出版社	¥39.00	TRUE	2010/10/16
S7004	Access 数据库技术	T	郭海霞	人民邮电出版社	¥43.80	TRUE	2014/6/17
S7006	关系数据库应用教程	T	王明华	人民邮电出版社	¥36.00	FALSE	2014/12/8

2. 投影运算

从关系中挑选出指定的若干个字段（或属性）的过程称为投影运算。同样，投影运算的结果是一个新的关系。

【例 1-2】 从表 1-1 所示的"读者"关系中选择读者编号、姓名、性别、工作单位 4 个属性列，结果如表 1-8 所示。

表 1-8　　　　　　　　　　　　　　　投影运算的结果

读者编号	姓名	性别	工作单位
G001	王文斌	男	工商学院
G002	万玲	女	工商学院
J001	陈松明	男	经济学院
J002	许文婷	女	经济学院
J003	刘明亮	男	经济学院
R001	周振华	男	人文学院
R002	张玉玲	女	人文学院
X001	李华	男	信息学院
X002	刘红梅	女	信息学院
X003	王超	男	信息学院

3. 自然连接运算

选择和投影运算的操作对象只是一个关系，相当于对一个二维表进行切割。自然连接运算（也称为内连运算、inner join）要求两个关系参与运算，生成的新关系中包含满足连接条件的元组。如果需要连接两个以上的关系，应当两两进行连接。

参与自然连接运算的两个关系必须有一个公共属性（称为连接属性）。所谓公共属性，它是一个关系 R（称为被参照关系或目标关系，常被称为一表）的主键，同时又是另一关系 K（称为参照关系，常被称为多表）的外键。在图 1-6 中，"图书分类"表（一表）中的主键是分类号，而分类号在"图书"表（多表）中是外键。

自然连接运算的结果：在属性上是两个参与运算关系的属性叠加；在元组上是在多表元组的记录基础上，扩展连接属性相同时的一表对应的数据值。

【例 1-3】设有"读者"表和"借阅"表两个关系，如表 1-1 和表 1-2 所示。查找借阅过图书的读者编号、姓名、工作单位、图书编号、借阅日期。

由于读者编号、姓名、工作单位在"读者"表中，图书编号、借阅日期在"借阅"表中，因此需要将这两个关系通过公共属性名"读者编号"连接起来。连接条件必须指明两个关系的"读者编号"对应相等，然后对连接生成的新关系按照所需的 5 个属性进行投影。此例的查询结果如表 1-9 所示。

表 1-9　　　　　　　　　　　　　　自然连接与投影运算结果

读 者 编 号	姓　　名	工 作 单 位	图 书 编 号	借 阅 日 期
G001	王文斌	工商学院	S7002	2013/9/7
G001	王文斌	工商学院	S1002	2014/6/28
G002	万　玲	工商学院	S3003	2014/1/8
G002	万　玲	工商学院	S7006	2014/12/20
J001	陈松明	经济学院	S3001	2007/6/20
J001	陈松明	经济学院	S3002	2010/3/10
J001	陈松明	经济学院	S3003	2013/10/8
J002	许文婷	经济学院	S5001	2010/4/5
J002	许文婷	经济学院	S4002	2014/12/16
J003	刘明亮	经济学院	S1001	2011/5/5
J003	刘明亮	经济学院	S6001	2013/3/11
J003	刘明亮	经济学院	S3002	2014/9/12
R001	周振华	人文学院	S5002	2012/3/6
R001	周振华	人文学院	S6001	2013/5/24
X001	李　华	信息学院	S7001	2009/3/23
X001	李　华	信息学院	S4001	2011/6/29
X001	李　华	信息学院	S7005	2014/12/27
X002	刘红梅	信息学院	S7003	2013/4/6
X002	刘红梅	信息学院	S3002	2014/12/16
X003	王　超	信息学院	S2001	2013/3/12

1.3.4　关系的完整性约束

关系的完整性约束是为了保证数据库中数据的正确性和一致性，对关系模型提出的某种约束条件或规则。完整性通常包括实体完整性、参照完整性和域完整性。其中，实体完整性和参照完整性是关系模型必须满足的完整性约束条件。

通俗地说，数据库关系完整性约束实际上是定义数据必须满足的基本要求，当数据违反数据库关系完整性约束时，数据库将拒绝数据的插入或更新，通过关系完整性可以保证数据库中没有冗余、垃圾数据。或者说，通过定义关系的完整性约束，使得数据库有了一定的行为能力。当用户提交违背数据库关系完整性约束的数据时，数据库将拒绝用户的提交操作，以保证数据库中的数据是真实有效的。

1. 实体完整性

实体完整性是指关系的主关键字不能重复，也不能取空值，用来保证关系中的每个元组都是唯一的。主关键字的取值不同一定代表了两个完全不同的记录，即使它们的其他属性取值相同也是如此。

在现实世界中的实体是可以相互区分、识别的，即它们具有某种唯一性标识。在关系模式中，按实体完整性规则要求，主属性不得取空值。如果主关键字是多个属性的组合，则所有主属性均不得取空值。否则，表明关系模式中存在着不可标识的实体（因空值是"不确定"的），这与现实世界的实际情况相矛盾，这样的实体不具备实体完整性。

例如，表 1-1 中的"读者"关系，读者中可能存在姓名相同的人，但他们是两个不同的人，因此用"姓名"作为主关键字是不可取的。而"读者编号"能唯一标识一个读者，因此将"读者编号"属性作为主关键字。所有"读者编号"值不能重复，以保证每一个读者都是可以相互区分的实体；"读者编号"也不能取空值，否则无法对应某个具体的读者，并且这样的表格不完整，对应关系不符合实体完整性规则的约束条件。

2. 参照完整性

关系数据库中通常包含多个存在相互联系的关系（表），关系与关系之间的联系是通过公共属性来实现的。

所谓参照完整性是指参照关系 K 中外部关键字的取值必须是空值或者与被参照关系 R 中某个元组主关键字的值相同。

图 1-6 所示的两表之间的连线表示两表之间的参照完整性约束。如果将"借阅"表作为参照关系（多表），将"读者"表作为被参照关系（一表），将"读者编号"作为两个关系进行关联的属性，则"读者编号"是"读者"表的主关键字，是"借阅"表的外部关键字，即"借阅"表中的"读者编号"属性取值必须与"读者"表中的某个"读者编号"值相同。

参照完整性建立了具有主关键字的关系与具有外部关键字的关系之间引用的约束条件。

3. 域完整性

域完整性又称为用户自定义完整性，是指根据应用环境的要求和实际需要将某些属性的值限制在合理的范围内，超出限定范围的数据不允许输入。例如，"性别"属性的取值只能是"男"或"女"，不能有其他值，在此范围之外的"性别"数据都违反了域完整性要求，数据库将不允许数据进行插入或更新操作。

1.4　Access 2010 系统概述

Access 2010 是微软公司推出的 Office 2010 办公套件中的一个重要组件，它是一个功能强大、灵活实用的关系型数据库管理系统。使用 Access，用户可以管理从简单的文本、数字到复杂的图片、音频和动画等各种类型的数据。在 Access 中，可以构造应用程序来存储和归档数据，可以使用多种方式进行数据的筛选、分类和查询，还可以通过窗体来管理和查看数据，或者利用报表将所需数据按一定的格式打印出来，并支持通过 VBA 语言编程来实现数据库中一些较为复杂或高级的应用功能。

1.4.1 初识 Access 2010

1. Access 2010 的特点

（1）用户界面友好，操作简单

Access 2010 与 Office 2010 办公套件的其他组件保持了统一的界面风格和简便的操作方式，特别是提供了大量的向导，使操作简单、直观。

（2）面向对象，事件驱动

Access 2010 是一个面向对象的数据库管理系统，数据库本身就是一个对象，它又包含表、查询、窗体、报表、宏和模块等对象，通过设置不同对象的属性、方法可以完成数据的操作和管理。Access 2010 还是采用事件驱动的数据库管理系统，事件驱动是指通过鼠标单击或键盘输入等事件触发相应的事件代码完成某些功能。

（3）支持对多媒体数据的管理

Access 2010 提供了对象链接与嵌入（Object Linking and Embedding，OLE）技术，可以在一个数据表中嵌入图像、声音、电子表格和文档等多种格式的数据。另外，Access 2010 提供了新的"附件"数据类型，可以将各种文件附加到数据库记录中，提供了对多媒体数据的管理。

（4）内置大量的函数和宏

Access 2010 提供了大量的内置函数和宏，使用户可以轻松地实现各种数据操作和管理任务。

（5）支持 VBA 编程

Visual Basic for Application（VBA）是微软公司 Visual Basic 的一个简化版，寄生于 Microsoft Office 办公系列软件中。用户通过 VBA 语言编写程序，可以实现对数据库的更复杂、更高级的操作，从而实现数据库应用系统的开发。

2. Access 2010 的基本操作

下面先通过一个简单的例子来了解 Access 2010 的启动和使用，再学习数据库的打开与关闭操作。

（1）Access 2010 的启动和使用

【例 1-4】 在 D 盘创建一个名为"图书管理系统"的数据库。

具体的操作步骤如下。

① 启动 Access 2010。Access 2010 的启动和 Office 2010 套件中的其他办公软件相同，在安装了 Microsoft Office 的计算机桌面上，单击"开始"按钮，选择"所有程序"|"Microsoft Office"|"Microsoft Access 2010"命令，即可打开 Access 2010 的启动窗口，如图 1-7 所示。

② 重命名文件名。在图 1-7 右下角"文件名"文本框中给出的默认文件名为"Database1.accdb"，将其更改为"图书管理系统.accdb"。

③ 设定保存位置。单击"文件名"文本框右侧的 按钮，打开"文件新建数据库"对话框，选择保存位置为"本地磁盘（D：）"，如图 1-8 所示，然后单击"确定"按钮。此时，Access 窗口右下角显示的信息如图 1-9 所示。

图 1-7　Access 2010 的启动窗口

图 1-8　"文件新建数据库"对话框

图 1-9　设定文件名和保存位置

④ 创建数据库。单击图 1-9 中的"创建"按钮，Access 2010 就在 D 盘创建了一个名为"图书管理系统"的数据库文件，并自动创建了一张名为"表 1"的表。如果不保存"表 1"，直接退出 Access，则创建的是一个不包含任何对象的空数据库。

（2）数据库的打开

数据库建立完毕后，对数据库进行访问时，需要打开数据库，访问结束后需要将数据库关闭。打开数据库文件的操作步骤如下。

① 启动 Access 2010，选择"文件"|"打开"命令，出现"打开"对话框。

② 在"打开"对话框中，选择数据库文件所在的文件夹，在"文件名"文本框中输入要打开的数据库文件名，或在文件列表中直接选择数据库的文件名，然后单击"打开"按钮，此时数据库文件将被打开，数据库中的所有对象将出现在窗口中。

③ 若要以其他方式打开该数据库，则单击"打开"按钮右侧的向下箭头，弹出如图 1-10 所示的下拉菜单，再单击该菜单中的某种打开方式即可。各种打开方式的含义如下。

如果选择"打开"命令，被打开的数据库文件可与网络中的其他用户共享，这是默认的数据库文件打开方式。

图 1-10　"打开"按钮的下拉菜单

选择"以只读方式打开"命令，只能使用、浏览数据库的对象，不能对其进行修改，可以防止误操作而修改数据库，是一个保障数据安全的防范方法。

选择"以独占方式打开"命令，其他用户不可以使用该数据库。这种方式既可以屏蔽其他用户操纵数据库，又为自己提供了修改数据的环境，是一种常用的数据库文件打开方式。

选择"以独占只读方式打开"命令，只能使用、浏览数据库的对象，不能对其进行修改，其他用户不可以使用该数据库。这种方式既可以屏蔽其他用户操纵数据库，又限制了自己修改数据的操作，一般只在进行数据浏览和查询操作时使用。

（3）数据库的关闭

为了保证数据信息的安全性，操作结束后应先进行保存，再正常关闭数据库。关闭 Access 2010 数据库有以下几种方法。

① 选择"文件"|"关闭数据库"命令。

② 选择"文件"|"退出"命令。

③ 单击 Access 2010 窗口右上角的"关闭"按钮。

1.4.2 Access 2010 的工作界面

Access 2010 的工作界面主要包括快速访问工具栏、功能区、导航窗格和工作区等，如图 1-11 所示。

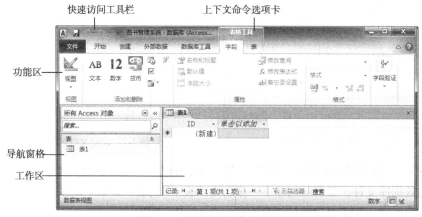

图 1-11　新建的"图书管理系统"数据库

1．快速访问工具栏

快速访问工具栏位于 Access 窗口界面的左上角，默认包括"保存""撤销"和"恢复"3 个常用操作按钮。通过快速访问工具栏，只需单击一次即可执行相应的操作。用户也可以通过单击快速访问工具栏右侧的向下箭头进行自定义快速访问工具栏的操作，将常用的其他命令包含在内。

2．功能区

Access 2010 的功能区包括"文件""开始""创建""外部数据"和"数据库工具"等选项卡，每个选项卡都包含多组相关命令。此外，在对数据库对象进行操作时，还将出现一个或多个上下文命令选项卡。

（1）"文件"选项卡

"文件"选项卡是一个特殊的选项卡，与其他选项卡的结构、布局和功能有所不同，包含很多 Access 早期版本中"文件"菜单的命令。单击"文件"选项卡，打开文件窗口，如图 1-12

所示。窗口被分成左右两个窗格，左侧窗格显示与文件相关的命令，右侧窗格显示执行不同命令的结果。

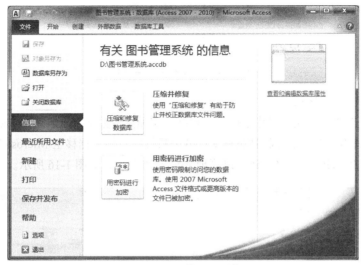

图 1-12 "文件"选项卡

（2）"开始"选项卡

"开始"选项卡可以实现选择不同的视图、从剪贴板复制和粘贴、对记录进行排序和筛选、查找记录、使用记录（如刷新、新建、保存、删除、汇总、拼写检查等）和设置当前操作对象的文本格式，如图 1-13 所示。

图 1-13 "开始"选项卡

（3）"创建"选项卡

"创建"选项卡用于创建各种对象，可以使用应用程序部件创建对象，还可以创建表、查询、窗体、报表、宏和代码，如图 1-14 所示。

图 1-14 "创建"选项卡

（4）"外部数据"选项卡

"外部数据"选项卡用于同其他应用程序交换和共享数据，可以导入或链接到外部数据、导出数据、通过电子邮件收集和更新数据，如图 1-15 所示。

图 1-15 "外部数据"选项卡

（5）"数据库工具"选项卡

"数据库工具"选项卡用于操作数据库，包括压缩和修复数据库、启动 Visual Basic 编辑器或运行宏、创建和查看表关系、运行数据库文档或分析性能、将数据移至 Microsoft SQL Server 或 Access 数据库或 SharePoint 网站，还可以管理 Access 加载项，如图 1-16 所示。

图 1-16 "数据库工具"选项卡

（6）上下文命令选项卡

上下文命令选项卡是根据用户正在使用的对象或正在执行的任务而显示的命令选项卡。例如，当用户创建或操作一个表对象时，会出现"表格工具"下的"字段"和"表"两个选项卡，可以对当前表对象进行特定的操作，如图 1-11 所示。上下文命令选项卡可以根据所选对象的状态不同自动显示或关闭，为用户操作带来了方便。

3. 导航窗格

导航窗格区域位于窗口左侧，用来显示当前数据库中的各种对象，如表、查询、窗体和报表等。导航窗格有折叠和展开两种状态，单击导航窗格上方的"百叶窗开/关"按钮 ≫ ，可以展开导航窗格，如图 1-17 所示；单击导航窗格上方右侧的"百叶窗开/关"按钮 ≪ ，可以折叠导航窗格，如图 1-18 所示。

图 1-17 展开的导航窗格

图 1-18 折叠的导航窗格

单击导航窗格右上方下拉箭头按钮 ⊙，可以打开组织方式列表，在该列表中选择查看对象的方式。在导航窗格中右键单击任何对象，均能弹出快捷菜单，可以从中选择需要执行的命令。导航窗格替代了 Access 早期版本中的数据库窗口，使得操作更加简捷。

4. 工作区

工作区位于 Access 2010 窗口界面的右下方，用来显示、编辑、修改和设计表、查询、窗体、报表等对象。Access 2010 默认采用选项卡式文档界面代替重叠窗口来显示数据库对象，如图 1-19 所示，可以同时打开表、查询、窗体和报表等不同对象，单击选项卡标题即可打开要操作的对象。

图 1-19　选项卡式文档界面

如果要将数据库对象显示为重叠窗口，可以选择"文件"|"选项"命令，弹出"Access 选项"对话框，在左侧窗格中单击"当前数据库"选项，在右侧窗格中"应用程序选项"部分的"文档窗口选项"下选择"重叠窗口"单选按钮，如图 1-20 所示，单击"确定"按钮关闭对话框。接着关闭数据库并重新打开，新设置生效。

图 1-20　更改文档窗口的显示方式

1.4.3 Access 2010 的对象

Access 2010 在创建一个数据库后，所有相关的对象都存储在一个扩展名为 accdb 的数据库文件中，它包含表、查询、窗体、报表、宏和模块 6 种对象，每种对象根据其完成功能的不同具有不同的视图。表 1-10 给出了 Access 不同对象所具备的视图。

表 1-10 Access 不同对象的视图

对象名称	视 图
表	设计视图、数据表视图、数据透视表视图、数据透视图视图
查询	设计视图、数据表视图、数据透视表视图、数据透视图视图、SQL 视图
窗体	窗体视图、布局视图、设计视图、数据表视图、数据透视表视图、数据透视图视图
报表	报表视图、布局视图、设计视图、打印预览
宏	设计视图
模块	设计视图

1. 表

数据表简称表（Table），它是数据库中最基本的对象，其他对象使用的数据均来自表。表由行和列组成，如图 1-21 所示的"读者"表，表中的一行代表一条记录，一列代表一个字段。

图 1-21 "读者"表

2. 查询

查询（Query）是通过设置某些条件，从一张或多张表中检索满足条件的数据。查询的显示结果看起来和表一样，查询也可以作为其他查询、窗体和报表的数据源。例如，从图 1-21 所示的"读者"表中查询"工作单位"为"信息学院"的读者编号、姓名、性别、工作单位和电话等字段，查询设计视图和查询结果分别如图 1-22 和图 1-23 所示。

3. 窗体

窗体（Form）给用户提供了一个友好的操作界面，通过窗体可以显示、编辑表中的各种数据。例如，图 1-24 所示的窗体显示了读者的基本信息，其设计视图如图 1-25 所示，显示了窗体的各个组成部分。

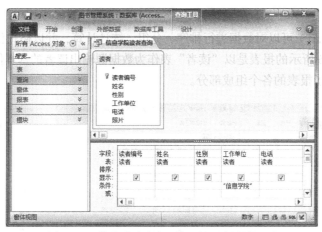

图 1-22　"信息学院读者查询"的查询设计视图

图 1-23　"信息学院读者查询"的查询结果

图 1-24　"读者信息"窗体

图 1-25　"读者信息"窗体的设计视图

4. 报表

通过报表（Report）可以对数据进行排序、分组、统计计算，并以格式化的形式显示、打印输出。例如，图 1-26 所示的报表是以"读者"表作为数据源输出读者的基本信息，其设计视图如图 1-27 所示，显示了报表的各个组成部分。

图 1-26 "读者基本信息"报表

图 1-27 "读者基本信息"报表的设计视图

5. 宏

宏（Macro）是 Access 数据库中一个或多个操作的组合，每个操作都实现了特定的功能，如打开窗体、打印报表等。Access 2010 系统提供了大量已经定义好的宏操作，用户只要根据需要设置相应的参数，就可以轻松地实现各种操作。图 1-28 所示为创建一个名为"图书管理"的宏的设计视图。

6. 模块

模块（Module）是 Access 数据库存放 VBA 程序代码的对象，包含若干由 VBA 代码组成的过程，每个过程完成一个相对独立的操作。模块具有很强的通用性，窗体、报表等对象都可以调用模块内部的过程来完成比较复杂的操作。通过在数据库中添加 VBA 代码，用户可以创建出性能更好、运行效率更高的数据库应用系统。图 1-29 所示为图书管理系统中"登录"窗体模块的VBA 代码窗口。

图 1-28　宏的设计视图

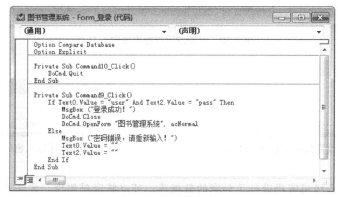

图 1-29　模块代码窗口

1.4.4　数据库的管理

在实际使用 Access 数据库的过程中，为了保证数据库安全可靠地运行，避免应用程序及数据遭到意外或故意的修改甚至破坏，Access 系统提供了一系列对数据库进行安全管理和保护的有效方法。

1. 设置数据库密码

保护数据库安全最简单的方法是为数据库设置打开密码，这样可以防止非法用户进入数据库。给 Access 数据库设置密码时，必须以独占方式打开数据库。所谓独占方式是指在某个时刻，只允许一个用户打开数据库。

【例 1-5】　为存储在 D 盘的"图书管理系统"数据库设置打开密码。

具体的操作步骤如下。

① 启动 Access，然后单击"文件"选项卡，在左侧窗格中单击"打开"命令。

② 在弹出的"打开"对话框中，选中 D 盘的"图书管理系统"数据库，单击"打开"按钮右侧下拉箭头按钮，选择"以独占方式打开"选项，以独占方式打开该数据库。

③ 单击"文件"选项卡，在左侧窗格中单击"信息"命令，在右侧窗格中单击"用密码进行加密"按钮，如图 1-30 所示。

④ 此时弹出"设置数据库密码"对话框，在"密码"文本框中输入密码，在"验证"文本框中再次输入相同密码，如图 1-31 所示，单击"确定"按钮即可。

设置密码后，打开"图书管理系统"数据库时，系统将自动弹出"要求输入密码"对话框，如图 1-32 所示。只有在"请输入数据库密码"文本框中输入了正确的密码，才能打开该数据库。

图 1-30　启动设置数据库密码工具

图 1-31　"设置数据库密码"对话框

图 1-32　"要求输入密码"对话框

> 对于已经用密码进行了加密的数据库，可以将密码删除，方法是以独占方式打开该数据库，在"文件"选项卡的左侧窗格中单击"信息"命令，在右侧窗格中单击"解密数据库"按钮，弹出"撤销数据库密码"对话框，在"密码"文本框中输入密码后，单击"确定"按钮即可。

2. 压缩和修复数据库

在 Access 数据库中对表、查询、窗体、报表等对象进行删除操作时，系统并不会自动把该对象所占用的磁盘空间释放出来，因此会使数据库文件变得越来越大，这不仅会影响系统性能，甚至会导致数据库无法打开使用。

解决这一问题最好的方法是使用 Access 提供的压缩和修复数据库功能。压缩数据库的过程就是重新组织文件在磁盘上的存储，释放碎片占用的空间。修复可以将数据库文件中的错误进行修正。在对数据库文件压缩之前，Access 会对文件进行错误检查，如果检测到数据库损坏，就会要求修复数据库。

压缩数据库的方法有两种，即自动压缩和手动压缩。

（1）关闭数据库时自动压缩

Access 2010 提供了关闭数据库时自动压缩数据库的方法。如果需要在关闭数据库时自动执行压缩，可以设置"关闭时压缩"选项，设置该选项只会影响当前打开的数据库。

【例 1-6】　使"图书管理系统"数据库在每次关闭时，自动执行压缩数据库的操作。

具体的操作步骤如下。

① 打开"图书管理系统"数据库，单击"文件"选项卡中的"选项"命令。

② 在弹出的"Access 选项"对话框左侧窗格中选择"当前数据库"，在右侧窗格中选中"应用程序选项"组中的"关闭时压缩"复选框，如图 1-33 所示，单击"确定"按钮。

设置完成后，每次关闭该数据库时，系统都会自动压缩数据库。

图 1-33 "Access 选项"对话框

（2）手动压缩和修复数据库

除了使用"关闭时压缩"数据库选项外，还可以手动执行"压缩和修复数据库"命令。

具体的操作步骤如下。

① 打开要压缩和修复的数据库。

② 单击"数据库工具"选项卡，单击"压缩和修复数据库"按钮，或单击"文件"选项卡，在左侧窗格中单击"信息"命令，在右侧窗格中单击"压缩和修复数据库"选项，这时系统将进行压缩和修复数据库的工作。

3. 备份和还原数据库

Access 提供的修复数据库功能可以解决数据库的一般损坏问题，如果数据库遭到严重损坏，该功能就无能为力了。因此，为了保证数据库的安全，应该经常备份数据库。这样一旦发生意外，就可以利用备份副本还原数据库。

使用 Access 提供的数据备份工具可以完成对数据库的备份工作。

（1）备份数据库

【例 1-7】 备份"图书管理系统"数据库。

具体的操作步骤如下。

① 打开"图书管理系统"数据库，选择"文件"选项卡，单击"保存并发布"命令，打开"保存并发布"窗格，如图 1-34 所示。

图 1-34 "保存并发布"窗格

② 在右侧窗格中选择"备份数据库"，单击"另存为"按钮后弹出"另存为"对话框，在"文件名"文本框中显示出默认的备份文件名，本例为"图书管理系统_2015-02-05.accdb"，选择好保存位置后单击"保存"按钮即可。

　　　默认的备份文件名的格式为：数据库名称_当前系统日期.accdb。另外，在数据库中选择"文件"选项卡，单击"数据库另存为"命令，也可以将数据库作为一个备份保存到指定的位置。

（2）还原数据库

当数据库系统受到破坏无法修复时，可以利用备份副本还原数据库。

【例 1-8】　利用例 1-7 生成的数据库备份文件"图书管理系统_2015-02-05.accdb"恢复"图书管理系统"数据库。

具体的操作步骤如下。

① 启动 Access 2010，新建一个空数据库。

② 选择"外部数据"选项卡，在"导入并链接"命令组中单击"Access"按钮，打开"获取外部数据-Access 数据库"对话框。

③ 单击"浏览"按钮，在打开的对话框中选中备份文件后单击"打开"按钮，返回"获取外部数据-Access 数据库"对话框，如图 1-35 所示。

图 1-35　"获取外部数据-Access 数据库"对话框

④ 单击"确定"按钮，在弹出的"导入对象"对话框中单击"全选"按钮，选中所有备份的表；切换到"查询"等其他选项卡可以选中其他对象，如图 1-36 所示，最后单击"确定"按钮。系统将选定的数据库对象导入到新数据库中，并显示导入成功对话框。利用备份文件恢复数据库完成。

　　　可以在 Windows 系统中通过复制、粘贴的方式还原数据库，具体方法是在 Windows 资源管理器中找到并复制"图书管理系统_2015-02-05.accdb"数据库文件，然后将该备份文件粘贴到所需的位置，替换已损坏的数据库。

图 1-36　"导入对象"对话框

4. 生成 accde 文件

生成 accde 文件是把原数据库 accdb 文件编译为仅可执行的扩展名为 accde 的文件。如果 accdb 文件包含任何 VBA 代码，则 accde 文件中将仅包含编译的代码，因此用户不能查看或修改其中的 VBA 代码。使用 accde 文件的用户无法更改窗体或报表的设计，从而进一步提高了数据库系统的安全性能。

生成 accde 文件的操作步骤如下。

① 在 Access 2010 中，打开要生成 accde 文件的某个数据库。

② 在"文件"选项卡中，单击"保存并发布"，在右边窗格中会列出"数据库另存为"的各种数据库文件类型，如图 1-34 所示。

③ 选中"生成 ACCDE"选项，单击"另存为"按钮，弹出"另存为"对话框，指定保存的位置和文件名后单击"保存"按钮。

习 题 1

一、选择题

1. 有关信息与数据的概念，下面（　　　）说法是正确的。

    A. 信息和数据是同义词　　　　　　　　B. 数据是承载信息的物理符号

    C. 信息和数据毫不相关　　　　　　　　D. 固定不变的数据就是信息

2. 数据库管理系统的应用使数据与应用程序之间具有（　　　）。

    A. 较高的独立性　　　　　　　　　　　B. 依赖性更强

    C. 数据与程序无关　　　　　　　　　　D. 程序调用数据更方便

3. 数据库（DB）、数据库系统（DBS）和数据库管理系统（DBMS）三者之间的关系是（　　　）。

    A. DBS 包括 DB 和 DBMS　　　　　　　B. DBMS 包括 DB 和 DBS

    C. DB 包括 DBS 和 DBMS　　　　　　　D. DBS 就是 DB，也就是 DBMS

4. 层次型、网状型和关系型数据库的划分原则是（　　　）。

    A. 记录长度　　　　　　　　　　　　　B. 文件的大小

    C. 联系的复杂程度　　　　　　　　　　D. 数据之间的联系方式

5. 数据库管理系统是（   ）。

    A. 操作系统的一部分   B. 在操作系统支持下的系统软件

    C. 一种编译系统   D. 一种操作系统

6. 以下不是数据库管理系统的是（   ）。

    A. Excel   B. DB2   C. Access   D. Oracle

7. 对于现实世界中事物的特征，在实体-联系模型中使用（   ）。

    A. 主关键字描述   B. 属性描述   C. 二维表格描述   D. 实体描述

8. 下列实体的联系中，属于多对多的联系是（   ）。

    A. 学生与班级   B. 学校与校长   C. 公司与员工   D. 读者与图书

9. 一间宿舍可住多个学生，则实体宿舍和学生之间的联系是（   ）。

    A. 一对一   B. 一对多   C. 多对一   D. 多对多

10. 在企业中，职工的"工资级别"与职工个人"工资"的联系是（   ）。

    A. 一对一   B. 一对多   C. 多对多   D. 无联系

11. 在 E-R 图中，用来表示实体的图形是（   ）。

    A. 椭圆形   B. 菱形   C. 矩形   D. 三角形

12. 下列叙述中，不正确的是（   ）。

    A. 两个关系中元组的内容完全相同，但顺序不同，则它们是不同的关系

    B. 两个关系的属性相同，但顺序不同，则两个关系的结构是相同的

    C. 关系中的任意两个元组不能相同

    D. 外键不是本关系的主键

13. 当对关系 R 和 S 进行自然连接时，要求 R 和 S 含有一个或多个共有的（   ）。

    A. 元组   B. 行   C. 记录   D. 属性

14. 将两个关系中具有相同属性值的元组连接到一起构成新关系的操作称为（   ）。

    A. 连接   B. 选择   C. 投影   D. 关联

15. 在教师表中，如果要找出职称为"教授"的教师，应采用的关系运算是（   ）。

    A. 选择   B. 投影   C. 比较   D. 自然连接

16. 在学生表中要查找所有年龄小于 20 岁且姓王的男生，应采用的关系运算是（   ）。

    A. 选择   B. 投影   C. 自然连接   D. 比较

17. 主关键字是关系模型中的重要概念。当一张二维表（A 表）的主关键字被包含到另一张二维表（B 表）中时，它就称为 B 表的（   ）。

    A. 主关键字   B. 候选关键字   C. 外部关键字   D. 候选码

18. 假设一个书店用（书号，书名，作者，出版社，出版日期，库存数量）一组属性来描述图书，可以作为"关键字"的是（   ）。

    A. 书号   B. 书名   C. 作者   D. 出版社

19. 在关系模型中，域是指（   ）。

    A. 记录   B. 属性   C. 字段   D. 属性的取值范围

20. 在关系数据库中，能够唯一地标识一个记录的属性或属性的组合，称为（   ）。

    A. 关键字   B. 属性   C. 关系   D. 域

21. 在 Access 中，用来表示实体的是（   ）。

    A. 域   B. 字段   C. 记录   D. 表

22. 以下不是 Access 2010 数据库对象的是（　　　）。
    A. 查询　　　　　　B. 窗体　　　　　　C. 宏　　　　　　D. 工作簿
23. 在 Access 2010 中，随着打开数据库对象的不同而不同的操作区域称为（　　　）。
    A. 命令选项卡　　　B. 上下文选项卡　　C. 导航窗格　　　D. 工具栏
24. Access 数据库管理系统采用的数据模型是（　　　）。
    A. 实体-联系模型　 B. 层次模型　　　　C. 网状模型　　　D. 关系模型
25. Access 2010 数据库文件的扩展名是（　　　）。
    A. dbf　　　　　　B. mdb　　　　　　C. adp　　　　　　D. accdb
26. 从本质上说，Access 是（　　　）。
    A. 分布式数据库系统　　　　　　　　B. 文件系统
    C. 面向对象的数据库系统　　　　　　D. 关系型数据库系统
27. Access 适合开发（　　　）数据库应用系统。
    A. 小型　　　　　　B. 中型　　　　　　C. 中小型　　　　D. 大型
28. Access 数据库的结构层次关系是（　　　）。
    A. 数据库管理系统→应用程序→表　　　B. 数据库→数据表→记录→字段
    C. 数据表→记录→数据项→数据　　　　D. 数据表→记录→字段

二、填空题

1. 数据处理是将_____转换成_____的过程。
2. _____是在计算机系统中按照一定的方式组织、存储和应用的数据集合。支持数据库各种操作的软件系统称为_____。由计算机、操作系统、DBMS、数据库、应用程序及有关人员等组成的一个整体称为_____。
3. 在现实世界中，每个人都有自己的出生地，实体"人"和实体"出生地"之间的联系是_____。
4. 要在"读者"表中找出性别为"男"的读者，应该采用的关系运算是_____。
5. 从关系模式中指定若干属性组成新的关系，这种关系运算称为_____。
6. 关系的完整性约束包括_____完整性、_____完整性和_____完整性。
7. 人员的基本信息一般包括身份证号、姓名、性别和年龄等，其中可以作为主关键字的是_____。
8. 数据库的核心操作是_____。

三、简答题

1. 简述信息、数据和数据处理的概念。
2. 计算机数据管理技术经过哪几个发展阶段？
3. 什么是数据模型？简述数据模型组成的三要素。
4. 常用的数据模型有哪些？各有什么特点？
5. 举例说明实体、属性、实体集、联系的概念。
6. 数据库系统由哪几个部分组成？
7. 关系的完整性规则有哪些？简述其作用。
8. Access 2010 数据库中有几种对象？它们的作用各是什么？
9. 压缩和修复数据库一般在什么情况下使用？其目的是什么？
10. 备份数据库的目的是什么？简述其操作过程。

第**2**章 表

在关系数据库中，一个关系所对应的一张二维表，称为数据表（简称表）。表是 Access 数据库中最基本的对象，用于存储数据库的所有数据，它是整个数据库的核心与基础。其他数据库对象（如查询、窗体、报表等）均从表中获取数据信息以实现用户某一特定的需求，如查询、统计计算、打印、编辑和修改等。

在 Access 中，表的使用效果如何，取决于表结构的设计。表中数据冗余度的高低及共享性和完整性的好坏，直接影响着其他数据库对象的设计和使用。

2.1 表 的 创 建

表将数据组织成列（称为字段）和行（称为记录）的二维表格形式，如图 2-1 所示。在创建表时，一般是先建立表结构，然后再输入数据。建立表结构的重点是确定表中字段名称，为每个字段定义数据类型，并设置相应的字段属性。

读者编号	姓名	性别	工作单位	电话	照片
G001	王文斌	男	工商学院	13370235177	Bitmap Image
G002	万玲	女	工商学院	13576068319	Bitmap Image
J001	陈松明	男	经济学院	15279171258	Bitmap Image
J002	许文婷	女	经济学院	18970062596	Bitmap Image
J003	刘明亮	男	经济学院	13607093386	Bitmap Image
R001	周振华	男	人文学院	15170006510	Bitmap Image
R002	张玉玲	女	人文学院	13870661206	Bitmap Image
X001	李华	男	信息学院	13107901163	Bitmap Image
X002	刘红梅	女	信息学院	15007083721	Bitmap Image
X003	王超	男	信息学院	13922553016	Bitmap Image

记录: Ⅰ ◄ 第 1 项(共 10 项) ► ►Ⅰ ►* 无筛选器 搜索

图 2-1 "读者"表

2.1.1 表结构设计

Access 表由表结构和表内容两部分组成。表结构相当于表的框架或表头，包括每个字段的字段名、字段的数据类型和字段的属性等；表内容就是表中的数据。表结构的设计就是要确定表中有多少个字段及每个字段的名称、类型和字段大小等参数。

1. 字段的命名

字段名称用来标识表中的字段，在同一张表中的字段名称不可重复。在其他数据库对象（如查询、窗体、报表等）中，如果要引用表中的数据，都要指定字段名称。

在 Access 2010 中，字段的命名有如下规定。

① 字段名称最多可以包含 64 个字符。

② 可以使用字母、汉字、数字、下划线、空格以及除英文输入法下输入的句号（.）、感叹号（!）、重音符号（`）和方括号（[ ]）之外的所有特殊字符。

③ 字段名称不能以空格开头。

④ 不能包含控制字符（即从 0 ~ 31 的 ASCII 值所对应的字符）。

虽然 Access 允许在数据库对象名称或数据库字段名称中使用特殊字符，但建议用户尽量不要使用，因为使用特殊字符可能会造成命名冲突或意外错误。

2. 字段的数据类型

字段的数据类型决定了该字段所要保存数据的类型。不同的数据类型，其存储方式、存储的数据长度、在计算机内所占用的空间大小等均有所不同。在 Access 2010 中包括以下 12 种数据类型，其中计算字段和附件是新增加的两种数据类型。

（1）文本

文本类型字段可以保存文本或文本与数字的组合，如姓名、工作单位和读者编号等；也可以保存不需要计算的数字，如电话号码、身份证号码和邮政编码等。

文本类型字段最大能输入 255 个字符。可以通过"字段大小"属性来设置文本类型字段最多可容纳的字符数。在 Access 中，每一个西文字符、汉字和所有特殊字符（包括中文标点符号）都算作一个字符。

（2）备注

备注类型字段可保存较长的文本信息，如学习简历、个人特长和产品说明等。备注类型字段最多可以保存 65535 个字符。

（3）数字

数字类型字段用于保存需要进行数值计算的数据，如单价、数量和成绩等。当把字段指定为数字类型时，为了有效地处理不同类型的数值，通过"字段大小"属性可以指定如下几种类型的数值。

① 字节——字段大小为 1 字节，保存 0 ~ 255 的整数。

② 整型——字段大小为 2 字节，保存 -32768 ~ 32767 的整数。

③ 长整型——字段大小为 4 字节，保存 -2147483648 ~ 2147483647 的整数。

④ 单精度——字段大小为 4 字节，保存 $-3.4 \times 10^{38} \sim 3.4 \times 10^{38}$ 的实数。

⑤ 双精度——字段大小为 8 字节，保存 $-1.797 \times 10^{308} \sim 1.797 \times 10^{308}$ 的实数。

⑥ 同步复制 ID——字段大小为 16 字节，用于存储同步复制所需的全局唯一标识符。注意，使用 accdb 文件格式的数据库不支持同步复制。

⑦ 小数——字段大小为 12 字节，用于范围在 $-9.999... \times 10^{27} \sim 9.999... \times 10^{27}$ 的数值。当选择该类型时，"精度"属性是指包括小数点前后的所有数字的位数，"数值范围"属性是指小数点后面可存储的最大位数。

（4）日期/时间

日期/时间型字段用来存储日期、时间或日期时间的组合，如出生日期、入库时间等；字段大小为 8 个字节，可用于保存从 100 到 9999 年的日期和时间值。

在 Access 中，一个日期/时间型常量的前后要加英文符号"#"。例如，2015 年 3 月 15 日晚上 8 点 30 分可以表示为"#2015-03-15 20:30#"或"#2015-03-15 8:30pm#"。其中，日期和时间之间要留有一个空格。也可以单独表示日期或时间，如"#2015-03-15#""#03/15/2015#""#20:30#"和"#8:30pm#"都是合法的表示方法。

在 Access 2010 中，"日期/时间"型字段附有内置日历控件，在输入数据时，日历按钮自动出现在字段的右侧，可供输入数据时查找和选择日期。

（5）货币

货币型是数字型的特殊类型，等价于具有双精度属性的数字型。货币型字段用于保存数学计算中的货币数值数据，字段大小为 8 个字节。其整数位最多有 15 位，小数点后 1～4 位，在计算时禁止四舍五入。

（6）自动编号

对于自动编号型字段，每当向表中添加一条新记录时，Access 会自动在该字段中插入一个唯一的顺序号。最常见的自动编号方式是每次增加 1 的顺序编号，也可以随机编号。自动编号型字段不能更新，每个表只能包含一个自动编号型字段。

（7）是/否

"是/否"型又称为布尔型或逻辑型，是针对只包含两种不同取值的字段而设置的，如婚姻情况等字段。是/否型字段占 1 个字节，取值为"真"或"假"。一般"真"用 Yes、True 或 On 表示，"假"用 No、False 或 Off 表示。

（8）OLE 对象

OLE 对象型是指在字段中可以"链接"或"嵌入"其他应用程序所创建的 OLE 对象（如 Word 文档、Excel 电子表格、图像、声音或其他二进制数据等），最大可为 1GB（受磁盘空间限制）。OLE 对象只能在窗体或报表中用控件显示，不能对 OLE 对象型字段进行排序、索引和分组。

（9）超链接

超链接类型是文本或文本和数字的组合，以文本形式存储并用作超链接地址。超链接类型字段最多可存储 64 000 个字符。

超链接地址是通往数据库对象、文档、Web 页或其他目标的路径，其一般格式如下。

```
DisplayText#Address
```

其中，DisplayText 表示在字段中显示的文本，Address 表示链接地址。

例如，希望在一个超链接字段中显示江西财经大学，并且只要用户单击该字段时便可转向江西财经大学的网址 http://www.jxufe.edu.cn，输入字段中的内容如下。

```
江西财经大学#http://www.jxufe.edu.cn
```

（10）查阅向导

查阅向导用于创建一个查阅列表字段，该字段可以通过组合框或列表框选择来自其他表或值列表的值。查阅字段的数据类型和长度取决于数据的来源。在数据类型列表中选择"查阅向导"选项时，将会启动向导进行定义。

（11）计算

计算型字段用于存放根据同一表中的其他字段计算而来的结果值。使用这种数据类型可以使原本必须通过查询来实现的计算任务，在数据表中就可以完成。计算不能引用其他表中的字段，可以使用表达式生成器创建计算。表达式例子：[周学时]*[上课周数]。

（12）附件

使用附件可以将图像、电子表格和 Word 文档等文件附加到记录中，类似于在电子邮件中添加附件的操作。它是存放任意类型的二进制文件的首选数据类型，并且使用附件字段可将多个文件附加到一条记录中。对于某些文件类型，Access 会在添加附件时对其进行压缩，压缩后的附件最大可存储 2GB。

3."图书管理系统"数据库的表结构设计实例

在 Access 中创建表之前，要根据关系模式以及字段对数据类型的要求，详细地设计出该表的结构。通过分析，确定"图书管理系统"数据库中需要 4 张表，分别用于存放不同的数据信息，各表的结构设计如下。

（1）读者

关系模式：读者（读者编号，姓名，性别，工作单位，电话，照片）。

"读者"表结构如表 2-1 所示。在"读者"表中，主键是"读者编号"。

表 2-1   "读者"表结构

字 段 名 称	字 段 类 型	字 段 大 小	字 段 名 称	字 段 类 型	字 段 大 小
读者编号	文本	4	姓名	文本	4
性别	文本	1	工作单位	文本	8
电话	文本	11	照片	OLE 对象	

（2）图书

关系模式：图书（图书编号，图书名称，分类号，作者，出版社，定价，是否在馆，入库时间）。

"图书"表结构如表 2-2 所示。在"图书"表中，主键是"图书编号"。

表 2-2   "图书"表结构

字 段 名 称	字 段 类 型	字 段 大 小	字 段 名 称	字 段 类 型	字 段 大 小
图书编号	文本	5	图书名称	文本	25
分类号	文本	1	作者	文本	4
出版社	文本	10	定价	货币	
是否在馆	是/否		入库时间	日期/时间	

（3）借阅

关系模式：借阅（读者编号，图书编号，借阅日期，归还日期）。

"借阅"表结构如表 2-3 所示。在"借阅"表中，主键是"读者编号"+"图书编号"。

表 2-3   "借阅"表结构

字 段 名 称	字 段 类 型	字 段 大 小	字 段 名 称	字 段 类 型	字 段 大 小
读者编号	文本	4	图书编号	文本	5
借阅日期	日期/时间		归还日期	日期/时间	

（4）图书分类

关系模式：图书分类（分类号，分类名称）。

"图书分类"表结构如表 2-4 所示。在"图书分类"表中，主键是"分类号"。

表 2-4　　　　　　　　　　　　　　　　　　"图书分类"表结构

字段名称	字段类型	字段大小	字段名称	字段类型	字段大小
分类号	文本	1	分类名称	文本	4

 字段类型的定义不是绝对的。例如，将"读者"表中的"性别"字段定义为是/否型也可以，其区别在于定义为文本型时字段取值为"男"或"女"，定义为是/否型时字段取值为"True"或"False"，显然前者含义更直观。另外，对于文本型、是/否型两种不同的数据类型，以后对它们进行引用时的运算规则也是不同的。所以，确定字段类型时，应以字段的用途、取值规则以及便于今后对数据的使用为原则。

2.1.2　创建表的方法

在完成表结构设计后，创建表的任务就是具体地实现设计好的表结构并输入数据。在 Access 2010 中创建表的方法有 4 种，分别是：使用设计视图创建表、使用数据表视图创建表、使用表模板创建表和使用字段模板创建表。

1. 使用设计视图创建表

使用设计视图创建表是一种比较常见的方法。对于较复杂的表，通常都在设计视图中创建。

【例 2-1】 在"图书管理系统"数据库中，使用设计视图创建一个名为"读者"的表，其结构如表 2-1 所示，主键是"读者编号"。

具体的操作步骤如下。

① 打开"图书管理系统"数据库，单击"创建"选项卡，再在"表格"命令组中单击"表设计"命令按钮，打开表的设计视图，如图 2-2 所示。

图 2-2　表的设计视图

表的设计视图分为上下两部分，上半部分是字段输入区，下半部分是字段属性区。

字段输入区包括字段选定器、"字段名称"列、"数据类型"列和"说明"列。字段输入区的一行可用于定义一个字段。字段选定器用于选定某个字段（行），如果单击它即可选定该字段行；"字段名称"列用来对字段命名；"数据类型"列用来定义该字段的数据类型；"说明"列用来对字段进行必要的描述，仅起注释作用，以提高该字段的可读性。

字段属性区用于设置字段的属性，在其左侧有"常规"和"查阅"两个选项卡。"常规"选项卡对每个字段的属性进行了详细的描述，属性内容根据字段的数据类型发生变化。"查阅"选项卡定义了某些字段的显示属性，如文本和数字类型的字段。

② 添加字段。按照表 2-1 的内容，在字段名称列中输入字段名称，在数据类型列中选择相应的数据类型，在常规属性窗格中设置字段大小。添加字段后的"读者"表的设计视图如图 2-3 所示。

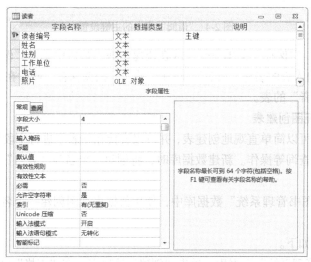

图 2-3 "读者"表的设计视图

③ 将"读者编号"字段设置为表的主键。单击该字段行前的字段选定器以选中该字段，然后单击鼠标右键，在快捷菜单中选择"主键"命令即可。也可以在选中该字段后，单击"表格工具"|"设计"选项卡，在"工具"命令组中单击"主键"命令按钮。设置完成后，在"读者编号"字段选定器上出现钥匙图标，表示该字段是主键，如图 2-3 中字段输入区的第 1 行所示。

在 Access 中，有自动编号、单字段和多字段等 3 种类型的主键。将自动编号型字段指定为表的主键是最简单的定义主键的方法。如果在保存新建的表之前未设置主键，那么 Access 会询问是否要创建主键，如果回答"是"，Access 将创建自动编号型的主键。

如果表中某一字段的值可以唯一标识一条记录，例如"读者"表的"读者编号"字段，那么就可以将该字段指定为主键。如果表中没有一个字段的值可以唯一标识一条记录，那么就可以考虑选择多个字段组合在一起作为主键，来唯一标识记录。例如，表 2-3 所示的"借阅"表中，可以把"读者编号"和"图书编号"两个字段组合起来作为主键。

将多个字段同时设置为主键的方法：先选中一个字段行，然后在按住键盘上<Ctrl>键的同时选择其他字段行，这时多个字段被选中；单击"表格工具"|"设计"选项卡，在"工具"命令组中单击"主键"命令，此时在各个字段的字段选定器上都出现钥匙图标，表示这些字段的组合是该表的主键。"借阅"表中的主键设置如图 2-4 所示。

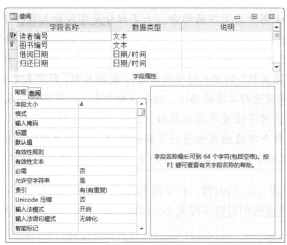

图 2-4　"借阅"表中的主键设置

④ 选择"文件"|"保存"菜单命令，或在快速访问工具栏中单击"保存"按钮，在打开的"另存为"对话框中输入表的名称"读者"，单击"确定"按钮保存。此时在 Access 的导航窗格中添加了一个名为"读者"的表。

2. 使用数据表视图创建表

在数据表视图中可以简单直观地创建表，并可以直接在新表中进行字段的编辑、添加、修改、删除以及对数据进行查询等操作。新建数据库时，将创建一个名为"表 1"的新表，并自动进入数据表视图中。

【例 2-2】 在"图书管理系统"数据库中，使用数据表视图创建一个名为"图书"的表，其结构如表 2-2 所示。

具体的操作步骤如下。

① 打开"图书管理系统"数据库，单击"创建"选项卡，在"表格"命令组中单击"表"命令按钮，进入数据表视图，如图 2-5 所示。

 　当 Access 2010 采用重叠窗口代替默认的选项卡式文档界面来显示数据库对象时，"表 1"的数据表视图如图 2-6 所示。

图 2-5　数据表视图

图 2-6　重叠窗口显示数据表视图

② 选中 ID 字段列，在"表格工具"|"字段"选项卡中的"属性"命令组中，单击"名称和标题"命令按钮，出现"输入字段属性"对话框，如图 2-7 所示。在"名称"文本框中，将"ID"改为"图书编号"，如图 2-8 所示。

 　也可以在数据表视图中双击 ID 字段列，使其处于可编辑状态，将其改为"图书编号"。

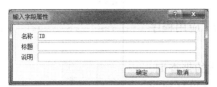

图 2-7　"输入字段属性"对话框

图 2-8　修改字段名称

③ 选中"图书编号"字段列，在"表格工具"|"字段"选项卡中的"格式"命令组中，把"数据类型"由"自动编号"改为"文本"，在"属性"命令组中把"字段大小"设置为"5"，如图 2-9 所示。

图 2-9　修改"图书编号"的数据类型和字段大小

④ 单击"单击以添加"列标题，选择所需的字段类型，然后在其中输入新的字段名，并修改字段大小，这时在右侧又自动添加了一个"单击以添加"列。用同样的方法输入"图书名称""分类号""作者""出版社""定价""是否在馆"和"入库时间"等字段，结果如图 2-10 所示。

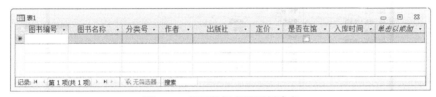

图 2-10　使用数据表视图创建表

⑤ 选择"文件"|"保存"命令，或在快速访问工具栏中单击"保存"按钮，在弹出的"另存为"对话框中输入表的名称"图书"，如图 2-11 所示。然后单击"确定"按钮，完成表的创建。

图 2-11　"另存为"对话框

数据表视图中对字段属性的设置有一定的局限性，例如，对于数字类型的字段无法设置具体是整型还是单精度型等。用数据表视图直接创建出来的表，一般都不能完全符合用户的要求，因此需要在设计视图中对该表做进一步修改。表的"数据表视图"与"设计视图"之间的切换，可以右键单击表的选项卡或标题栏，在弹出的菜单中选择相应视图命令，也可以在"开始"选项卡中的"视图"命令组中，单击"视图"命令按钮进行切换。

3. 使用表模板创建表

当需要创建"联系人""批注""任务""问题"或"用户"表时，可以使用 Access 2010 内置的有关这些主题的表模板。利用表模板创建表，可以比手动方式更加快捷。

【例 2-3】创建一个"通讯录"数据库，在该数据库中创建一个"联系人"表。

具体的操作步骤如下。

① 新建一个空数据库，命名为"通讯录.accdb"。

② 单击"创建"选项卡，在"模板"命令组中单击"应用程序部件"命令按钮，打开如图 2-12 所示的表模板列表。

③ 单击"联系人"模板按钮，则基于该模板所创建的带查询、窗体和报表的"联系人"表就被插入到当前数据库中。在设计视图中打开的"联系人"表，如图 2-13 所示。

如果使用模板所创建的表不能完全满足需要，可以对表进行修改。简单的字段设置可以在数据表视图中操作，复杂的设置则需要在设计视图中进行。

图 2-12　表模板列表

图 2-13　"联系人"表

4. 使用字段模板创建表

Access 2010 提供了一种新的创建表的方法，即通过 Access 自带的字段模板创建表。模板中已经设计好了各种字段类型，可以直接使用。操作步骤如下。

① 打开数据库，单击"创建"选项卡，在"表格"命令组中单击"表"命令按钮，进入数据表视图，如图 2-5 所示。

② 选中"表格工具" | "字段"选项卡，在图 2-14 所示的"添加和删除"命令组中，单击"其他字段"按钮右侧的下拉按钮，出现字段类型菜单。

图 2-14　"添加和删除"命令组

③ 在菜单中单击需要的字段类型，并在表中输入字段名即可。

2.1.3　设置字段属性

在实际应用中，为了提高输入效率，避免输入错误，在确定了表中字段名称和数据类型后，还需要设置相应的属性，以规定数据输入的格式及遵循的规则。

表中的每一个字段都有一系列的属性描述，不同类型的字段有不同的属性。Access 提供了字段大小、格式、输入掩码、标题、默认值、有效性规则、有效性文本、必需、允许空字符串和索引等常规属性及查阅属性。当选择某一字段时，表设计视图的字段属性区就会显示出该字段的相应属性，这时可以对该字段的属性进行设置和修改。

1. 字段大小

字段大小属性用于设置字段中数据的最大长度或数值的取值范围。在 Access 中，只有文本、数字和自动编号 3 种数据类型可以设置字段大小。其中，数字型字段的字段大小可以根据需要进一步设置为特定的类型，如字节、整型、长整型和单精度型等。

2. 格式

格式属性只影响数据的屏幕显示方式和打印方式，并不影响数据的存储方式。文本、备注、数字、货币、是/否、日期/时间等数据类型都可以设置格式属性。文本和备注类型可以使用表 2-5 所示的符号来创建自定义格式。

表 2-5　　　　　　　　　　　　文本和备注类型的"格式"属性

符　　号	说　　　　明
@	显示文本字符，当字符个数不够时加前导空格
&	显示文本字符，当无字符时省略
-	强制向右对齐
!	强制向左对齐
<	强制所有字符为小写
>	强制所有字符为大写

数字、货币和自动编号类型字段的格式如图 2-15 所示，其中"固定"是指小数的位数不变，其长度由"小数位数"说明。日期/时间类型字段的显示格式如图 2-16 所示。

图 2-15　数字、货币和自动编号类型字段的显示格式　　图 2-16　日期/时间类型字段的显示格式

利用格式属性可以使数据的显示统一美观。但应注意，显示格式只有在输入的数据被保存之后才能应用。如果需要控制数据的输入格式并按输入时的格式显示，则应设置"输入掩码"属性。

【例 2-4】 将"图书"表的"入库时间"字段的"显示"格式设置为"短日期"。

具体的操作步骤如下。

① 打开"图书管理系统"数据库，在导航窗格中双击"图书"表，打开"图书"表的数据表视图，然后单击"开始"选项卡中"视图"命令组的"设计视图"按钮，切换至设计视图。

说明　　　　右键单击导航窗格中的"图书"表，在快捷菜单中选择"设计视图"命令，即可打开"图书"表设计视图。

② 单击"入库时间"字段，在"常规"选项卡中单击"格式"属性框，如图 2-16 所示，选择"短日期"选项。

③ 单击快速访问工具栏中的"保存"按钮，保存所做的设置。

3. 输入掩码

输入掩码由字面显示字符（如括号、句点和连字符）和掩码字符（用于指定可以输入数据的位置以及数据种类、字符数量）组成，用于定义数据的输入格式，强制数据按照设定的格式输入。文本和日期/时间类型字段可以通过向导设置输入掩码，数字和货币类型字段只能使用字符直接定义输入掩码。输入掩码属性所用字符及含义如表 2-6 所示。

表2-6　　　　　　　　　　　　　　输入掩码属性所用字符及说明

字符	说 明	输入掩码示例	示 例 数 据
0	必须输入数字（0~9），不允许使用加号（+）和减号（−）	0000-00000000	0791-83890232
9	可以选择输入数字或空格，不允许使用加号（+）和减号（−）	（999）999-9999	（21）555-0248
#	可以选择输入数字或空格，允许使用加号（+）和减号（−）	#999	−25
L	必须输入字母（A~Z），大小写都可以	L0L0L0	A3b7C2
?	可以选择输入字母（A~Z），大小写都可以	????????	Time
A	必须输入大小写字母或数字	（000）AAA-AAAA	（021）520-TELE
a	可以选择输入大小写字母或数字	（000）aaa-aaaa	（021）520-TEL2
&	必须输入任意字符或一个空格	&&&&	1M2N
C	可以选择输入任意字符或一个空格	CCCC	1M
, . : ; - /	小数点占位符和千位、日期和时间的分隔符	000,000	360,275
<	将其后的所有字符转换为小写	>L<????????	Maria
>	将其后的所有字符转换为大写	>L0L0L0	A1B2C5
\	使其后的字符原样显示	\A000	A123
密码	输入的字符以字面字符保存，但显示为星号（*）		

如果一个字段设置了输入掩码，同时又设置了格式属性，显示数据时格式属性将优先于输入掩码的设置。

【**例 2-5**】　在"读者"表中，为"电话"字段设置输入掩码，要求电话号码为 11 位。
具体操作步骤如下。

① 在设计视图下打开"读者"表，选中"电话"字段。

② 单击"常规"选项卡中的"输入掩码"属性右侧的文本框，出现一个 ⋯ 按钮，单击此按钮，弹出"输入掩码向导"对话框，如图 2-17 所示。

③ 单击图 2-17 中的"编辑列表"按钮，弹出"自定义'输入掩码向导'"对话框，单击该对话框底部的记录导航按钮中的"新（空白）记录" ▶* 按钮，添加一个新的自定义输入掩码，具体设置如图 2-18 所示。

单击"关闭"按钮，返回"输入掩码向导"对话框，

图 2-17　"输入掩码向导"对话框

其中增加了新建的"电话"输入掩码，如图2-19所示。选中"电话"输入掩码，单击"完成"按钮，返回表设计视图，在"输入掩码"文本框中会出现自定义掩码"00000000000"。

图 2-18 设置"电话"字段的输入掩码   图 2-19 "电话"添加到"输入掩码"列表

④ 单击快速访问工具栏中的"保存"按钮，保存所做的设置，然后单击"设计"选项卡中的"视图"按钮，打开数据表视图，单击"电话"字段名下方的单元格，将会显示闪动的光标和下画线▮▬▬▬，其中的每一位都必须输入一个 0～9 的数字。

4. 标题

标题可以看作是字段名意义不明确时设置的用于说明的名称。在实际应用中，为了操作方便，有时会用英文字母或拼音缩写作为字段名称，这样的字段名称直接显示在数据表中不便于用户理解字段的含义，设置标题可以在数据表中用汉字显示列标题，更容易理解。

如果给字段设置了标题属性，在数据表视图或控件中显示的将不是字段名称而是标题属性中的名称。例如，将"读者"表中"电话"字段的标题属性设置为"手机号码"，如图 2-20 所示；再在数据表视图中打开"读者"表，原来显示的字段名"电话"变成了"手机号码"，如图 2-21 所示。

标题属性值相当于是字段名的别名，它不会改变表结构中的字段名，在系统内部引用的是字段名。例如，在查询读者的电话时还需使用字段名"电话"。

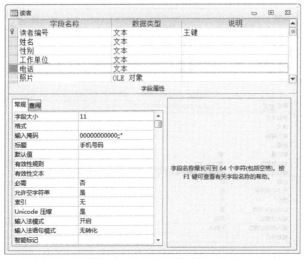

图 2-20 设置标题属性

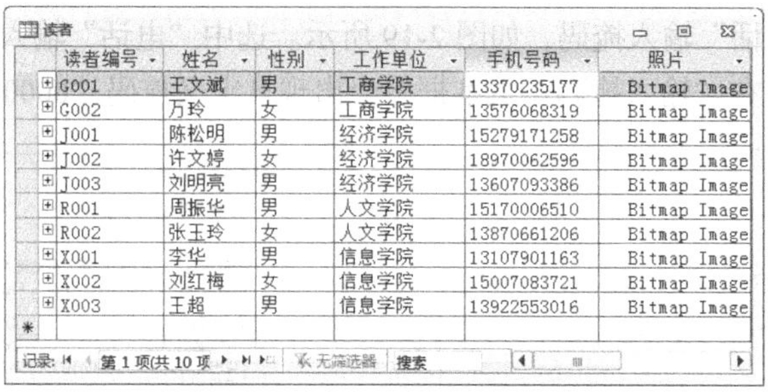

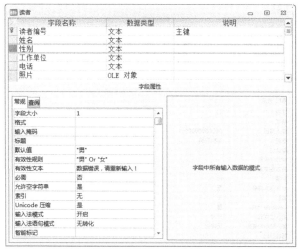

图 2-21   设置"电话"字段的标题属性后的"读者"表

5. 默认值

默认值是在输入新记录时字段自动填充的数据内容。在一个数据库中，往往会有一些字段的数据内容相同或者包含有相同的部分，为减少数据输入量，可以将出现较多的值作为该字段的默认值。

【例 2-6】 将"读者"表中"性别"字段的默认值属性设置为"男"。

具体的操作步骤如下。

① 在设计视图中打开"读者"，选择"性别"字段。

② 在"字段属性"区域的"默认值"属性框中输入""男""。

③ 单击快速访问工具栏中的"保存"按钮对设置进行保存，然后切换到数据表视图，在最底端的添加新记录行中的"性别"列出现字符"男"。

6. 有效性规则和有效性文本

有效性规则属性是给字段输入数据时设置的约束条件。当输入的数据违反了有效性规则时，自动将有效性文本属性设置的提示信息显示给用户。设置这两个属性可以防止不合理的数据输入到表中。

【例 2-7】 设置"读者"表中"性别"字段的有效性规则和有效性文本，要求该字段的取值只能是"男"或"女"，如果输入了错误的数据，则弹出提示信息"数据错误，请重新输入!"。

具体的操作步骤如下。

① 在设计视图中打开"读者"表，选择"性别"字段。

② 在"常规"选项卡的"有效性规则"文本框中输入""男" Or "女""，在"有效性文本"文本框中输入"数据错误，请重新输入!"，如图 2-22 所示。

图 2-22   设置"性别"字段的有效性规则和有效性文本

③ 单击快速访问工具栏中的"保存"按钮对设置进行保存，然后切换到数据表视图，在"性别"字段中输入一个错误的字符，按<Enter>键后将弹出图 2-23 所示的对话框，单击"确定"按钮，返回数据表视图重新输入。

图 2-23　"有效性文本"提示信息

7. 必需

必需即必填字段，其默认值为"否"。如果设置为"是"，则该字段不允许出现空（Null）值。空值是缺少的、未定义的或未知的值，即什么都不输入。

8. 允许空字符串

允许空字符串属性是文本类型字段的专有属性，其默认值为"是"，表示该字段可以是空字符串。如果设置为"否"，则不允许出现空字符串。空字符串是指长度为零的字符串，在输入时要用双引号括起来。

9. 索引

索引是将记录按照某个字段或某几个字段进行逻辑排序，就像字典中的索引提供了按拼音顺序对应汉字页码的列表和按笔画顺序对应汉字页码的列表，利用它们可以很快找到需要的汉字。建立索引有助于快速查找和排序记录。Access 不能基于数据类型为 OLE 对象、附件和计算的字段建立索引。

在表设计视图中，"常规"选项卡的索引属性有 3 个选项，如表 2-7 所示。

表 2-7　　　　　　　　　　　　　　索 引 属 性

设　　置	说　　明
无	默认值，表示无索引
有（有重复）	表示有索引，且允许字段有重复值
有（无重复）	表示有索引，但不允许字段有重复值

如果表的主键为单个字段，Access 将自动把该字段的索引属性设置为"有（无重复）"。例如，对于"读者"表的"读者编号"字段，在创建主键时会自动创建唯一的"有（无重复）"索引；对于"读者"表的"姓名"字段，由于可能有同名的读者，不能创建唯一的索引，但可创建有重复的索引。

【例 2-8】　为"读者"表的"姓名"字段建立有重复值的索引。

具体的操作步骤如下。

① 在设计视图中打开"读者"表，选择"姓名"字段。

② 在"常规"选项卡中选择"索引"属性框，然后单击右侧的向下箭头，从打开的下拉列表框中选择"有（有重复）"选项。

③ 单击"表格工具"|"设计"选项卡，在"显示/隐藏"命令组中单击"索引"命令按钮，可打开"索引"对话框，如图 2-24 所示。

④ 单击快速访问工具栏中的"保存"按钮，保存所做的设置。

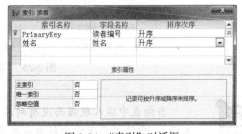

图 2-24　"索引"对话框

如果需要同时搜索或排序两个或更多的字段，可以创建多字段索引。使用多个字段索引进行排序时，将首先用定义在索引中的第 1 个字段进行排序；如果第 1 个字段有重复值，再用索引中的第 2 个字段排序，依此类推。

2.1.4 向表中输入数据

在 Access 2010 中，表结构设计完成后，将生成一个没有记录的空白数据表。在表中添加记录非常简单，只要打开了某个表，便可以在该表的数据表视图中直接输入数据，就如同在一个空白表格中填写文字或数字一样。

1. 利用数据表视图输入数据

在表设计视图中显示的是表的结构属性，而在数据表视图中显示的是表中的数据，因此针对表中数据的操作都在数据表视图中进行。

具体操作时，要先打开数据库，在导航窗格中双击要输入数据的表名，进入该表的数据表视图，然后在对应位置输入数据，数据必须与字段的数据类型相匹配。

例如，要将图书信息输入到"图书"表中，从第 1 个空记录的第 1 个字段开始分别输入"图书编号""图书名称""分类号""作者""出版社""定价""是否在馆"和"入库时间"等字段的值，每输入完一个字段值后按<Enter>键或按<Tab>键转至下一个字段。

在输入"是否在馆"字段值时，如果在复选框内单击鼠标左键会显示出一个"√"，勾选代表图书在馆，没有借出；再次单击复选框可以去掉"√"，不勾选代表图书不在馆，已经借出。输入完一条记录后，按<Enter>键或<Tab>键转至下一条记录，继续输入第 2 条记录。

完成全部记录的输入后，选择"文件"|"保存"命令，或单击快速访问工具栏上的"保存"按钮，保存表中数据。此时，"图书"表的数据表视图如图 2-25 所示。

图书编号	图书名称	分类号	作者	出版社	定价	是否在馆	入库时间
S1001	老子的智慧	B	林语堂	中华书局	¥28.00	☑	2010/5/10
S1002	中国哲学简史	B	冯友兰	北京大学出版社	¥38.00	☑	2013/8/15
S2001	孙子兵法全集	E	赵俊杰	高等教育出版社	¥39.00	☑	2007/12/3
S2002	大学生军事理论教程	E	李政	北京大学出版社	¥29.00	☑	2010/3/25
S3001	金融经济学	F	王长江	中国人民大学出版社	¥26.00	☑	2007/5/12
S3002	生活中的经济学	F	孙海波	清华大学出版社	¥33.00	☐	2009/12/7
S3003	税法原理	F	张守文	北京大学出版社	¥39.00	☑	2013/6/2
S4001	计算机英语	H	吴建军	人民邮电出版社	¥39.00	☑	2010/10/16
S4002	商务英语阅读	H	董晓霞	清华大学出版社	¥39.00	☐	2011/10/10
S4003	外贸英语	H	吴春胜	中国人民大学出版社	¥38.00	☑	2013/12/1
S5001	中国文学史	I	林国平	人民文学出版社	¥46.00	☑	2009/12/7
S5002	围城	I	钱钟书	人民文学出版社	¥20.00	☑	2011/9/5
S6001	中国近代史	K	邓云飞	中华书局	¥25.00	☑	2012/5/10
S6002	用年表读懂中国史	K	马文东	北京大学出版社	¥32.00	☑	2014/9/5
S7001	Java编程入门	T	付文明	清华大学出版社	¥38.50	☑	2008/5/22
S7002	VB程序设计及应用	T	李漱华	高等教育出版社	¥35.80	☑	2012/12/15
S7003	C语言从入门到精通	T	王明华	清华大学出版社	¥49.80	☑	2012/12/26
S7004	Access数据库技术	T	郭海霞	人民邮电出版社	¥43.80	☑	2014/6/17
S7005	从零开始学Java	T	王松波	高等教育出版社	¥49.80	☐	2014/12/8
S7006	关系数据库应用教程	T	王明华	人民邮电出版社	¥36.00	☐	2014/12/8

记录: 第 1 项(共 20 项)　无筛选器　搜索

图 2-25　"图书"表的数据表视图

当向表中输入数据而没有对其中的某些字段指定值时，该字段将出现空值（用 Null 表示）。空值不同于空字符串或数值零，而是表示未输入、未知或不可用。

第一个字段列左边的小方块是记录选定器，单击它可以选定该条记录。通常在输入一条记录的同时，Access 将自动添加一条新的空记录并且在该记录的选定器上显示一个星号▣；当某条记录正在输入数据，其记录选定器上则显示铅笔符号。

2. 一些特殊数据类型的输入方法

有些数据类型的输入方法比较特殊，下面进行简要介绍。

（1）备注型数据的输入

备注型字段可以包含很大的数据量，而表中字段列的数据输入空间有限，此时可以使用 <Shift>+<F2>组合键打开图 2-26 所示的"缩放"窗口，在该窗口中输入和编辑数据。该方法同样适用于文本、数字等类型数据的输入。

（2）OLE 对象型数据的输入

"图书管理系统"数据库的"读者"表中有"照片"字段，这是 OLE 对象类型。输入照片时，将鼠标指针指向该记录的"照片"字段列，单击鼠标右键，在快捷菜单中选择"插入对象"命令，打开"Microsoft Access"对话框，选中"新建"单选按钮，再在"对象类型"列表框中选择"Bitmap Image"选项，如图 2-27 所示；单击"确定"按钮，打开"画图"程序窗口，在"主页"选项卡的"剪贴板"组中，单击"粘贴"下拉按钮，选择"粘贴来源"命令，打开"粘贴来源"对话框，找到并选中所需图片文件，然后单击"打开"按钮，将此图片显示在"画图"程序窗口中；如果白底的画布比图片大，就调整画布大小与图片大小一致，最后关闭"画图"程序即可。

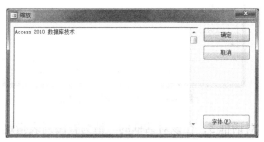

图 2-26 "缩放"窗口 　　　　　　图 2-27 "Microsoft Access"对话框

> **说明** OLE 对象字段只支持 Windows 位图文件（bmp 文件），其他文件（如 jpg、gif 文件等）在字段中显示为 Package（程序包），在窗体、报表中只能显示为图标。非位图文件只有转换成位图文件后才能在窗体、报表中正常显示。

（3）附件型数据的输入

附件型字段的列标题会显示回形针图标，而不是字段名。鼠标右键单击附件型字段，在弹出的快捷菜单中选择"管理附件"命令，弹出"附件"对话框，如图 2-28 所示。双击表中的附件型字段，也可以直接打开此对话框。使用"附件"对话框可添加、编辑并管理附件，附件添加成功后，附件型字段列中会显示附件的个数。

3. 创建查阅列表字段

一般情况下，数据表中大部分字段值都来自于直接

图 2-28 "附件"对话框

输入的数据。如果某个字段的值是一组固定的数据，可以考虑将这组固定值设置为一个列表，即查阅列表。当完成字段的查阅列表设置后，在该字段输入数据时，可以直接从这个列表中选择所列内容作为添入字段的内容，而不需要自己手工输入。

这样既加快了数据输入速度，又保证了输入数据的正确性。

Access 中有两种类型的查阅列表，一种是包含了一组预定义值的值列表，另一种是使用查询从其他已有的表或查询中检索值的查阅数据列表，表或查询的所有更新都将反映在列表中。可以使用向导创建查阅列表，也可以直接在"查阅"选项卡中设置。

【例 2-9】 为"读者"表的"工作单位"字段创建查阅列表，列表中显示"工商学院""经济学院""人文学院"和"信息学院" 4 个值。

具体的操作步骤如下。

① 在设计视图下打开"读者"表，选择"工作单位"字段。

② 在"数据类型"的下拉列表中选择"查阅向导"，打开"查阅向导"对话框 1，选中"自行键入所需的值"单选按钮，如图 2-29 所示。

③ 单击"下一步"按钮，打开"查阅向导"对话框 2，在"第 1 列"的单元格中依次输入"工商学院""经济学院""人文学院"和"信息学院" 4 个值，如图 2-30 所示。

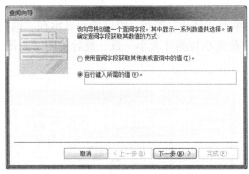
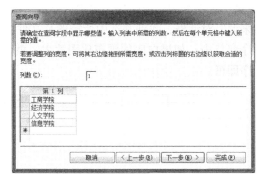

图 2-29 "查阅向导"对话框 1   图 2-30 "查阅向导"对话框 2

④ 单击"下一步"按钮，打开"查阅向导"对话框 3，在该对话框的"请为查阅列表指定标签"文本框中输入名称，也可以使用默认值，如图 2-31 所示。单击"完成"按钮，完成"工作单位"字段的查阅列表设置。

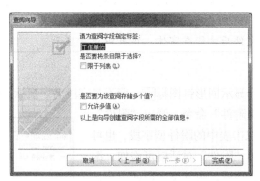

图 2-31 "查阅向导"对话框 3

⑤ 切换到"读者"表的数据表视图，将光标移动到"工作单位"字段的任意单元格，可看到字段值的右侧出现下三角形按钮。单击该按钮，在出现的下拉列表中列出了"工商学院""经济学院""人文学院"和"信息学院" 4 个值，如图 2-32 所示。在输入"工作单位"字段值时，可以直接从该列表中选择。

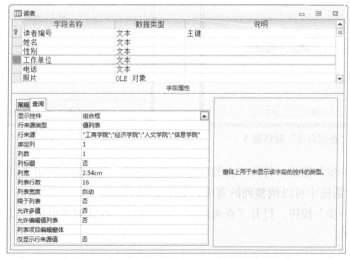

图 2-32 查阅列表字段设置效果

通过设置"查阅"选项卡的相关属性也可实现查阅列表。首先在设计视图下打开"读者"表，选定"工作单位"字段；然后单击"查阅"选项卡，设置"显示控件"属性值为"组合框"，"行来源"类型为"值列表"，在"行来源"属性框中输入""工商学院";"经济学院";"人文学院";"信息学院""即可，如图 2-33 所示。

图 2-33 设置"查阅"选项卡实现查阅列表

【例 2-10】 使用查阅字段获取表或查询的值。要求将"图书"表中的"分类号"字段设置为查阅"图书分类"表中的"分类号"字段，即"图书"表中的"分类号"字段组合框的下拉列表中出现"图书分类"表中"分类号"字段的图书分类编号。

具体的操作步骤如下。

① 在设计视图下打开"图书"表，选择"分类号"字段，在"数据类型"的下拉列表中选择"查阅向导"，打开"查阅向导"对话框 1。选中"使用查阅字段获取其他表或查询中的值"单选按钮，如图 2-34 所示。

② 单击"下一步"按钮，打开"查阅向导"对话框 2，在对话框中列出了可以选择的已有的表和查询，选定字段列表内容的来源"图书分类"表，如图 2-35 所示。

③ 单击"下一步"按钮，打开"查阅向导"对话框 3，在该对话框中列出了"图书分类"表中所有的字段，通过双击左侧列表中的字段名，将"分类号"字段添加至右侧列表中，如图 2-36 所示。

图 2-34 "查阅向导"对话框 1　　　　　　　　　图 2-35 "查阅向导"对话框 2

④ 单击"下一步"按钮，打开"查阅向导"对话框 4，在此对话框中可以为"分类号"字段排序，如图 2-37 所示。

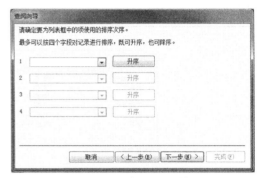

图 2-36 "查阅向导"对话框 3　　　　　　　　　图 2-37 "查阅向导"对话框 4

⑤ 单击"下一步"按钮，打开"查阅向导"对话框 5，对话框中列出了"分类号"字段中的所有数据，在此对话框中可以调整列的宽度，如图 2-38 所示。

⑥ 单击"下一步"按钮，打开"查阅向导"对话框 6，在此对话框中可以为查阅字段指定标签，如图 2-39 所示。

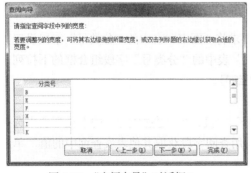

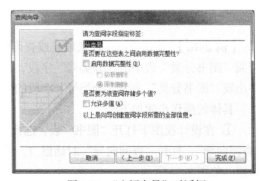

图 2-38 "查阅向导"对话框 5　　　　　　　　　图 2-39 "查阅向导"对话框 6

⑦ 单击"完成"按钮，至此"图书"表中"分类号"字段的查阅列表设置完成。切换到"图书"表的数据表视图，"分类号"字段可以从下拉列表中选择有效的分类号。

2.2 表的编辑

在创建表时，可能由于种种原因，致使表结构设计不合理，或某些内容不能满足实际需要。因此，为使表结构更合理，内容使用更有效，需要对表结构和表内容进行编辑修改，从而更好地实现对表的操作。

2.2.1 修改表结构

在 Access 数据库中，可以通过数据表视图和设计视图对表结构进行修改，主要包括修改字段、添加字段、删除字段和移动字段等操作。对表结构的修改，会影响到与之相关的查询、窗体和报表等其他数据库对象，因此一定要慎重，建议修改前备份数据。

1. 修改字段

修改字段包括修改字段的名称、数据类型、说明和字段属性等。可以使用如下两种方法修改字段。

① 在数据表视图中，双击需要修改的字段名，进入修改状态，或右键单击需要修改的字段名，在弹出的快捷菜单中选择"重命名字段"命令。如果还要修改字段数据类型或字段属性，可以选择"表格工具"|"字段"上下文选项卡中的有关命令。

② 在设计视图中，单击需要修改的字段的"字段名称"列，然后修改字段名称；如果要修改字段数据类型，可以单击该字段"数据类型"列右侧的向下箭头，然后从打开的下拉列表中选择需要的数据类型；如果要修改字段属性，可以选中该字段，再在"字段属性"区域进行修改。

2. 添加字段

可以使用如下两种方法添加字段。

① 在数据表视图下打开需要添加字段的表，在某一列标题上单击鼠标右键，从快捷菜单中选择"插入字段"命令，将在该列前生成新列；双击新列中的字段名，为该列输入需要的字段名称；再选择"表格工具"|"字段"上下文选项卡中的相关命令修改字段数据类型或字段属性。

② 在设计视图下打开需要添加字段的表，然后将光标移动到要插入新字段的位置，单击"表格工具"|"设计"上下文选项卡，在"工具"命令组中单击"插入行"命令按钮，或单击鼠标右键，在弹出的快捷菜单中选择"插入行"命令，则在当前字段的上面插入一个空行，在空行中输入字段名称，并选择数据类型。

3. 删除字段

可以使用如下两种方法删除字段。

① 在数据表视图下打开需要删除字段的表，选中要删除的字段列，然后在该字段中单击鼠标右键，在弹出的快捷菜单中选择"删除字段"命令。

② 在设计视图下打开需要删除字段的表，然后单击要删除的字段行前的字段选定器；如果要选择一组连续的字段，可用鼠标指针拖过所选字段的字段选定器；然后单击"表格工具"|"设计"上下文选项卡，在"工具"命令组中单击"删除行"命令按钮；或单击鼠标右键，在弹出的快捷菜单中选择"删除行"命令。

4. 移动字段

可以使用如下两种方法移动字段。

① 在数据表视图下打开需要移动字段的表，选中要移动的字段列，然后单击字段名并按住鼠标左键不放，拖动鼠标即可将该字段移动到新的位置。

② 在设计视图下打开需要移动字段的表，单击字段选定器选中需要移动的字段行，然后再次单击并按住鼠标左键不放，拖动鼠标即可将该字段移动到新的位置。

 在数据表视图中移动字段，只改变其在数据表视图中的显示顺序，并不会改变设计视图中字段的排列顺序。

2.2.2 修改表内容

修改表内容是为了保证表中数据准确，使表能够满足实际需要。编辑表内容的操作主要包括定位记录、添加记录、删除记录和修改数据等。

1. 定位记录

表中有了数据以后，修改是经常要做的操作，其中定位和选择所需记录是首要操作。常用的定位记录方法有两种，一是使用数据表视图窗口下端的记录导航条定位，二是使用全屏幕编辑的快捷键定位。

【例 2-11】 使用记录导航条，将指针定位到"读者"表中的第 6 条记录上。

具体的操作步骤如下。

① 在数据表视图下打开"读者"表。

② 单击记录导航条中的"当前记录"框，在该框中输入"6"，如图 2-40 所示。

图 2-40 定位指定记录

③ 按下<Enter>键，这时表中的光标将定位在第 6 条记录上。

 在记录导航条中的"搜索"框中输入需要搜索的内容并按<Enter>键，可以在全部记录中查找该内容；还可以使用记录导航条中的"上一条记录""下一条记录"等按钮实现快速记录定位。

另外，可以使用全屏幕编辑的快捷键实现记录定位。快捷键及其功能如表 2-8 所示。

表 2-8   快捷键及其定位功能

快 捷 键	定 位 功 能	快 捷 键	定 位 功 能
<Tab>/回车/右箭头	下一字段	<Ctrl>+<End>	最后一个记录中的最后一个字段
<Shift>+<Tab>/左箭头	上一字段	上箭头	上一个记录中的当前字段

快　捷　键	定　位　功　能	快　捷　键	定　位　功　能
\<Home\>	当前记录中的第一个字段	下箭头	下一个记录中的当前字段
\<End\>	当前记录中的最后一个字段	\<PgDn\>	下移一屏
\<Ctrl\>+上箭头	第一个记录中的当前字段	\<PgUp\>	上移一屏
\<Ctrl\>+下箭头	最后一个记录中的当前字段	\<Ctrl\>+\<PgDn\>	左移一屏
\<Ctrl\>+\<Home\>	第一个记录中的第一个字段	\<Ctrl\>+\<PgUp\>	右移一屏

2. 添加记录

添加新记录时，在数据表视图下打开要编辑的表，单击表的最后一行上的单元格，就可以直接输入要添加的数据；也可以单击记录导航条上的"新（空白）记录"按钮，或单击"开始"选项卡，在"记录"命令组中单击"新建"命令按钮，待光标移到表的最后一行后即可输入要添加的数据。

3. 删除记录

在数据表视图下打开要编辑的表，选定要删除的记录，然后单击"开始"选项卡，在"记录"命令组中单击"删除"命令按钮，在弹出的删除记录提示框中，单击"是"按钮执行删除，如果单击"否"按钮则取消删除。

在数据表中，可以一次删除多条相邻的记录。方法是在选择记录时，先单击第一条记录的记录选定器，然后拖动鼠标经过要删除的每条记录，将所有需要删除的记录都选定，最后执行删除操作。

4. 修改数据

在数据表视图中修改数据的方法非常简单，只要将光标移到要修改数据的相应字段，然后对它直接修改即可，其操作方法与文字处理软件中的编辑修改类似。修改时，可以修改整个字段的值，也可以修改字段的部分数据。

在输入或编辑数据时，可以使用复制和粘贴操作将某字段中的部分或全部数据复制到另一个字段中，操作步骤如下。

① 在数据表视图下打开要修改数据的表。

② 将鼠标指针指向要复制数据字段的最左边，在鼠标指针变为空心十字时，单击鼠标左键选中整个字段。如果要复制部分数据，可将鼠标插针指向要复制数据的开始位置，然后拖动鼠标到结束位置，选中要复制的部分数据。

③ 单击"开始"选项卡，在"剪贴板"命令组中单击"复制"命令按钮。

④ 选定目标字段，在"剪贴板"命令组中单击"粘贴"命令按钮。

2.2.3　调整表的外观

在使用表时，有时需根据实际要求重新设置数据在表中的显示形式，使表看上去更加美观、清晰。调整表的外观主要包括调整行高与列宽、隐藏与显示列、冻结列、设置数据表格式等操作。

1. 调整行高与列宽

（1）使用鼠标和菜单命令调整行显示高度

使用鼠标调整行高的操作方法是：在数据表视图下打开要调整的表，然后将鼠标指针放在表中任意两个记录选定器之间，当鼠标指针变为双向箭头时，按住鼠标左键不放，拖动鼠标上下移动，调整到所需高度后，松开鼠标左键。改变该行的行高后，整个表所有行的行高都会进行相应调整。

使用菜单命令调整行显示高度的操作方法是：在数据表视图下打开要调整的表，单击表中任意单元格，然后单击"开始"选项卡，在"记录"命令组中单击"其他"命令按钮，在下拉菜单中选择"行高"命令，弹出如图 2-41 所示的"行高"对话框，在"行高"框中输入所需的行高值，单击"确定"按钮。

（2）使用鼠标和使用菜单命令调整列宽

使用鼠标调整列宽的操作方法是：首先将鼠标指针放在要改变宽度的两列字段名中间，当鼠标指针变为双向箭头时，按住鼠标左键不放，并拖动鼠标左右移动，当调整到所需宽度时，松开鼠标左键。在拖动字段列中间的分隔线时，如果将分隔线往左拖动超过上一个字段列的右边界时，将会隐藏该列。

使用菜单命令调整列宽的操作方法是：先选择要改变宽度的字段列，然后单击"开始"选项卡，再在"记录"命令组中单击"其他"命令按钮，在下拉菜单中选择"字段宽度"命令，弹出如图 2-42 所示的"列宽"对话框，在"列宽"框中输入所需的列宽值，单击"确定"按钮。如果在"列宽"对话框中输入的值为 0，则隐藏该字段列。

图 2-41 "行高"对话框

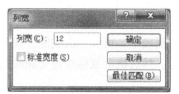

图 2-42 "列宽"对话框

说明　　重新设置列宽不会改变表中字段的"字段大小"属性所允许的字符数，它只是简单地改变字段列所包含数据的显示空间大小。

2. 隐藏与显示列

为了便于查看表中的主要数据，可以在数据表视图中将某些字段列暂时隐藏起来，需要时再将其显示出来。

例如，要将"图书"表中的"分类号"字段列隐藏起来，其操作方法是：在数据表视图下打开"图书"表，选中"分类号"字段列。如果要一次隐藏多列，可单击要隐藏的第 1 列字段名并按住鼠标左键不放，拖动鼠标到最后一个需要选择的列。单击"开始"选项卡，然后在"记录"命令组中单击"其他"命令按钮，在下拉菜单中选择"隐藏字段"命令，即可将选定的列隐藏起来。

如果希望将隐藏的"分类号"字段列重新显示出来，可以在数据表视图下打开"图书"表，单击"开始"选项卡，在"记录"命令组中单击"其他"命令按钮，从下拉菜单中选择"取消隐藏字段"命令，弹出"取消隐藏列"对话框，如图 2-43 所示。在"列"列表中选中"分类号"前面的复选框，单击"关闭"按钮即可。

3. 冻结列

当表中的字段较多时，在数据表视图中，会造成有些字段在

图 2-43 "取消隐藏列"对话框

水平滚动窗口后无法看到，这就影响了数据的查看。此时，可以利用 Access 提供的冻结列功能，冻结某字段列或某几个字段列，以后无论怎样水平滚动窗口，这些字段总是可见的，并且总是显示在窗口的最左侧。

例如，冻结"图书"表中"图书名称"列的具体操作方法是：在数据表视图下打开"图书"表，选中"图书名称"字段列，然后单击"开始"选项卡，在"记录"命令组中单击"其他"命令按钮，在下拉菜单中选择"冻结字段"命令。此时，如果水平滚动窗口，可以看到"图书名称"字段列始终显示在窗口的最左侧。如果要取消冻结列，可以在"其他"命令按钮的下拉菜单中选择"取消冻结所有字段"命令。

4. 设置数据表格式

在数据表视图中，一般在水平方向和垂直方向都显示网格线，网格线采用银色，背景采用白色。如果需要，可以改变数据字体格式，也可以选择网格线的显示方式、颜色和表格的背景颜色等。

设置数据表格式的操作方法是：在数据表视图下打开要设置格式的表，单击"开始"选项卡，根据需要设置的项目，在"文本格式"命令组中单击相应命令按钮。例如，如果要去掉水平方向的网格线，可以单击"网格线"按钮▦，并选择"网格线：纵向"命令。如果要将背景颜色设置为其他颜色，可以单击"背景色"▦按钮右侧的向下箭头，并从打开的列表中选择所需颜色。

【例 2-12】 设置"读者"表中数据的字体格式，要求字体为楷体，字号为 12，字型为斜体，颜色为标准色的深蓝。

具体的操作步骤如下。

① 在数据表视图下打开"读者"表。

② 在"开始"选项卡的"文本格式"命令组中，单击"字体"组合框右侧的向下箭头，从下拉列表中选择"楷体"；单击"字号"组合框右侧的下拉箭头，从下拉列表中选择"12"；单击"倾斜"按钮；单击"字体颜色"按钮右侧的下拉箭头，从下拉列表中选择"标准色"组中的"深蓝"颜色。结果如图 2-44 所示。

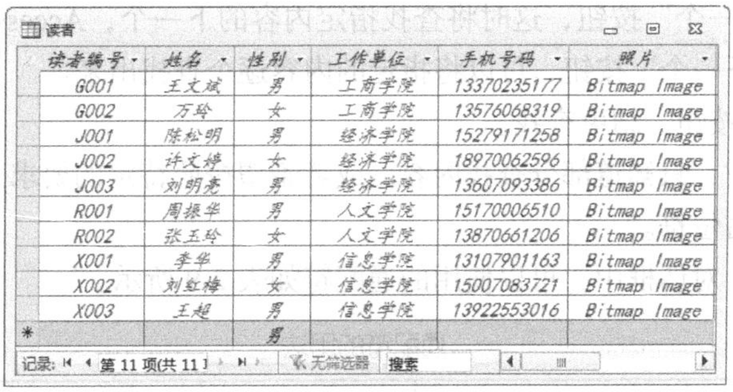

图 2-44　设置数据表字体格式

2.3　表 的 使 用

创建了表以后，常常需要根据实际要求，对表中的数据进行各种操作，主要包括查找、替换、排序和筛选等。

2.3.1 查找数据

如果表中存放的数据非常多，当用户希望查找自己需要的某一数据时就比较困难。Access 提供了非常方便的查找功能，使用它可以快速地找到所需的数据。

1. 查找指定内容

在 2.2.2 节中已经介绍过定位记录，从实现的功能上看，它也是一种比较简单的查找记录的方法。但是，在很多情况下，用户查找数据时并不知道所需数据的记录号和具体位置。因此，为了能满足更多的查找要求，可以使用"查找"对话框来进行数据的查找。

【例 2-13】 在"读者"表中查找女性读者记录。

具体的操作方法如下。

① 在数据表视图下打开"读者"表，单击"性别"字段名。

② 选择"开始"选项卡，单击"查找"命令组中的"查找"按钮，弹出"查找和替换"对话框。

③ 在对话框的"查找内容"文本框中输入"女"，如图 2-45 所示。

图 2-45 "查找和替换"对话框

如果需要也可以进一步设置其他选项。例如，在"查找范围"下拉列表中选择"当前文档"将整个表作为查找的范围。在查找之前将光标移到所要查找的字段上，这样可比对整个数据表进行查找节省时间。在"匹配"下拉列表中，除了图 2-45 所示的"整个字段"外，也可以选择其他的匹配部分，如"字段任何部分""字段开头"等。

④ 单击"查找下一个"按钮，这时将查找指定内容的下一个，Access 将反相显示找到的数据。连续单击"查找下一个"按钮，可以将指定的内容逐个查找出来。

⑤ 单击"取消"按钮，结束查找。

如果在查找数据时，只知道部分查找内容，或者希望按照特定的要求来查找，则可以使用通配符作为其他字符的占位符。

在"查找和替换"对话框中，可以使用的通配符如表 2-9 所示。

表 2-9 通配符的用法

字符	用 法	示 例
*	匹配任意多个字符	wh*可以找到 white 和 why，但找不到 wash 和 without
?	匹配任意一个字符	b?ll 可以找到 ball 和 bill，但找不到 blle 和 beall
[]	匹配方括号内任何一个字符	b[ae]ll 可以找到 ball 和 bell，但找不到 bill
!	匹配任何不在括号内的字符	b[!ae]ll 可以找到 bill 和 bull，但找不到 bell 和 ball
-	匹配范围内的任何一个字符，必须以递增排序顺序来指定区域	b[a-c]d 可以找到 bad、bbd 和 bcd，但找不到 bdd
#	匹配一个数字	1#3 可以找到 103、113、123 等

当星号（＊）、问号（？）、左方括号（[）或减号（-）等通配符当普通字符使用时，
必须将搜索的符号放在方括号内。例如，搜索问号，在"查找内容"文本框中输入[?]；
搜索减号，在"查找内容"文本框中输入[-]；如果同时搜索减号和其他单词时，需要在
方括号内将减号放置在所有字符之前或之后，但是如果有感叹号（！），则需要在方括号
内将减号放置在感叹号之后；如果搜索感叹号或右方括号（]），不需将其放在方括号内。

Access 2010 还提供了一种快速查找的方法，通过在记录导航条的"搜索"框中输入需要查找
的内容，可以将光标直接定位到要找的记录上。

2. 查找空值或空字符串

在 Access 中，查找空值或空字符串的方法相似。

【例 2-14】 在"读者"表中查找姓名字段为空值的记录。

具体的操作步骤如下。

① 在数据表视图下打开"学生"表，单击"姓名"字段名。

② 选择"开始"选项卡，单击"查找"命令组中的"查找"按钮，弹出"查找和替换"对
话框。

③ 在"查找内容"文本框中输入"Null"。

④ 单击"匹配"框右侧下拉箭头按钮，并从下拉列表中选择"整个字段"。

⑤ 确保"按格式搜索字段"复选框未被选中，在"搜索"框中选择"向下"，如图 2-46
所示。

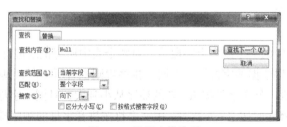

图 2-46　设置查找选项

⑥ 单击"查找下一个"按钮。找到后，记录选定器指针将指向相应的记录。

如果要查找空字符串，只需将第 3 步输入内容改为不包含空格的双引号（""）即可。

2.3.2　替换数据

在对表进行修改时，如果有多处相同的数据要进行相同的修改，就可以使用 Access 的替换功
能，自动将查找到的数据更新为新数据。

【例 2-15】 将"读者"表中"工作单位"字段值"信息学院"替换为"信管学院"。

具体的操作步骤如下。

① 在数据表视图下打开"教师"表，单击"工作单位"字段名。

② 在"开始"选项卡的"查找"命令组中，单击"替换"按钮，弹出"查找和替换"对
话框。

③ 在"查找内容"文本框中输入"信息学院"，在"替换为"文本框中输入"信管学院"。

④ 在"查找范围"框中选中"当前字段"选项，在"匹配"框中选中"整个字段"选项，如
图 2-47 所示。

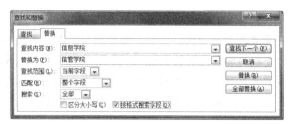

图 2-47　设置查找和替换选项

⑤ 如果需要查找一次替换一个，可以单击"查找下一个"按钮，找到后，单击"替换"按钮；如果不替换当前找到的内容，则继续单击"查找下一个"按钮；如果要全部替换指定的内容，则单击"全部替换"按钮，此时屏幕将显示提示框，提示将不能撤销该替换操作，询问是否继续，单击"是"按钮，完成替换操作。

　　替换操作是不可撤销的操作，为了避免替换操作失误，建议在进行替换操作之前对表进行备份。

2.3.3　排序记录

在 Access 数据库中打开一个表时，表中的记录默认按主键字段升序排列。若表中没有定义主键，则按数据输入的先后顺序排列记录。有时为了提高数据查找效率，需要重新整理数据，有效的方法是对数据进行排序。

1. 排序规则

排序是根据当前表中的一个或多个字段值，对整个表中所有记录进行重新排列。排序时可按升序，也可按降序。排序依据的字段类型不同，排序规则也有所不同，具体如下。

① 对于文本型字段，英文字母按 A~Z 的顺序从小到大，且同一字母的大、小写视为相同，升序时按 A~Z 排列，降序时按 Z~A 排列。中文字符按拼音字母的顺序排列，也是升序时按 A~Z 排列，降序时按 Z~A 排列。文本中出现的其他字符（如数字字符）按照 ASCII 码值的大小进行比较排列，而不是按照数值本身的大小来排。西文字符比中文字符要小。

② 对于数字型、货币型字段，按数值的大小排序，升序时从小到大排列，降序时从大到小排列。

③ 对于日期/时间型字段，按日期的先后顺序排序，靠后的日期为大，如"#2015-10-15#"比"#2012-10-15#"大。升序时按从前向后排列，降序时按从后向前排列。

④ 数据类型为备注型、超链接型和 OLE 对象型的字段不能排序。

⑤ 按升序排列字段时，字段值为"空值"的记录将排在最前面。

2. 按一个字段排序

按一个字段排序可以在数据表视图中进行，操作简单。

【例 2-16】　在"读者"表中，按"姓名"升序排列。

具体的操作步骤如下。

① 在数据表视图下打开"读者"表，单击"姓名"字段所在的列。

② 选择"开始"选项卡，单击"排序和筛选"组中的"升序"命令按钮。

执行上述操作步骤后，就可以改变原有的排列次序，保存表时将同时保存排序结果。

3. 按多个字段排序

按多个字段排序时，Access 首先根据第 1 个字段按照指定的顺序进行排序，当第 1 个字段有相同值时，再按照第 2 个字段进行排序，依此类推，直到按全部指定的字段排好为止。按多个字段排序记录的方法有两种，分别是使用"升序"或"降序"按钮和使用"高级筛选/排序"命令。

【例 2-17】 在"读者"表中按"性别"和"工作单位"两个字段升序排序。

具体的操作步骤如下。

① 在数据表视图下打开"读者"表。

② 同时选中用于排序的"性别"和"工作单位"两个字段列。

③ 选择"开始"选项卡，在"排序和筛选"命令组中单击"升序"命令按钮，结果如图 2-48 所示。

图 2-48　使用"升序"按钮排序结果

> 使用"升序"或"降序"按钮实现按两个字段排序虽然简单，但它只能使所有字段都按同一种次序排列，而且这些字段必须相邻。如果希望两个字段按不同的次序排列，或者按两个不相邻的字段排序，则需要使用"高级筛选/排序"命令。

【例 2-18】 在"图书"表中先按"出版社"降序排列，再按"入库时间"升序排列。

具体的操作步骤如下。

① 在数据表视图下打开"图书"表。

② 在"开始"选项卡的"排序和筛选"命令组中，单击"高级"命令按钮，从弹出的菜单中选择"高级筛选/排序"命令，出现如图 2-49 所示的"图书筛选 1"窗口。

> "图书筛选 1"窗口分为上、下两个部分。上半部分显示了被打开表的字段列表，下半部分是设计网格，用来指定排序字段、排序方式和排序条件。

③ 单击设计网格中第 1 列字段行右侧的下拉箭头按钮，从下拉列表中选择"出版社"字段，然后用相同方法在第 2 列的字段行上选择"入库时间"字段。

④ 单击"出版社"字段的"排序"单元格，再单击右侧向下箭头按钮，从列表中选择"降序"。使用相同方法在"入库时间"的"排序"单元格中选择"升序"，如图 2-50 所示。

⑤ 在"开始"选项卡的"排序和筛选"命令组中，单击"切换筛选"按钮，这时 Access 将按上述设置排序"图书"表中的所有记录，结果如图 2-51 所示。

排序后，在"开始"选项卡的"排序和筛选"命令组中，单击"取消排序"按钮，可以取消所设置的排序顺序。

图 2-49　"图书筛选 1"窗口

图 2-50　两个字段的排序设置

图书编号	图书名称	分类号	作者	出版社	定价	是否在馆	入库时间
S1001	老子的智慧	B	林语堂	中华书局	¥28.00	☑	2010/5/10
S6001	中国近代史	K	邓云飞	中华书局	¥25.00	☑	2012/5/10
S3001	金融经济学	F	王长江	中国人民大学出版社	¥26.00	☑	2007/5/12
S4003	外贸英语	H	吴春胜	中国人民大学出版社	¥38.00	☑	2013/12/1
S4001	计算机英语	H	吴建军	人民邮电出版社	¥39.00	☑	2010/10/16
S7004	Access 数据库技术	T	郭海霞	人民邮电出版社	¥43.80	☑	2014/6/17
S7006	关系数据库应用教程	T	王明华	人民邮电出版社	¥36.00	☐	2014/12/8
S5001	中国文学史	I	林国平	人民文学出版社	¥46.00	☑	2009/12/7
S5002	围城	I	钱钟书	人民文学出版社	¥20.00	☑	2011/9/5
S7001	Java 编程入门	T	付文明	清华大学出版社	¥38.50	☑	2008/5/22
S3002	生活中的经济学	F	孙海波	清华大学出版社	¥33.00	☑	2009/12/7
S4002	商务英语阅读	H	董晓霞	清华大学出版社	¥26.00	☐	2011/10/10
S7003	C 语言从入门到精通	T	王明华	清华大学出版社	¥49.80	☑	2012/12/26
S2001	孙子兵法全集	E	赵俊杰	高等教育出版社	¥39.00	☑	2007/12/3
S7002	VB 程序设计及应用	T	李湖华	高等教育出版社	¥35.80	☑	2012/12/15
S7005	从零开始学 Java	T	王松波	高等教育出版社	¥49.80	☐	2014/12/8
S2002	大学生军事理论教程	E	李政	北京大学出版社	¥29.00	☑	2010/3/25
S3003	税法原理	F	张守文	北京大学出版社	¥39.00	☑	2013/6/2
S1002	中国哲学简史	B	冯友兰	北京大学出版社	¥38.00	☑	2013/8/15
S6002	用年表读懂中国史	K	马文东	北京大学出版社	¥32.00	☑	2014/9/5

图 2-51　使用"高级筛选/排序"命令排序结果

2.3.4　筛选记录

筛选记录是指从表中挑选出满足条件的记录。经过筛选后的表，只显示满足条件的记录，不满足条件的记录将被隐藏起来。Access 2010 提供了 4 种筛选记录的方法，分别是按内容筛选、按条件筛选、按窗体筛选和高级筛选。

1.　按内容筛选

按内容筛选是按照用户提供的字段值进行筛选，这个字段值是由光标位置决定的。

【例 2-19】　在"读者"表中筛选出性别为"男"的读者。

具体的操作步骤如下。

① 在数据表视图下打开"读者"表。

② 在"性别"字段列中找到一个内容为"男"的单元格，并单击选中。

③ 选择"开始"选项卡，单击"排序和筛选"命令组中的"选择"按钮，从下拉菜单中选择"等于"男""，Access 将根据所选项筛选出相应的记录，结果如图 2-52 所示。

使用"选择"按钮，可以轻松地在菜单中找到最常用的筛选选项。字段的数据类型不同，"选择"列表提供的筛选选项也不同。对于文本型字段，筛选选项包括"等于""不等于""包含"和"不包含"；对于日期/时间型字段，筛选选项包括"等于""不等于""不晚于""不早于"和"期间"；对于数字型字段，筛选选项包括"等于""不等于""小于或等于"和"大于或等于"。

读者编号	姓名	性别	工作单位	手机号码	照片
G001	王文斌	男	工商学院	13370235177	Bitmap Image
J001	陈松明	男	经济学院	15279171258	Bitmap Image
J003	刘明亮	男	经济学院	13607093386	Bitmap Image
R001	周振华	男	人文学院	15170006510	Bitmap Image
X001	李华	男	信息学院	13107901163	Bitmap Image
X003	王超	男	信息学院	13922553016	Bitmap Image
*		男			

图 2-52　按内容筛选的结果

执行筛选后，如果需要将数据表恢复到筛选前的状态，可单击"排序和筛选"命令组中的"切换筛选"命令按钮。

2. 按条件筛选

按条件筛选是根据输入的条件进行筛选，是一种灵活的筛选方法。

【例 2-20】 在"图书"表中筛选出定价在 40 元以上的图书记录。

具体的操作步骤如下。

① 在数据表视图下打开"图书"表，选中"定价"字段列。

② 在"开始"选项卡的"排序和筛选"命令组中，单击"筛选器"按钮或单击"定价"字段名右侧的下拉箭头，打开筛选器菜单。

③ 单击"数字筛选器"命令，在弹出的菜单中选择"大于"命令，出现"自定义筛选"对话框，在文本框中填入"40"，如图 2-53 所示

图 2-53　"自定义筛选"对话框

④ 单击"确定"按钮，系统将显示筛选结果，如图 2-54 所示。

图书编号	图书名称	分类号	作者	出版社	定价	是否在馆	入库时间
S5001	中国文学史	I	林国平	人民文学出版社	¥46.00	☑	2009/12/7
S7003	C语言从入门到精通	T	王明华	清华大学出版社	¥49.80	☑	2012/12/26
S7004	Access数据库技术	T	郭海霞	人民邮电出版社	¥43.80	☑	2014/6/17
S7005	从零开始学Java	T	王松波	高等教育出版社	¥49.80	☐	2014/12/8
*							

图 2-54　按条件筛选的结果

筛选器中显示的筛选项取决于所选字段的数据类型和字段值。

3. 按窗体筛选

按窗体筛选是一种快速的筛选方法，使用它不需要浏览整个数据表的记录，还可以同时对两个以上的字段值进行筛选。

按窗体筛选记录时，Access 将数据表变成一条记录，并且每个字段是一个组合框，可以从每个组合框中选取一个值作为筛选内容。如果选择两个以上的值，可以通过窗口底部的"或"标签来确定两个字段值之间的关系。

【例 2-21】 将"读者"表中工作单位为"经济学院"的男性读者记录筛选出来。

具体的操作步骤如下。

① 在数据表视图下打开"读者"表。

② 单击"开始"选项卡，单击"排序和筛选"命令组中的"高级"按钮，从下拉菜单中选择"按窗体筛选"命令，切换到"按窗体筛选"窗口。

③ 选择"工作单位"字段，单击右侧下拉按钮，从下拉列表中选择"经济学院"；再选择"性别"字段，单击右侧下拉按钮，从下拉列表中选择"男"。设置结果如图 2-55 所示。

图 2-55　选择筛选字段值

④ 在"开始"选项卡的"排序和筛选"命令组中，单击"切换筛选"按钮，可以看到如图 2-56 所示的筛选结果。

图 2-56　按窗体筛选的结果

4. 高级筛选

前面介绍的 3 种筛选方法的操作比较简单，但能设置的筛选条件单一。在实际应用中，常常涉及比较复杂的筛选条件，此时可以使用高级筛选来实现。使用高级筛选不仅可以筛选出满足复杂条件的记录，还可以对筛选结果进行排序。

【例 2-22】　在"图书"表中，找出 2012 年至 2014 年间入库的分类号为"T"的图书，并按"入库时间"降序排序。

具体的操作步骤如下。

① 在数据表视图下打开"图书"表。

② 选择"开始"选项卡，单击"排序和筛选"命令组中的"高级"按钮，从下拉菜单中选择"高级筛选/排序"命令，弹出"图书筛选 1"窗口。

③ 在"图书筛选 1"窗口上半部分显示的"图书"字段列表中，分别双击"分类号"和"入库时间"字段，将其添加到窗口下半部分的"字段"行中。

④ 在"分类号"字段对应的"条件"单元格中输入条件""T""；在"入库时间"字段对应的"条件"单元格中输入条件">#2012-01-01# And <#2014-12-31#"，并在对应的"排序"单元格中选择"降序"。设置结果如图 2-57 所示。

图 2-57　设置筛选条件和排序条件

⑤ 在“开始”选项卡的“排序和筛选”命令组中，单击“切换筛选”按钮，筛选结果如图 2-58 所示。

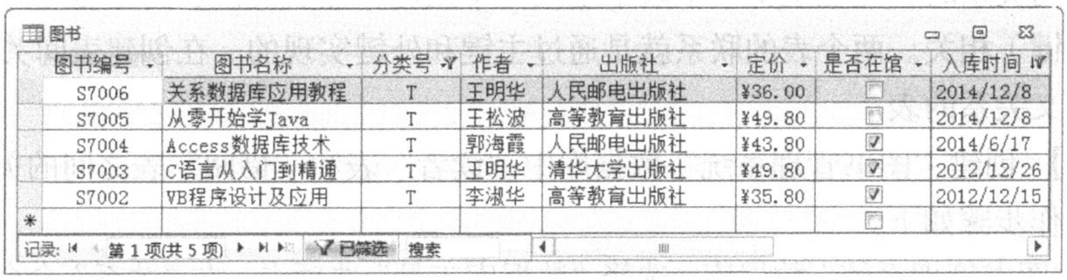

图书编号	图书名称	分类号	作者	出版社	定价	是否在馆	入库时间
S7006	关系数据库应用教程	T	王明华	人民邮电出版社	¥36.00	☐	2014/12/8
S7005	从零开始学Java	T	王松波	高等教育出版社	¥49.80	☐	2014/12/8
S7004	Access数据库技术	T	郭海霞	人民邮电出版社	¥43.80	☑	2014/6/17
S7003	C语言从入门到精通	T	王明华	清华大学出版社	¥49.80	☑	2012/12/26
S7002	VB程序设计及应用	T	李淑华	高等教育出版社	¥35.80	☑	2012/12/15

图 2-58 高级筛选的结果

设置筛选后，如果不再需要筛选的结果，可以将其清除。清除筛选是将数据表恢复到筛选前的状态。可以从单个字段中清除单个筛选，也可以从所有字段中清除所有筛选。清除所有筛选的方法是，选择“开始”选项卡，单击“排序和筛选”组中的“高级”按钮，从弹出的下拉菜单中选择“清除所有筛选器”命令即可。

2.4 表间关系

一个数据库应用系统常常包含多个表，各表之间往往存在着各种联系。在数据库中建立表之后，还要建立表之间的关系，使数据有机地组织在一起，形成一个整体，从而更好地使用和管理表中数据。

2.4.1 表间关系的类型

通常，在一个数据库中，两个表使用了共同的字段，这两个表之间就存在关系。通过表间关系可以找出一个表中的数据与另一个表中的数据的关联方式。

在关系模型中，每个记录即为实体，按照实体之间的关联类型，表间关系可分为 3 种类型，即一对一、一对多和多对多。假定数据库中有 A 和 B 两张表，3 种关系如下。

（1）一对一关系

如果表 A 中的每个记录仅能在表 B 中有一个记录匹配，并且表 B 中的每个记录仅能在表 A 中有一个记录匹配，这种关系称为一对一关系。这种关系类型并不常用，因为通常这些数据都可列在一个表中。

（2）一对多关系

如果表 A 中的每个记录能与表 B 中的多个记录匹配，但是表 B 中的每个记录仅能与表 A 中的一个记录匹配，这种关系称为一对多关系，它在数据库中最常见。表 A 通常称为“一”表，表 B 被称为“多”表。具有一对多关系的“一”表也称为主表，“多”表也称为子数据表，简称子表。

（3）多对多关系

如果表 A 中的每个记录能与表 B 中的多个记录匹配，并且表 B 中的每个记录也能与表 A 中的多个记录匹配，这种关系称为多对多关系。

在 Access 中，一对一关系和一对多关系可以直接建立，而多对多关系则要通过多个一对多关系来实现。可以先定义一个连接表，并将表 A 和表 B 中能作为主键的字段添加到连接表中，从而转化为以连接表为子表、表 A 和表 B 分别为主表的两个一对多关系。

2.4.2　建立表间关系

在建立表间关系时，先在至少一个表中定义一个主键，然后使该表的主键与另一个表的对应列（一般为外键）相关。两个表的联系就是通过主键和外键实现的。在创建表间关系之前，应关闭所有需要定义关系的表。

【例 2-23】　创建"图书管理系统"数据库中"读者"表和"借阅"表之间的关系。

具体的操作步骤如下。

① 打开"图书管理系统"数据库，选择"数据库工具"选项卡，在"关系"命令组中单击"关系"按钮，打开"关系"窗口。此时将出现"关系工具"|"设计"上下文选项卡，在该选项卡的"关系"命令组中单击"显示表"按钮，打开"显示表"对话框，如图 2-59 所示。

② 在"显示表"对话框中，选择"表"选项卡，分别双击"读者"和"借阅"，将这两个表的字段列表添加到"关系"窗口中，然后单击"关闭"按钮，关闭"显示表"对话框。添加了字段列表的"关系"窗口如图 2-60 所示。

图 2-59　"显示表"对话框

图 2-60　添加字段列表的"关系"窗口

③ 选中"读者"表中的"读者编号"字段，然后按下鼠标左键将其拖至"借阅"表中的"读者编号"字段上，松开鼠标后弹出如图 2-61 所示的"编辑关系"对话框。

在"编辑关系"对话框中，"表/查询"框对应主表的字段列表，如果要修改字段，可以单击对应的下拉按钮重新选择；"相关表/查询"框对应子表的字段列表，也可以重新选择子表字段。"实施参照完整性"选项将在后面单独介绍。

④单击"创建"按钮，即可创建两个表之间的关系，在两个"读者编号"字段之间出现一条连线，如图 2-62 所示。

图 2-61　"编辑关系"对话框

图 2-62　建立表间关系

当两个表建立关系后，在数据表视图下打开主表，每个记录左侧都有一个折叠按钮（+或−），单击它可将对应记录的子表数据显示或收起。

按照上述方法建立表间关系后，还可以修改表间关系，也可以删除不再需要的关系。方法是：右击两个表的连线，在弹出的快捷菜单中选择"编辑关系"或"删除"命令。若选择"编辑关系"命令，将会打开"编辑关系"对话框，可以修改表间关系；若选择"删除"命令，则可取消两个表之间的关系。如果要清除"关系"窗口，可以在"关系工具"|"设计"上下文选项卡的"工具"组中单击"清除布局"按钮。

2.4.3　参照完整性

字段有效性规则用于限制表的字段属性，属于域完整性范畴。参照完整性规则属于表间规则，Access 使用这个规则来确保相关表中记录之间关系的有效性，可以防止意外地删除或更改相关数据。

对于已建立关系的两个表，如果在更新、删除或插入记录时只改变其中的一个表，而另一个表不随之改变，会影响数据的完整性。例如，修改"读者"表中关联字段"读者编号"的值，或者把某个记录删除，而"借阅"表的关联字段"读者编号"的值未进行相应修改或删除，这样就会出现"借阅"表中的记录失去对应关系。这些使关联字段值不保持关联的情况，就违背了表之间的参照完整性。

Access 提供了参照完整性的一组规则，以及实施参照完整性的操作界面。

1. 设置参照完整性应符合的条件

（1）主表的关联字段是主键，或具有唯一索引。

（2）相关联字段具有相同的数据类型和字段大小。

（3）两个表都属于同一个 Access 数据库。

2. 参照完整性规则及其实施

在图 2-61 所示的"编辑关系"对话框中，有 3 个复选框形式的关系选项可供用户选择，但必须在先选中"实施参照完整性"复选框后，其他两个复选框才可用。

（1）实施参照完整性

在"编辑关系"对话框中单击"实施参照完整性"复选框，表示两个关联表之间建立了实施参照完整性规则，如图 2-63 所示。

图 2-63　选择"实施参照完整性"复选框

当两个表之间建立了参照完整性规则后，在主表中不允许更改在子表中存在匹配记录的主键字段值；在子表中，不允许在外键字段中输入主表的主键中不存在的值，但允许输入 Null 值；不允许在主表中删除与子表中记录相关的记录。

（2）级联更新相关字段

在选择实施参照完整性后，在"编辑关系"对话框中单击"级联更新相关字段"复选框，表示关联表间可以级联更新。

当关联表间实施参照完整性并级联更新时，若更改主表中记录的主键字段值时，子表中所有相关记录的外键字段值都会随之更新。

（3）级联删除相关字段

在选择实施参照完整性后，在"编辑关系"对话框中单击"级联删除相关记录"复选框，表示关联表间可以级联删除。

当关联表间实施参照完整性并级联删除时，若删除主表中的记录，子表中的所有相关记录也会随之删除。

如果关联表间不实施参照完整性，也就是不选"实施参照完整性"的复选框，这时对主表或子表的更新、删除和插入操作不受限制。

当两个相关表间实施参照完整性以后，表间连线依据关系类型，将显示出一对一、一对多等标志。"图书管理系统"数据库中表间关系如图 2-64 所示，所有关系均实施了参照完整性规则。

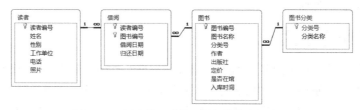

图 2-64　"图书管理系统"数据库中表间关系

【例 2-24】 验证"图书管理系统"数据库中"读者"表和"借阅"表之间的参照完整性。具体的操作步骤如下。

① 在设计视图下打开"读者"表。

② 将"读者"表中的读者编号"G001"改为"G111"，如图 2-65 所示。

③ 在设计视图下打开"借阅"表，其中的读者编号"G001"都已自动改为了"G111"，如图 2-66 所示。

读者编号	姓名	性别	工作单位
G111	王文斌	男	工商学院
G002	万玲	女	工商学院
J001	陈松明	男	经济学院
J002	许文婷	女	经济学院
J003	刘明亮	男	经济学院

图 2-65　验证参照完整性 1

读者编号	图书编号	借阅日期	归还日期
G002	S3003	2014/1/8	2014/3/26
G002	S7006	2014/12/20	
G111	S1002	2014/6/28	2014/9/27
G111	S7002	2013/9/7	2014/1/5
J001	S3001	2007/6/20	2007/9/15

图 2-66　验证参照完整性 2

　　如果再将"读者"表中的读者编号"G111"改回"G001"，则"借阅"表中的读者编号"G111"也会自动改回"G001"。

习 题 2

一、选择题

1. 在 Access 2010 数据库中，数据表和数据库的关系是（　　　）。

　　A. 一个数据库可以包含有多个数据表　　　B. 一个数据表只能含有两个数据库

　　C. 一个数据表可以包含多个数据库　　　　D. 一个数据库只能包含有一个数据表

2. 关于表的说法正确的是（　　　）。

　　A. 表就是数据库

　　B. 表是记录的组合，每一条记录又可以划分成多个字段

　　C. 在表中可以直接显示图形记录

　　D. 在表中的数据不可以建立超链接

3. 在 Access 数据库中，数据表有两种常用的视图，分别是设计视图和（　　　）。

　　A. 报表视图　　　　B. 宏视图　　　　C. 数据表视图　　　D. 页视图

4. 下面对数据表的叙述有错误的是（　　　　）。

    A. 表是数据库的重要对象之一

    B. 表的"设计视图"的主要用于设计表的结构

    C. 表的"数据表视图"只能用于显示数据

    D. 可以将其他数据库的表导入当前数据库中

5. 在 Access 数据库的数据表视图中，不可以（　　　　）。

    A. 设置表的主键　　　B. 修改字段的名称　　　C. 删除一个字段　　　D. 删除一条记录

6. 在 Access 数据库的表设计视图中，不能进行的操作是（　　　　）。

    A. 修改字段类型　　　B. 设置索引　　　　　　C. 增加字段　　　　　D. 删除记录

7. 以下不属于 Access 数据类型的是（　　　　）。

    A. 文本　　　　　　　B. 计算　　　　　　　　C. 附件　　　　　　　D. 通用

8. 在下列数据类型中，可以设置"字段大小"属性的是（　　　　）。

    A. 备注　　　　　　　B. 文本　　　　　　　　C. 日期 / 时间　　　D. 货币

9. 关于主关键字的说法正确的是（　　　　）。

    A. 作为主关键字的字段，它的数据可以重复

    B. 主关键字字段中不许有重复值和空值

    C. 在每个表中，都必须设置主关键字

    D. 主关键字是一个字段

10. 输入掩码是给字段输入数据时设置的（　　　　）。

    A. 初值　　　　　　　B. 当前值　　　　　　　C. 输出格式　　　　　D. 输入格式

11. 对表中要求输入相对固定格式的数据，如电话号码 010-67891234，应该定义该字段的（　　　　）。

    A. 格式　　　　　　　B. 默认值　　　　　　　C. 输入掩码　　　　　D. 有效性规则

12. 为加快对某字段的查找速度，应该（　　　　）。

    A. 防止在该字段中输入重复值　　　　　　B. 使该字段成为必填字段

    C. 对该字段进行索引　　　　　　　　　　D. 使该字段数据格式一致

13. 下列关于空值的叙述中，正确的是（　　　　）。

    A. 空值是双引号中间没有空格的值　　　　B. 空值是等于 0 的数值

    C. 空值是使用 Null 或空白来表示字段的值　　D. 空值是用空格表示的值

14. Access 数据库中，表的组成是（　　　　）。

    A. 字段和记录　　　　B. 查询和字段　　　　　C. 记录和窗体　　　　D. 报表和字段

15. 在 Access 的数据表中删除一条记录，被删除的记录（　　　　）。

    A. 可以恢复到原来设置　　　　　　　　　B. 被恢复为最后一条记录

    C. 被恢复为第一条记录　　　　　　　　　D. 不能恢复

16. 如果在表中建立字段"性别"，并要求用汉字表示，其数据类型应当是（　　　　）。

    A. 是/否　　　　　　　B. 数字　　　　　　　　C. 文本　　　　　　　D. 备注

17. 在 Access 数据库中，用来表示实体的是（　　　　）。

    A. 域　　　　　　　　B. 字段　　　　　　　　C. 记录　　　　　　　D. 表

18. 在"日期/时间"数据类型中，每个字段需要（　　　　）字节的存储空间。

    A. 4 个　　　　　　　B. 8 个　　　　　　　　C. 12 个　　　　　　　D. 16 个

19. 以下关于字段属性的叙述中，错误的是（　　　　）。

A. 格式属性只可能影响数据的显示格式

B. 可对任意类型的字段设置默认值属性

C. 有效性规则是用于限制字段输入的条件

D. 不同的字段类型，其字段属性有所不同

20. 在设计表时，若输入掩码属性设置为"LLLL"，则能够接收的输入是（　　　）。

    A. abcd　　　　　　B. 1234　　　　　　C. AB+C　　　　　　D. ABa9

21. 必须输入字母或数字的输入掩码是（　　　）。

    A. A　　　　　　　B. &　　　　　　　C. 9　　　　　　　D. ?

22. 下列对数据输入无法起到约束作用的是（　　　）。

    A. 输入掩码　　　　B. 有效性规则　　　C. 字段名称　　　　D. 数据类型

23. 将表中的字段定义为（　　　），其作用可使字段中的每一个记录都必须是唯一的。

    A. 索引　　　　　　B. 主键　　　　　　C. 必填字段　　　　D. 有效性规则

24. 定义字段的默认值是指（　　　）。

    A. 不得使字段为空　　　　　　　　　　B. 在未输入数值之前，系统自动提供数值

    C. 不允许字段的值超出某个范围　　　　D. 系统自动把小写字母转换为大写字母

25. 能够使用"输入掩码向导"创建输入掩码的字段类型是（　　　）。

    A. 文本和日期/时间　　　　　　　　　　B. 文本和货币

    C. 数字和日期/时间　　　　　　　　　　D. 文本和数字

26. 查找数据时，设查找内容为"b[!aeu]ll"，则可以找到的字符串是（　　　）。

    A. bill　　　　　　B. ball　　　　　　C. bell　　　　　　D. bull

27. 通配符"#"的含义是（　　　）。

    A. 通配任意个数的字符　　　　　　　　B. 通配任何单个字符

    C. 通配任意个数的数字字符　　　　　　D. 通配任何单个数字字符

28. 下列表达式中，不合法的是（　　　）。

    A. "性别"= "女"　　　　　　　　　　　B. [性别]Like"男"or[性别]= "女"

    C. [性别]Like"女"　　　　　　　　　　D. [姓名]= "张三"or[姓名]= "李四"

29. 合法的表达式是（　　　）。

    A. 教师编号 between 100000 and 200000

    B. [性别]= "男"or[性别]= "女"

    C. [基本工资]>=1000[基本工资]<=5000

    D. [性别]like"男"=[性别]= "女"

30. 在设置或编辑"关系"时，不属于可设置的选项是（　　　）。

    A. 实施参照完整性　　　　　　　　　　B. 级联更新相关字段

    C. 级联追加相关记录　　　　　　　　　D. 级联删除相关记录

31. 在关系窗口中，双击两个表之间的连接线，会出现（　　　）。

    A. 数据表分析向导　　　　　　　　　　B. 数据关系图窗口

    C. 连接线粗细变化　　　　　　　　　　D. 编辑关系对话框

32. 在 Access 中，参照完整性规则不包括（　　　）。

    A. 更新规则　　　　B. 查询规则　　　　C. 删除规则　　　　D. 插入规则

33. 若在两个表之间的关系连线上标记了 1∶1 或 1∶∞，表示启动了（　　　）。

A. 实施参照完整性　　　　　　　　B. 级联更新相关记录

C. 级联删除相关记录　　　　　　　D. 不需要启动任何设置

34. 在 Access 中，如果不想显示表中的某些字段，可以使用的命令是（　　　）。

A. 隐藏　　　　　B. 删除　　　　　C. 冻结　　　　　D. 筛选

35. 筛选的结果是滤除了（　　　）。

A. 满足条件的字段　　　　　　　　B. 不满足条件的字段

C. 满足条件的记录　　　　　　　　D. 不满足条件的记录

36. 在数据表中筛选记录，操作的结果是（　　　）。

A. 将满足筛选条件的记录存入一个新表中

B. 将满足筛选条件的记录追加到一个表中

C. 将满足筛选条件的记录显示在屏幕上

D. 用满足筛选条件的记录修改另一个表中已存在的记录

二、填空题

1. 表的设计视图包括两部分：字段输入区和_____，前者用于定义_____、字段类型，后者用于设置字段的_____。

2. 假设在"学生"表中有"助学金"字段，其数据类型可以是数字型或_____。

3. 如果某一字段没有设置显示标题，则系统将_____设置为字段的显示标题。

4. 假设学号由 9 位数字组成，其中不能包含空格。学号字段的正确输入掩码是_____。

5. 用于建立两表之间关联的两个字段必须具有相同的_____。

6. 要在表中使某些字段不移动显示位置，可用_____字段的方法；要在表中不显示某些字段，可用_____字段的方法。

7. 在 Access 中可以定义 2 种主关键字，分别是单字段和_____。

8. OLE 对象数据类型字段通过"链接"或_____方式接收数据。

9. 字段的"格式"属性分为标准格式与_____两种。

10. 字段有效性规则是在给字段输入数据时所设置的_____。

11. 表结构的设计及维护是在_____窗口中完成的。

12. Access 数据库中，表与表之间的关系分为一对一、_____和_____ 3 种。

三、简答题

1. Access 2010 中创建表的方法有哪些？

2. Access 提供的数据类型有哪些？

3. 举例说明字段的有效性规则属性和有效性文本属性的意义和使用方法。

4. 如何向表中输入 OLE 对象类型的数据？

5. 字段索引属性包括哪几类？索引与主键有什么关系？

6. 举例说明如何查找和替换表中数据。

7. 记录的排序和筛选各有什么作用？如何取消对记录的筛选顺序？

8. 数据的查找与筛选有何区别？

9. 表间关系有哪几种？各有何特点？

10. 什么是参照完整性？它的作用是什么？

11. 主键和外键的取值有什么限制？在建立表间关系时它们各起什么作用？

12. 关联表间的级联更新和级联删除的含义是什么？

第3章
查询

前面介绍了建立数据库和数据表的方法，那么数据库和数据表建立的最主要目的是什么呢？主要有两个，第一是实现数据的结构化存储；第二是实现数据的结构化查询。本章将介绍如何使用查询对象进行数据查找。使用查询向导或查询设计视图可以设计出强大的查询对象，实现各种数据查询需求。此外，查询也可以对表中的数据进行更新、追加、删除和生成表等操作。

3.1　查 询 概 述

查询是在指定的一个或多个表中，根据给定的条件从中筛选需要的信息，供使用者查看、更改和分析。查询最主要的目的是根据指定的条件对表或者其他数据对象进行检索，筛选出数据表中符合条件的记录，其查询结果构成一个新的数据集合，从而方便对数据进行查看和分析。在实际应用中，查询可以满足各种数据应用。例如，可以使用查询回答简单问题、执行计算、合并不同表中的数据，甚至添加、更改或删除表中的数据。

查询的数据结果也可以被其他查询所使用。查询从中获取数据的表或者查询称为查询的数据源。查询是数据库应用中最重要也是最常用的一种形式。

3.1.1　查询与表的区别

查询是 Access 数据库中的一个重要对象，通过查询筛选出符合条件的记录，构成一个新的数据集合。尽管从查询的运行视图上看到的数据集合形式与数据表视图上看到的数据集合形式完全一样，但是这个数据集合与表不同，它并不是数据的物理集合，而是动态数据的集合。实质上，查询中所存放的是如何获得数据的方法和定义，因此说查询是操作的集合，相当于程序。

创建查询后，保存的只是查询的操作，只有在运行查询时才会从查询数据源中抽取数据，并创建它。只要关闭查询，查询的动态集就会自动消失。

查询与表的区别主要表现在以下几个方面。

- 表是存储数据的数据库对象，而查询则是对数据表中的数据进行检索、统计、分析、查看和更改的一个非常重要的数据库对象。
- 数据表将数据进行了分割，而查询则是将不同表的数据进行了组合，它可以从多个数据表中查找到满足条件的记录组成一个动态集，以数据表视图的方式显示。
- 查询仅仅是一个临时表，当关闭查询的数据视图时，保存的是查询的结构。查询所涉及的是表、字段和筛选条件等，而不是记录。

- 表和查询都是查询的数据源，查询是窗体和报表的数据源。
- 建立多表查询之前，一定要先建立数据表之间的关系。

3.1.2 查询的功能

查询是能够将存储于一个或多个表中符合要求的数据挑选出来，并对挑选的结果按照某种规则进行运算的对象。查询的功能主要有以下几点。

① 以一个表、多个表或查询为基础，创建一个新的数据集。

② 通过创建查询，完成数据的统计分析等操作。

③ 使用参数查询，可以使查询结果更具有动态性、实效性。

④ 利用交叉表查询，可以将数据表中的某个字段进行汇总，并将其分组，从而更方便查看和分析数据。

⑤ 利用操作查询可以生成表，可以更新、删除数据源表中的数据，也可以为数据源表追加数据。

⑥ 查询可作为窗体和报表数据的来源，使只能有一个数据源的窗体和报表实现以多个数据表为数据源成为可能。

3.1.3 查询的类型

在 Access 中，根据对数据源操作方式和操作结果的不同，可以把查询分为 5 种，分别是选择查询、参数查询、交叉表查询、操作查询和 SQL 查询。

1. 选择查询

选择查询是最常见的查询类型，它从一个或多个表中检索数据，在一定的限制条件下，还可以通过选择查询来更改相关表中的记录。使用选择查询也可以对记录进行分组，并且可对记录进行总计、计数以及求平均值等其他类型的计算。

2. 参数查询

参数查询会在执行时弹出对话框，提示用户输入必要的信息（参数），然后按照这些信息进行查询。例如，可以设计一个参数查询，以对话框来提示用户输入两个日期，然后检索这两个日期之间的所有记录。参数查询经常作为窗体和报表的基础。例如，以参数查询为基础创建月盈利报表。打印报表时，Access 显示对话框询问所需报表的月份。用户输入月份后，Access 便打印相应的报表。

3. 交叉表查询

交叉表查询可以在一种紧凑的、类似于电子表格的格式中，显示来源于表中某个字段的合计值、计算值和平均值等。交叉表查询将这些数据分组，一组列在数据表的左侧，一组列在数据表的上部。注意：可以使用数据透视表向导显示交叉表数据，无需在数据库中创建单独的查询。

4. 操作查询

操作查询是在一个操作中更改许多记录的查询。操作查询又可分为 4 种类型：删除查询、更新查询、追加查询和生成表查询。

（1）删除查询

从一个或多个表中删除一组记录。例如，可以使用删除查询来删除没有订单的产品。使用删除查询，将删除整个记录而不只是记录中的一些字段。

（2）更新查询

对一个或多个表中的一组记录进行批量更改。例如，可以给某一类雇员增加 5% 的工资。使用更新查询，可以更改表中已有的数据。

（3）追加查询

将一个（或多个）表中的一组记录添加到另一个（或多个）表的尾部。例如，获得了一些包含新客户信息表的数据库，利用追加查询将有关新客户的数据添加到原有"客户"表中即可，不必手工输入这些内容。

（4）生成表查询

根据一个或多个表中的全部或部分数据创建新表。

5. SQL 查询

SQL（结构化查询语言）查询是使用 SQL 语句创建的查询。在查询设计视图中创建查询时，系统将在后台构造等效的 SQL 语句。实际上，在查询设计视图的属性表中，大多数查询属性在 SQL 视图中都有等效的可用子句和选项。如果需要，可以在 SQL 视图中查看和编辑 SQL 语句。

有一些特定 SQL 查询无法使用查询设计视图进行创建，而必须使用 SQL 语句创建。这类 SQL 查询有联合查询、传递查询、数据定义查询和子查询等。

（1）联合查询

将来自一个或多个表或查询的字段（列）组合为查询结果中的一个字段或列。例如，如果 6 个销售商每月都发送库存货物列表，可使用联合查询将这些列表合并为一个结果集，然后基于这个联合查询创建生成表查询来生成新表。

（2）传递查询

直接将命令发送到数据库，如 Microsoft SQL Server 等，使用服务器能接受的命令。例如，可以使用传递查询来检索记录或更改数据。

（3）数据定义查询

用于创建或更改数据库中的对象，如 Access 或 SQL Server 表等。

（4）子查询

包含另一个选择查询或操作查询中的 SQL Select 语句。可以在查询设计网格的"字段"行输入这些语句来定义新字段，或在"准则"行来定义字段的准则。

3.2　使用查询向导创建查询

Access 2010 为用户提供了两种创建查询的方式：利用查询向导创建查询和利用查询设计器创建查询。本节将介绍使用查询向导来创建简单查询、交叉表查询、查找重复项查询和查找不匹配项查询。

3.2.1　创建简单查询

简单查询是 Access 中最常用、使用规则最简单的查询方法。使用简单查询可以从当前数据库的一个或多个表中选择需要的字段值进行搜索，获得所需数据。利用简单查询，还能对记录进行分组，并对组中的字段值进行计算，如汇总、求平均、求最大值和求最小值等。

【例 3-1】 使用查询向导，基于"读者"表创建简单查询。

具体的操作步骤如下。

① 启动 Access 2010，打开"图书管理系统"数据库。

② 选择"创建"选项卡，在"查询"组中单击"查询向导"按钮，如图 3-1 所示。

③ 在打开的"新建查询"对话框中，选择"简单查询向导"选项，如图 3-2 所示。

④ 单击"确定"按钮，打开图 3-3 所示的"简单查询向导"对话框，向导的第一步是确定查询中使用的字段。

图 3-1 功能区的查询向导按钮

图 3-2 "新建查询"对话框

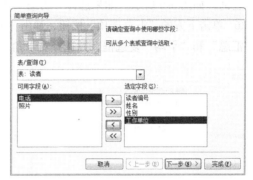

图 3-3 简单查询向导 1

"表/查询"下拉列表框用于指定需要查询的表或查询，本例选择"表:读者"，下面的"可用字段"列表框里列出了当前被查询的表或查询中的可用字段，选择需要的字段添加到右边的"选定字段"列表中，本例选择图 3-3 中所示的 4 个字段。

⑤ 单击"下一步"按钮，为查询指定标题。指定本例查询的标题为"读者表查询"，并选中"打开查询查看信息"选项，如图 3-4 所示。

⑥ 单击"完成"按钮，即运行查询并显示查询结果，如图 3-5 所示。

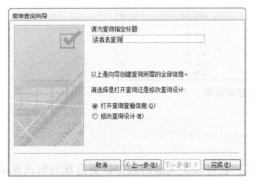

图 3-4 简单查询向导 2

图 3-5 简单查询结果

如果在图 3-4 中选择了"修改查询设计"选项，则单击"完成"按钮后，将打开查询的设计视图，可在其中修改查询。

【例 3-2】 使用查询向导，基于"图书"表创建具有汇总功能的查询。当查询的字段类型有数字型时，查询向导会提示采用明细查询还是汇总查询。本例查询各出版社出版图书的价格总计和平均价格，并显示各出版社出版图书数量。

具体的操作步骤如下。

① 启动 Access 2010，打开"图书管理系统"数据库。

② 选择"创建"选项卡，在"查询"组中单击"查询向导"按钮。

③ 在打开的"新建查询"对话框中，选择"简单查询向导"选项。

④ 单击"确定"按钮，打开"简单查询向导"对话框，确定查询中使用的字段，查询的字段为"出版社"和"定价"，添加到"选定字段"列表中。

⑤ 单击"下一步"按钮，由于"定价"字段为数字型字段，查询向导提示采用明细查询还是汇总查询，如图 3-6 所示。如果选择"明细"选项则没有统计功能，本例选择"汇总"选项。

⑥ 单击下方的"汇总选项"按钮，弹出"汇总选项"对话框。在对话框中选择"定价"字段的"汇总"和"平均"复选框，并选择右下角的"统计图书中的记录数"选项，如图 3-7 所示。

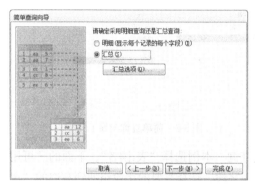

图 3-6　选择查询方式

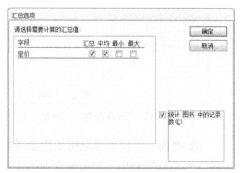

图 3-7　汇总选项对话框

⑦ 单击"确定"按钮，返回"简单查询向导"对话框，单击"下一步"按钮，为查询指定标题"出版社定价查询"，继续单击"完成"按钮，打开查询结果，如图 3-8 所示。

出版社	定价 之 合计	定价 之 平均值	图书之计数
北京大学出版社	¥138.00	¥34.50	4
高等教育出版社	¥124.60	¥41.53	3
清华大学出版社	¥147.30	¥36.82	4
人民文学出版社	¥66.00	¥33.00	2
人民邮电出版社	¥118.80	¥39.60	3
中国人民大学出版社	¥64.00	¥32.00	2
中华书局	¥53.00	¥26.50	2

图 3-8　汇总查询结果

3.2.2　创建交叉表查询

交叉表查询是 Access 中特有的一种查询方式。它可以使大量的数据以更直观的形式显示出来，并且可以计算合计或平均值等，提供更有效、更方便的视图对数据进行比较和分析。同时，交叉表查询所得到的数据还可作为图表或报表的数据来源。

交叉表查询将用于查询的字段分成两组，一组以行标题的方式显示在表格的左边；一组以列标题的方式显示在表格的顶端，在行和列交叉的地方对字段的数据进行综合、平均、计数或者其他类型的计算，并显示在交叉点的单元格中。

创建交叉表查询有两种方法，一种是使用向导创建交叉表查询，另一种是直接在查询的设计视图中创建交叉表查询。下面介绍使用查询向导创建交叉表查询的方法。

【例 3-3】使用查询向导，基于"读者"表创建交叉表查询，统计显示各单位男、女职工人数以及总人数。

具体的操作步骤如下。

① 启动 Access 2010，打开"图书管理系统"数据库。

② 选择"创建"选项卡，在"查询"组中单击"查询向导"按钮。

③ 在打开的"新建查询"对话框中，选择"交叉表查询向导"选项。

④ 单击"确定"按钮，打开"交叉表查询向导"对话框，第一步是指定查询使用的表或查询，本例选择"表:读者"，如图 3-9 所示。

⑤ 单击"下一步"按钮进入第二步，选定"工作单位"作为行标题，如图 3-10 所示。

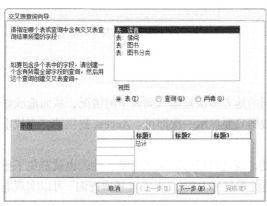

图 3-9　指定查询使用的表

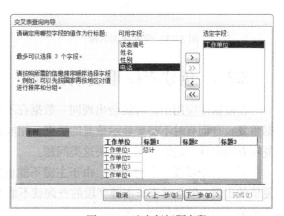

图 3-10　选定行标题字段

⑥ 单击"下一步"按钮进入第三步，选定"性别"作为列标题，如图 3-11 所示。

⑦ 单击"下一步"按钮进入第四步，设置每个行与列的交叉点。在该对话框中有两个列表框和一个复选框。在"字段"列表框中选择要计算的交叉字段，本例选择"读者编号"。在"函数"列表框中选择对指定交叉字段进行计算操作的函数，并且只有在复选框"是，包括各行小计"选中时，才能在查询结果中显示处理。本例选择函数"Count"，如图 3-12 所示。

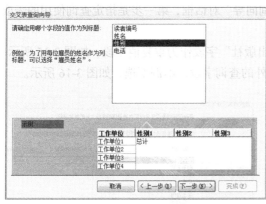

图 3-11　选定列标题字段

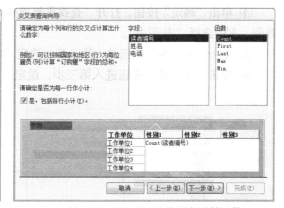

图 3-12　设置交叉点字段与计算函数

⑧ 单击"下一步"按钮进入第五步，在对话框中为查询指定标题名"读者交叉表"，如图 3-13所示。

⑨ 单击“完成”按钮，显示读者交叉表查询结果，从表中可以看出各单位读者总人数，以及各单位男、女职工人数统计，如图 3-14 所示。

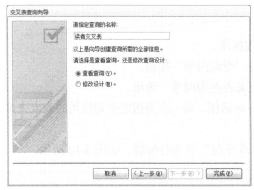

图 3-13　设置查询名称

工作单位	总计 读者	男	女
工商学院	2	1	1
经济学院	3	2	1
人文学院	2	1	1
信息学院	3	2	1

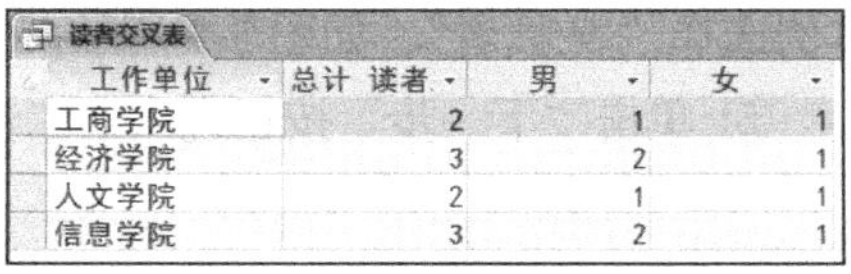

图 3-14　交叉表查询结果

3.2.3　创建查找重复项查询

在数据库应用中，可能会出现同一数据在不同的地方多次被输入到表中的情况，从而造成数据重复。查询有时不需要显示重复的数据，相同数据只要显示一次即可。Access 提供的“查找重复项查询向导”功能可用于解决这类问题。

对于一个设置了主键的表，由于主键不能重复，因此可以保证记录的唯一性，也就避免了重复值的出现。但是对于非主键字段的查询就不能避免重复值出现。“查找重复项查询”可以实现非主键值字段查询值的唯一性。

【例 3-4】 使用查询向导，基于“图书”表创建查找重复项查询，显示“图书”表中有多少个出版社。

具体的操作步骤如下。

① 启动 Access 2010，打开“图书管理系统”数据库。

② 选择“创建”选项卡，在“查询”组中单击“查询向导”按钮。

③ 在打开的“新建查询”对话框中，选择“查找重复项查询向导”选项。

④ 单击“确定”按钮，打开“查找重复项查询向导”对话框，第一步是指定查询使用的表或查询，本例选择“表:图书”。

⑤ 单击“下一步”按钮进入第二步，选定“出版社”字段作为重复值字段，如图 3-15 所示。

⑥ 单击“下一步”按钮进入第三步，设定另外的查询字段，本例不选，如图 3-16 所示。

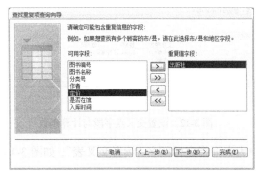

图 3-15　确定重复值字段

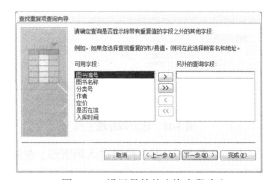

图 3-16　设置另外的查询字段为空

⑦ 单击"下一步"按钮进入第三步，指定查询的名称为"查询出版社重复项"。单击"完成"按钮，即可显示查询结果，如图 3-17 所示。从查询结果中可以看到，出版社字段没有重复值，并且右边的字段为每家出版社出版图书的数量统计。

图 3-17 查询出版社重复项结果

3.2.4 创建查找不匹配项查询

在数据库中，当建立了一对多的关系后，通常在"一方"表中的每一条记录与"多方"表中的多条记录相匹配，但是也可能存在"多方"表没有记录与之匹配的情况。因此，要执行查找不匹配查询至少需要两个表。

【例 3-5】 使用查询向导，基于"读者"表和"借阅"表创建查找不匹配项查询，找出"读者"表中没有借过图书的读者。

具体的操作步骤如下。

① 启动 Access 2010，打开"图书管理系统"数据库。

② 选择"创建"选项卡，在"查询"组中单击"查询向导"按钮。

③ 在打开的"新建查询"对话框中，选择"查找不匹配项查询向导"选项。

④ 单击"确定"按钮，打开"查找不匹配项查询向导"对话框，第一步是指定"一方"所指的表，本例中选择"表:读者"。

⑤ 单击"下一步"按钮进入第二步，指定"多方"所指的表，本例中选择"表:借阅"。

⑥ 单击"下一步"按钮进入第三步，指定两表匹配的字段，这里默认选择"读者编号"，如图 3-18 所示。

⑦ 单击"下一步"按钮进入第四步，指定显示字段，本例添加"读者编号"、"姓名"、"性别"、"工作单位"，如图 3-19 所示。

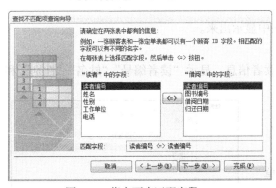

图 3-18 指定两表匹配字段

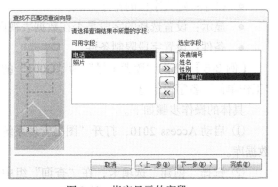

图 3-19 指定显示的字段

⑧ 单击"下一步"按钮进入第五步，指定查询名称为"查询没借书的读者"。单击"完成"按钮，即可显示查询结果，如图 3-20 所示。从查询结果中可以看到，没有借过书的读者只有一位。

图 3-20 查询结果

3.3 创建选择查询

选择查询是最常见的查询类型，它可以从一个或多个表中提取数据，并且允许在可以更新记录的数据表中进行各种数据操作。有时也可以使用选择查询对记录进行分组，并对记录做总计、计数、平均以及其他类型的计算。

建立选择查询的方法有两种：使用查询向导创建不带条件的选择查询和使用查询设计视图创建带条件的选择查询。其中，第一种选择查询就是前面介绍的简单查询，本节就不再介绍。下面主要介绍使用查询设计视图创建带条件的选择查询。

3.3.1 创建带条件的选择查询

在 Access 中，查询有 3 种视图：设计视图、数据表视图和 SQL 视图。使用设计视图既可以创建查询也可以修改查询。

查询设计视图窗口分为两部分，上面部分是查询所需要的表对象，下面部分是定义查询的设计网格，如图 3-21 所示。

查询设计网格的每一列对应的是查询结果数据集合的一个字段，每一行分别是字段的属性和要求。查询窗口左侧各项含义如下。

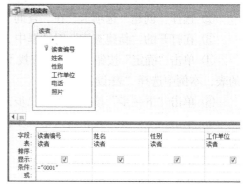

图 3-21 查询设计视图

- 字段：设置定义查询对象时要选择表对象的字段。
- 表：设置字段的来源。
- 排序：定义字段的排序方式。
- 显示：设置选择的字段是否在数据表视图中显示出来。
- 条件：设置字段限制条件。

【例 3-6】 查询"读者编号"为"G001"的读者信息，显示"读者编号""姓名""性别"和"工作单位"各字段信息。

具体的操作步骤如下。

① 启动 Access 2010，打开"图书管理系统"数据库。

② 选择"创建"选项卡，在"查询"组中单击"查询设计"按钮，打开查询设计视图，如图 3-22 所示。

③ 在"显示表"对话框中，单击"表"选项卡，选择"读者"表，单击"添加"按钮，将"读者"表添加到查询设计视图的上半部分中，单击"关闭"按钮，调整"读者"表框的大小，以显示表中所有字段。

④ 分别双击"读者"表中的"读者编号""姓

图 3-22 查询设计视图

名"性别"和"工作单位"4 个字段，此时这 4 个字段依次显示在查询设计网格中的"字段"行的相应列中，在"表"行则显示出这 4 个字段所在的"读者"表。也可以通过依次单击查询设计网格中的"字段"行右边的下拉列表箭头，在弹出的字段列表中选择要显示的字段。

⑤ 输入查询条件。在"读者编号"字段列的"条件"行中输入读者编号"G001"，如图 3-21 所示。

⑥ 单击"保存"按钮，打开"另存为"对话框，在此对话框中输入查询名称"查找读者"，然后单击"确定"按钮，查询建立完毕。

⑦ 选择"查询工具"|"设计"选项卡，单击"结果"组中的"运行"按钮，运行本查询并显示查询结果，如图 3-23 所示。

图 3-23 "查找读者"查询结果

3.3.2 查询条件的设置

查询条件是指在创建查询时，为了查询所需要的记录，通过对字段添加限制条件，使查询结果中只包含满足条件的数据。例如，只想查询读者编号为"G001"的读者的相关信息，则可以通过指定条件，将记录结果"读者编号"字段条件限制为"G001"。

在 Access 中，为设置查询条件，首先要打开查询设计视图，在查询设计网格中单击要设置条件的字段列，在字段的"条件"单元格输入条件表达式，例 3-6 中的读者编号的条件" =\"G001\" "就是条件表达式。

Access 的许多操作都要使用表达式。表达式就是运算符、常数、函数和字段名称、控件和属性的组合，计算结果为单个值。Access 中为了区分不同的数据类型，不同的常数需要用定界符来表示，如数字型、文本型和日期型常数，具体见表 3-1。

表 3-1　　　　　　　　　　　　数据的定界符

序　号	数据类型	定　界　符	举　例
1	数字型	无	213、0.23
2	文本型	' ' 或 " "	"G001"、 ' 王 '
3	日期型	# #	#2015-5-5#

Access 中的条件表达式常用的运算符包括比较运算符、逻辑运算符等。

- 比较运算符，如<、<=、=、>、>=、<>，通常用于设置字段取值的范围。
- 逻辑运算符，如 AND、OR、NOT，表示逻辑运算与、或、非。
- 谓词运算符，如 BETWEEN、IN、LIKE，表示组合条件。

1. 使用比较运算符设置查询条件

【例 3-7】 图书定价查询。查询"图书"表中定价大于 40 元的"图书名称""出版社"和"定价"等信息。查询条件设置如图 3-24 所示，查询结果如图 3-25 所示。

图 3-24　图书定价查询 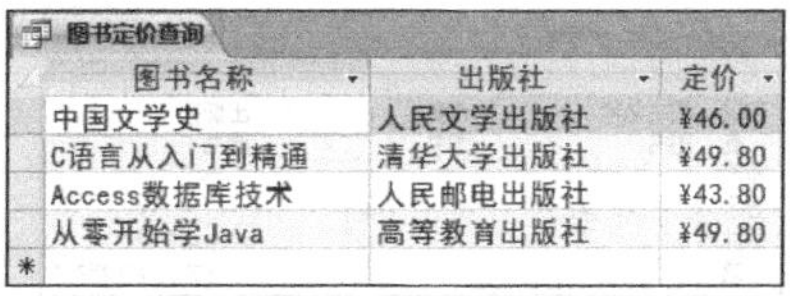　　　　　　　　图 3-25　图书定价查询结果

【例 3-8】 入库时间查询。查询“图书”表中 2014 年以后入库的“图书名称”“出版社”和“入库时间”等信息。查询条件设置如图 3-26 所示，查询结果如图 3-27 所示。

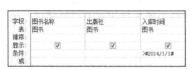

字段:	图书名称	出版社	入库时间
表:	图书	图书	图书
排序:			
显示:	☑	☑	☑
条件:			>#2014/1/1#
或:			

图 3-26 入库时间查询

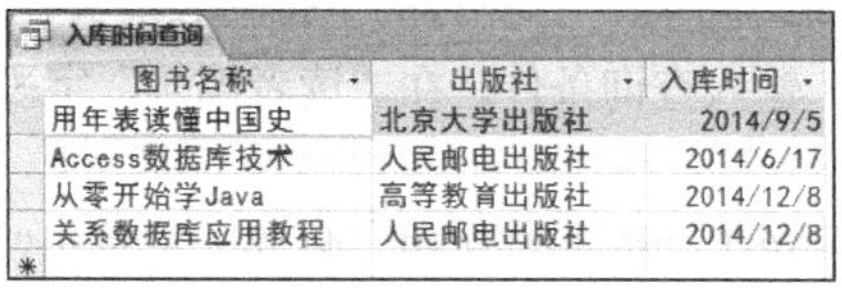

入库时间查询

图书名称	出版社	入库时间
用年表读懂中国史	北京大学出版社	2014/9/5
Access数据库技术	人民邮电出版社	2014/6/17
从零开始学Java	高等教育出版社	2014/12/8
关系数据库应用教程	人民邮电出版社	2014/12/8

图 3-27 入库时间查询结果

2. 使用逻辑运算符设置组合条件

前面的查询条件都是单一条件，很多时候需要设置更复杂的查询条件，这就需要使用 AND 或 OR 逻辑运算符设置组合条件。但是，在使用查询设计视图设置组合条件时，并不能看到逻辑运算符 AND 和 OR 的存在，而是通过在不同行的条件单元格中进行设置来实现 AND 和 OR 运算。如果在同一行的不同单元格中设置了条件，则用 AND 运算符，表示要同时满足所有单元格的条件；如果在多个不同行中设置了条件，则用 OR 运算符，表示只要满足任何一个单元格的条件即可。如需查看使用逻辑运算符的条件表达式需要切换到 SQL 视图，SQL 视图的使用将在本章第 6 节中介绍。

【例 3-9】 AND 运算符的使用 1：图书定价区间查询。查询“图书”表中定价大于等于 30 元并且小于等于 35 元的图书的“图书名称”“出版社”和“定价”等信息。查询条件设置如图 3-28 所示，查询结果如图 3-29 所示。

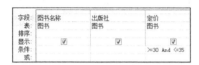

字段:	图书名称	出版社	定价
表:	图书	图书	图书
排序:			
显示:	☑	☑	☑
条件:			>=30 And <=35
或:			

图 3-28 图书定价区间查询

图书定价区间查询

图书名称	出版社	定价
生活中的经济学	清华大学出版社	¥33.00
用年表读懂中国史	北京大学出版社	¥32.00

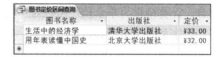

图 3-29 图书定价区间查询结果

【例 3-10】 AND 运算符的使用 2：出版社作者查询。查询“图书”表中作者是“王明华”且出版社是“清华大学出版社”记录的“图书名称”“作者”和“出版社”等信息。查询条件设置如图 3-30 所示，查询结果如图 3-31 所示。

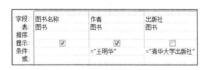

字段:	图书名称	作者	出版社
表:	图书	图书	图书
排序:			
显示:	☑	☑	☐
条件:		="王明华"	="清华大学出版社"
或:			

图 3-30 出版社作者查询

出版社作者查询

图书名称	作者	出版社
C语言从入门到精通	王明华	清华大学出版社

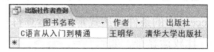

图 3-31 出版社作者查询结果

【例 3-11】 OR 运算符的使用：出版社查询。查询“图书”表中出版社是“中华书局”或是“北京大学出版社”记录的“图书名称”“作者”和“出版社”等信息。查询条件设置如图 3-32 所示，查询结果如图 3-33 所示。

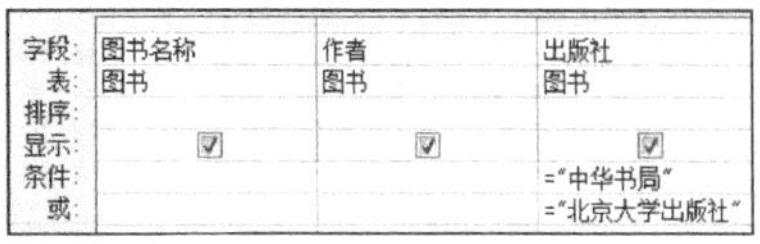

字段:	图书名称	作者	出版社
表:	图书	图书	图书
排序:			
显示:	☑	☑	☑
条件:			="中华书局"
或:			="北京大学出版社"

图 3-32 出版社查询

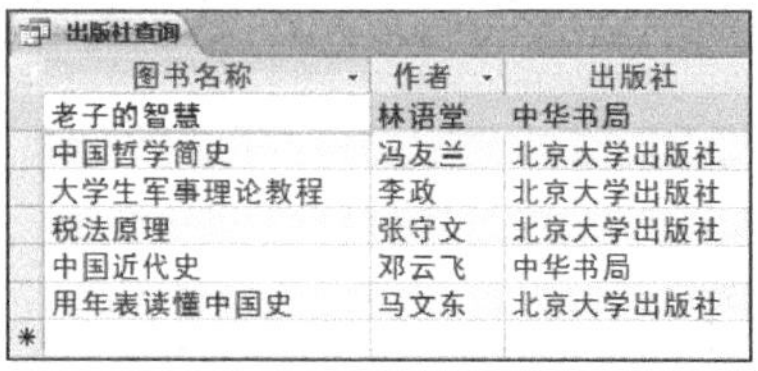

出版社查询

图书名称	作者	出版社
老子的智慧	林语堂	中华书局
中国哲学简史	冯友兰	北京大学出版社
大学生军事理论教程	李政	北京大学出版社
税法原理	张守文	北京大学出版社
中国近代史	邓云飞	中华书局
用年表读懂中国史	马文东	北京大学出版社

图 3-33 出版社查询结果

3. 使用谓词 BETWEEN 运算符设置组合条件

谓词 BETWEEN 运算符也可以指定字段的取值范围，范围之间用 AND 连接，该运算符也可以用比较运算符代替。

【例 3-12】 谓词 BETWEEN 运算符的使用：BETWEEN 查询。查询“图书”表中定价大于等于 30 元并且小于等于 35 元的图书的“图书名称”“出版社”和“定价”等信息。查询条件设置如图 3-34 所示，查询结果如图 3-35 所示。

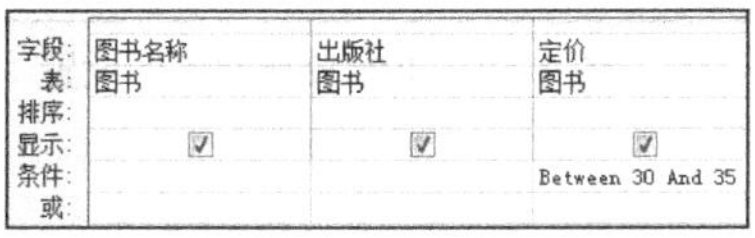

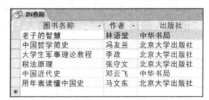

字段:	图书名称	出版社	定价
表:	图书	图书	图书
排序:			
显示:	☑	☑	☑
条件:			Between 30 And 35
或:			

图 3-34　BETWEEN 查询

BETWEEN查询

图书名称	出版社	定价
生活中的经济学	清华大学出版社	¥33.00
用年表读懂中国史	北京大学出版社	¥32.00

图 3-35　BETWEEN 查询结果

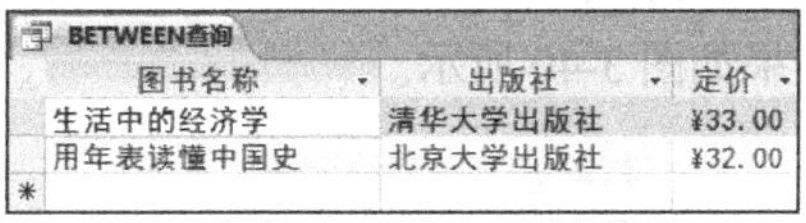

4. 使用谓词 IN 运算符设置组合条件

如果要查询字段的取值不是一个连续的范围，而是多个孤立的值，这时可以使用谓词 IN 运算符。该运算符也可以用逻辑运算符 OR 代替。

【例 3-13】 谓词 IN 运算符的使用：IN 查询。查询“图书”表中出版社是“中华书局”或是“北京大学出版社”记录的“图书名称”“作者”和“出版社”等信息。查询条件设置如图 3-36 所示，查询结果如图 3-37 所示

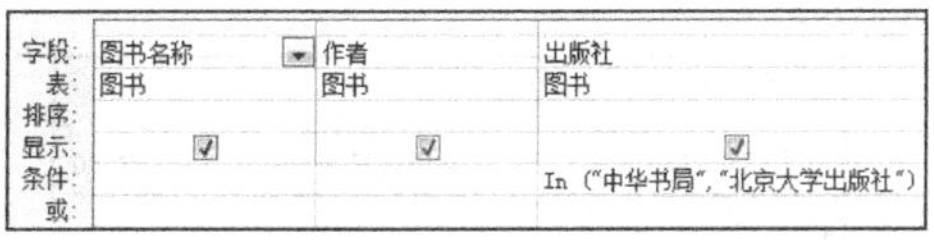

字段:	图书名称	作者	出版社
表:	图书	图书	图书
排序:			
显示:	☑	☑	☑
条件:			In ("中华书局","北京大学出版社")
或:			

图 3-36　IN 查询

IN查询

图书名称	作者	出版社
老子的智慧	林语堂	中华书局
中国哲学简史	冯友兰	北京大学出版社
大学生军事理论教程	李政	北京大学出版社
税法原理	张守文	北京大学出版社
中国近代史	邓云飞	中华书局
用年表读懂中国史	马文东	北京大学出版社

图 3-37　IN 查询结果

5. 使用谓词 LIKE 运算符设置模糊查询条件

对于文本类型的字段，还可以使用谓词 LIKE 运算符设置模糊查询条件，格式如下。

LIKE "字符匹配串"

其含义是查找指定的属性值与“字符匹配串”可以匹配的记录。“字符匹配串”可以是一个完整的字符串，也可以包含通配符“*”“?”“#”和“[]”等。其中“*”可以表示任意长度（包括 0 个字符）的任意字符；“?”表示一个任意字符；“#”表示一个任意数字；“[]”表示一个范围。

例如，

① 查询“读者”表中姓“王”的读者，可设置“姓名”字段的条件为：LIKE "王*"。

② 查询“读者”表中姓“王”且姓名只有两个字的读者，可设置“姓名”字段的条件为：LIKE "王?"。

③ 查询“图书”表中图书名称中含有“英语”的图书，可设置“图书名称”字段的条件为：LIKE "*英语*"。

具体查询设计请读者自己完成。

3.3.3　创建参数查询

前面所介绍的查询，无论是内容，还是条件都是固定的，如果用户希望根据不同的条件来查找记录，就需要不断建立查询，这样做很麻烦。为了方便用户的查询，Access 提供了参数查询。

参数查询是动态的，它利用对话框提示用户输入参数并检索符合所输入参数的记录或值。参数查询也是带条件的选择查询，其创建步骤与带条件的选择查询一样。

根据查询中参数的数据的不同，参数查询可以分为单参数查询和多参数查询两类。

【例 3-14】 单参数查询。在"读者"表中，根据用户输入的"读者编号"的值，查询相关的读者信息，显示"读者编号""姓名""性别""工作单位"等字段信息。查询条件设置如图 3-38 所示，运行查询时显示的"输入参数值"对话框，如图 3-39 所示，查询结果如图 3-40 所示。

图 3-38　单参数查询条件设置

图 3-39　单参数查询输入查询条件

图 3-40　单参数查询结果

在输入单参数查询条件时，相应字段的"条件"行中输入的查询条件要用方括号"[]"包含起来，其中方括号里的字符为用户在输入查询参数时在提示对话框上要显示的提示文字，例如上例中的"[请输入读者编号：]"。

【例 3-15】 多参数查询。查询"图书"表中定价在指定区间的图书的"图书名称""出版社"和"定价"等信息。查询条件设置如图 3-41 所示，运行查询时显示提示信息"请输入最低定价:"和"请输入最高定价:"，分别输入最低定价"30"，最高定价"35"。查询结果如图 3-42 所示。

图 3-41　多参数查询条件设置

图 3-42　多参数查询查询结果

3.4　创建具有计算功能的查询

3.4.1　查询的计算功能

Access 的查询不仅具有记录检索的功能，还具有计算的功能。在 Access 查询中可执行许多类型的计算。例如，可以计算一个字段值的总和或平均值，也可以使用两个字段值计算，或者计算从当前日期算起三个月后的日期。

查询的计算具有两种基本计算功能：预定义计算和自定义计算。

1. 预定义计算

即 Access 查询设计网格中提供的预先定义好的"总计"计算行。

【例 3-16】 预定义计算查询。查询统计"读者"表中各单位的读者数量，即按工作单位进行分组，计算各单位读者人数。

具体的操作步骤如下。

① 启动 Access 2010，打开"图书管理系统"数据库。

② 选择"创建"选项卡，在"查询"组中单击"查询设计"按钮，打开查询设计视图。

③ 在"显示表"对话框中，单击"表"选项卡，选择"读者"表，单击"添加"按钮，将"读者"表添加到查询设计视图的上半部分中，单击"关闭"按钮，调整"读者"表框的大小，以显示表中所有字段。

④ 分别双击"读者"表中的"工作单位"和"读者编号"两个字段，此时这两个字段依次显示在查询设计网格中的"字段"行的相应列中。

⑤ 单击"查询工具"|"设计"选项卡的"显示/隐藏"组中的"汇总"按钮，此时"查询设计网格"窗口增加了一行"总计"，在"工作单位"字段列对应的"总计"行中，选择默认的"Group By"，即按"工作单位"进行分组计算。在"读者编号"字段列对应的"总计"行中，单击右侧的向下箭头，在打开的列表框中显示了统计函数和总计项，单击列表框中的计数项"计数"，如图 3-43 所示。修改"读者编号"字段行的内容为"读者人数:读者编号"，设置查询标题为"读者人数"。

⑥ 单击"保存"按钮，在打开的"另存为"对话框中输入查询名称"预定义计算查询"，然后单击"确定"按钮，查询建立完毕。

⑦ 单击"查询工具"|"设计"选项卡的"结果"组中的"运行"按钮，运行本查询并显示查询结果，如图 3-44 所示。

图 3-43　预定义计算查询设置

图 3-44　预定义计算查询结果

2. 自定义计算

如果想对一个或多个字段中的数据进行数值、日期和文本计算，需要直接在"查询设计网格"中创建计算字段。计算字段是在查询中定义的字段，用于显示表达式的结果而非显示存储的数据，因此，当表达式中的值改变时将重新计算该字段的值。

创建计算字段的方法是：在查询设计视图的设计网格"字段"行中直接输入计算字段及其计算表达式。输入规则是："新字段名:计算表达式"，其中"新字段名"和"计算表达式"之间的分隔符是半角的":"。

【例 3-17】 自定义计算查询。查询统计"图书"表中每本书的入库时间，结果显示"图书编号""图书名称"和"入库年数"，其中"入库年数"为新字段名，根据系统当前日期和每本书的"入库时间"计算得到。

具体的操作步骤如下。

① 启动 Access 2010，打开"图书管理系统"数据库。

② 选择"创建"选项卡，在"查询"组中单击"查询设计"按钮，打开查询设计视图。

③ 在"显示表"对话框中，单击"表"选项卡，选择"图书"表，单击"添加"按钮，将"图书"表添加到查询设计视图的上半部分中，单击"关闭"按钮，调整"图书"表框的大小，以显示表中所有字段。

④ 分别双击"图书"表中的"图书编号""图书名称"和"入库时间"字段，此时 3 个字段依次显示在"查询设计网格"中的"字段"行的相应列中。

⑤ 在"查询设计网格"中，单击"入库时间"字段，输入新字段名和计算表达式："入库年数：Year(Date())-Year([入库时间])"，其中函数 Date()的功能是取得当前计算机系统的日期，函数 Year(日期型数据)的功能是取得日期型数据的年份。设置"入库年数"字段列的排序行为"降序"，使得查询结果按"入库年数"的降序输出，如图 3-45 所示。

⑥ 单击"保存"按钮，在打开的"另存为"对话框中输入查询名称"自定义计算查询"，然后单击"确定"按钮，查询建立完毕。

⑦ 单击"查询工具"|"设计"选项卡的"结果"组中的"运行"按钮，运行本查询并显示查询结果，如图 3-46 所示。

图 3-45　自定义计算查询设置　　　　　　　图 3-46　自定义计算查询结果

3.4.2　总计查询

总计查询是通过在"查询设计网格"窗口的"总计"行进行设置来实现的。总计查询可用于对查询中的记录组和全部记录进行总和、平均值、计数、最小值、最大值、标准偏差和方差等数量计算，也可根据查询要求选择相应的分组、第一条记录、最后一条记录、表达式和条件等。

创建总计查询时，需要单击工具栏上的"汇总"按钮，在"查询设计网格"中就会出现"总计"行。

【例 3-18】　总计查询。查询"图书"表中图书定价的平均值。

在"查询设计视图"中添加"图书"表，然后单击"查询工具"|"设计"选项卡的"显示/隐藏"组中的"汇总"按钮。总计查询设置如图 3-47 所示，查询结果如图 3-48 所示。

图 3-47　总计查询设置　　　　　　　　　　图 3-48　总计查询结果

3.4.3　分组总计查询

在使用总计查询时，还经常使用分组总计查询，就是根据分组的内容分别进行统计。其中，分组是通过在"总计"行用"Group By"指定分组字段实现的。前面的例 3-16 使用的就是分组总计查询。

【例 3-19】　分组总计查询。分别统计"读者"表中男女读者人数。

在"查询设计视图"中添加"读者"表，然后在"查询设计网格"中依次添加"性别"和"读者编号"字段，并单击"查询工具"|"设计"选项卡的"显示/隐藏"组中的"汇总"按钮。分组总计查询设置如图 3-49 所示，查询结果如图 3-50 所示。

图 3-49　分组总计查询设置

图 3-50　分组总计查询结果

3.4.4　添加计算字段

当需要统计的数据在表中没有相应的字段，或者用于计算的数据值来源于多个字段时，这时应该在"查询设计网格"中添加一个计算字段，计算字段是指根据一个或多个表中的一个或多个字段并使用表达式建立的新字段。例 3-17 中的"入库年数"字段就是添加的计算字段。

【例 3-20】借阅天数查询。查询"借阅"表中"图书编号"为"S1001"的借阅天数。

在"查询设计视图"中添加"借阅"表，在"查询设计网格"中添加"图书编号"字段，并设置条件"="S1001""，单击第 2 列字段行，添加计算字段"借阅天数:[归还日期]-[借阅日期]"，并选择第 2 列"显示"选项。查询设置如图 3-51 所示，查询结果如图 3-52 所示。

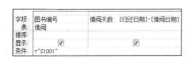

图 3-51　借阅天数查询设置

图 3-52　借阅天数查询结果

3.5　操 作 查 询

在对数据库进行维护时，常常需要大量地修改数据。例如，将"图书"表中所有图书的定价打 8 折。如果用手工的方式在窗口界面上修改，既费时也不准确。Access 提供的操作查询，可以轻松地完成这样的操作。

操作查询是指在一个操作中更改许多记录的查询，是 Access 提供的 5 种查询中的一个非常重要的查询，它可以在检索数据、计算数据和显示数据的同时更新数据，而且还可以生成新的数据表。

操作查询包括生成表查询、删除查询、更新查询和追加查询等 4 种。

前面介绍的选择查询、交叉表查询和参数查询都是从表或已有的查询中按准则要求提取数据，但对数据源的内容并不进行任何的改动。而操作查询除了从数据源中选择数据外，还要改变表中的内容，例如增加数据、删除记录和更新数据等，并且这种更新是不可以恢复的。因此，不论哪一种操作查询，都应该先进行预览，当结果符合要求时再运行。

因为操作查询会影响数据库中的数据，所以执行前需要单击选项卡下方的"安全警告"栏上的"启用内容"按钮，这样操作查询才允许执行，如图 3-53 所示。

图 3-53　启用内容

3.5.1　生成表查询

生成表查询就是利用一个或多个表中的全部或部分数据创建新表，如果将查询结果保存在已有的表中，则该表中原有的内容将被删除。

【例 3-21】生成表查询。将"读者"表中性别为"男"的读者记录保存到新表"男读者"中，要求新表中显示"读者编号""姓名""性别"和"工作单位"4 个字段。

具体的操作步骤如下。

① 启动 Access 2010，打开"图书管理系统"数据库。

② 选择"创建"选项卡，在"查询"组中单击"查询设计"按钮，打开查询设计视图。

③ 在"显示表"对话框中，单击"表"选项卡，选择"读者"表，单击"添加"按钮，将"读者"表添加到查询设计视图的上半部分中，单击"关闭"按钮，调整"读者"表框的大小，以显示表中所有字段。

④ 分别双击"读者"表中的"读者编号""姓名""性别"和"工作单位"字段，此时 4 个字段依次显示在"查询设计网格"中的"字段"行的相应列中。在"性别"字段列的"条件"行中输入查询条件"="男""，如图 3-54 所示。

⑤ 选择"查询工具"|"设计"选项卡，单击"查询类型"组中的"生成表"按钮，弹出"生成表"对话框；在对话框的"表名称"文本框内输入新表名"男读者"，如图 3-55 所示，然后单击"确定"按钮。

图 3-54　生成表查询设置

图 3-55　指定新表名称

⑥ 单击"保存"按钮，在打开的"另存为"对话框中输入查询名称"生成表查询"，然后单击"确定"按钮，查询建立完毕。

⑦ 单击"查询工具"|"设计"选项卡的"结果"组中的"运行"按钮，运行本查询显示提示信息，如图 3-56 所示。单击对话框中的"是"按钮后，新表生成，在导航窗格的"表"下可看到"男读者"表，双击打开"男读者"表的内容如图 3-57 所示。

图 3-56　提示生成新表

图 3-57　男读者表内容

3.5.2　删除查询

删除查询可以从一个或多个表中删除一组记录。删除查询将删除整个记录，而不只是记录中的所选字段。

删除查询可以从单个表中删除记录，也可以从多个相互关联的表中删除记录。如果要从多个表中删除相关记录必须满足以下条件。

① 已经定义了表间的相互关系。

② 在"关系"对话框中已选中"实施参照完整性"复选项。

③ 在"关系"对话框中已选中"级联删除相关记录"复选项。

本书只讨论从单个表中删除记录。读者可根据上面的条件参照执行、验证从多个表中删除关联记录。删除的记录将无法恢复，因此删除记录前必须认真检查查询条件。

【例 3-22】 删除查询。创建删除查询，将"图书"表中"图书编号"为"S7001"的记录删除。

具体的操作步骤如下。

① 启动 Access 2010，打开"图书管理系统"数据库。

② 选择"创建"选项卡，在"查询"组中单击"查询设计"按钮，打开查询设计视图。

③ 在"显示表"对话框中，单击"表"选项卡，选择"图书"表，单击"添加"按钮，将"图书"表添加到查询设计视图的上半部分中，单击"关闭"按钮。

④ 选择"查询工具"|"设计"选项卡，单击"查询类型"组中的"删除"按钮，再双击"图书"表中"图书编号"字段。此时"图书编号"显示在"查询设计网格"中的"字段"行的相应列中。在"图书编号"字段列的"条件"行中输入查询条件"="S7001""，如图 3-58 所示。

⑤ 单击"保存"按钮，在打开的"另存为"对话框中输入查询名称"删除查询"，然后单击"确定"按钮，查询建立完毕。

⑥ 单击"查询工具"|"设计"选项卡的"结果"组中的"运行"按钮运行本查询，显示如图 3-59 所示的删除提示信息；在对话框中单击"是"按钮后，则"图书"表中"图书编号"为"S7001"的记录被删除。

图 3-58　删除查询设置

图 3-59　删除查询提示信息

3.5.3　更新查询

更新查询是对一个或多个表中的记录进行全部更新。如果要对数据表中的某些数据进行有规律地成批的更新操作，那么可以使用更新查询来实现，此方法比手工操作更快捷、准确。更新的记录值将无法恢复，因此更新记录前必须认真检查查询条件。

【例 3-23】 更新查询。创建更新查询，将"读者"表中"工作单位"字段值为"人文学院"的改为"人文艺术学院"。

具体的操作步骤如下。

① 启动 Access 2010，打开"图书管理系统"数据库。

② 选择"创建"选项卡，在"查询"组中单击"查询设计"按钮，打开查询设计视图。

③ 在"显示表"对话框中，单击"表"选项卡，选择"读者"表，单击"添加"按钮，将"读者"表添加到查询设计视图的上半部分中，单击"关闭"按钮。

④ 选择"查询工具"|"设计"选项卡，单击"查询类型"组中的"更新"按钮，再双击"读者"表中"工作单位"字段，此时"工作单位"显示在"查询设计网格"中的"字段"行的相应

列中。在"工作单位"字段列的"更新到"行中输入更新的值""人文艺术学院""，在"条件"行中输入查询条件"="人文学院""，如图 3-60 所示。

⑤ 单击"保存"按钮，在打开的"另存为"对话框中输入查询名称"更新查询"，然后单击"确定"按钮，查询建立完毕。

⑥ 单击"查询工具"|"设计"选项卡的"结果"组中的"运行"按钮运行本查询，显示如图 3-61 所示的更新查询提示信息。单击对话框中的"是"按钮后，则"读者"表中"工作单位"为"人文学院"的两条记录值被更新为"人文艺术学院"。

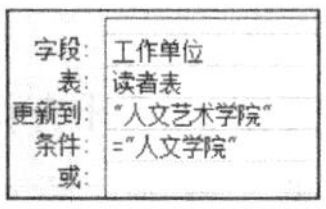

图 3-60　更新查询设置

图 3-61　更新查询提示信息

3.5.4　追加查询

追加查询是从一个或多个表中将一组记录添加到一个或多个表的尾部，相当于添加新记录。使用追加查询可以从外部数据源中导入数据，然后将它们追加到现在的表中，也可以从其他的 Access 数据库甚至同一数据库的其他表中导入数据。与删除查询和更新查询类似，追加查询的范围也可以利用条件加以限制。

【例 3-24】　追加查询。创建追加查询，将"读者"表中"性别"字段值为"女"的读者记录追加到已建立的"男读者"表中。

具体的操作步骤如下。

① 启动 Access 2010，打开"图书管理系统"数据库。

② 选择"创建"选项卡，在"查询"组中单击"查询设计"按钮，打开查询设计视图。

③ 在"显示表"对话框中，单击"表"选项卡，选择"读者"表，单击"添加"按钮，将"读者"表添加到查询设计视图的上半部分中，单击"关闭"按钮。

④ 分别双击"读者"表中的"读者编号""姓名""性别"和"工作单位"字段，此时 4 个字段依次显示在"查询设计网格"中的"字段"行的相应列中。在"性别"字段列的"条件"行中输入查询条件"="女""，如图 3-62 所示。

⑤ 选择"查询工具"|"设计"选项卡，单击"查询类型"组中的"追加"按钮，弹出"追加"对话框。在对话框的"表名称"下拉列表中选择"男读者"表，如图 3-63 所示。

图 3-62　追加查询设置

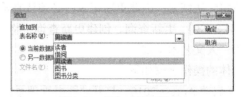

图 3-63　追加查询对话框

⑥ 单击"追加"对话框中的"确定"按钮，"查询设计网格"如图 3-64 所示。

⑦ 单击"保存"按钮，在打开的"另存为"对话框中输入查询名称"追加查询"，然后单击"确定"按钮，查询建立完毕。

图 3-64　追加查询设置

⑧ 单击"查询工具"|"设计"选项卡的"结果"组中的"运行"按钮运行本查询，显示如图 3-65 所示的追加查询提示信息。单击对话框中的"是"按钮后，"男读者"表中会增加 4 条新的记录。打开"男读者"表，如图 3-66 所示。

男读者			
读者编号 ▾	姓名 ▾	性别 ▾	工作单位 ▾
G001	王文斌	男	工商学院
J001	陈松明	男	经济学院
J003	刘明亮	男	经济学院
R001	周振华	男	人文学院
X001	李华	男	信息学院
X003	王超	男	信息学院
G002	万玲	女	工商学院
J002	许文婷	女	经济学院
R002	张玉玲	女	人文学院
X002	刘红梅	女	信息学院
*			

图 3-65　追加查询提示信息　　　　　　图 3-66　"男读者"表追加记录

3.6　SQL 查询

3.6.1　SQL 语言概述

前面在 Access 中建立的查询都是通过查询向导或者查询设计视图来建立的，但是这些查询也可以使用 SQL 视图，也就是通过编写 SQL 语句来完成。无论是查询向导还是查询设计视图，实现的基础都是 SQL 语言。采用 SQL 语言来编写查询的方式更加简洁高效，只是用户必须掌握 SQL 语言的语法。

SQL（Structured Query Language）语言的全称是结构化查询语言。其结构简单、功能强大、简单易学，能够实现各种查询。目前，所有的关系数据库，例如 Oracle、DB2、Sysbase、Informix、SQL Server 等企业级数据库和 Access、Visual Foxpro 等桌面级数据库都支持 SQL 语言。

通过 SQL 语言控制数据库可以大大提高程序的可移植性和可扩展行，因为几乎所有的主流数据库都支持 SQL 语言，用户可以将使用 SQL 的代码从一个数据库系统移植到另一个数据库系统。所有用 SQL 编写的程序都是可以移植的。

因此，只要掌握了 SQL 语言，就可以掌握关系型数据库的操作与开发。这个意义对于开发数据库管理系统的程序员来说是十分重大的。

SQL 语言按功能划分，主要由 4 个部分组成。

1. 数据查询语言（DQL）

数据查询语句也称为"数据检索语句"，用以从表中获得数据，确定怎样在应用程序中给出数据。保留字 SELECT 是 DQL（也是所有 SQL）用得最多的命令，其他 DQL 常用的保留字有 WHERE、ORDER BY、GROUP BY 和 HAVING。这些 DQL 保留字常与其他类型的 SQL 语句一起使用。

2. 数据操作语言（DML）

数据操作语句包括命令 INSERT、UPDATE 和 DELETE。它们分别用于添加、修改和删除表中的记录，也称为"动作查询语言"。

3. 数据定义语言（DDL）

数据定义语句包括命令 CREATE 和 DROP，在数据库中创建新表或删除表（CREAT TABLE 或 DROP TABLE），为表加入索引等。

4. 数据控制语言（DCL）

数据控制语句通过 GRANT 或 REVOKE 命令获得许可，确定单个用户和用户组对数据库对象的访问权限。某些 RDBMS 可用 GRANT 或 REVOKE 控制对表单个列的访问。

3.6.2　SQL 语言的一般格式和应用

1. SQL 语句的一般格式

数据查询是数据库的核心操作。SQL 提供了 SELECT 语句进行数据库的查询，该语句具有灵活的适用方式和丰富的功能。其一般格式如下。

```
SELECT [ALL|DISTINCT] <目标列表表达式>[,<目标列表表达式>]…
FROM <表名或视图名>[,<表名或视图名>]…
[WHERE <条件表达式>]
[GROUP BY <列名1>[HAVING <条件表达式>]]
[ORDER BY <列名2>[ASC|DESC]];
```

整个 SELECT 语句的含义是：根据 WHERE 子句的条件表达式，从 FROM 子句指定的表或者视图中查找出满足条件的元组，再按 SELECT 子句中的目标列表达式，选出元组中的属性值形成结果表。注意：SQL 语句结束符是分号";"。

各子句的功能如下。

- SELECT 子句指定查询显示记录的相关属性或者属性表达式，属性之间用逗号分隔。
- FROM 子句是指定查询的表或视图，如果查询的是多个表，表之间用逗号分隔。
- WHERE 子句也称为条件子句，用来指定查询的条件。
- GROUP BY 子句也称为分组子句，用来将查询的结果按照指定的<列名1>分组，该属性值相等的记录为一组。通常会在每组中使用聚合函数实现统计功能。如果有 HAVING 短语，则只有满足 HAVING 短语中指定的条件的组才输出。
- ORDER BY 子句也称为排序子句，用来将查询的结果按照<列名2>的值升序或者降序输出，默认为升序；如使用短语 ASC，则升序输出；如使用短语 DESC，则降序输出。

　　　　　SQL 语言不区分大小写，SELECT 与 Select 的含义是相同的。为了统一起见，本书所书写的 SQL 命令全部采用大写形式。

2. SQL 语句在 Access 中的应用

Access 支持 SQL 语句的使用，具体方法是在查询设计视图中切换到 SQL 视图，然后在 SQL 视图中输入相应的 SQL 语句，输入完成后保存，然后单击运行按钮即可执行 SQL 语句。

【例 3-25】 查询显示"读者"表的"读者编号""姓名""性别"和"工作单位"。

具体的操作步骤如下。

① 启动 Access 2010，打开"图书管理系统"数据库。

② 选择"创建"选项卡，在"查询"组中单击"查询设计"按钮，打开查询设计视图。在"显示表"对话框中，单击"关闭"按钮。

③ 单击"查询工具"|"设计"选项卡的"结果"组中的"SQL 视图"按钮，打开"SQL 视图"；或者右键单击"查询 1"选项卡，在弹出的菜单中选择"SQL 视图"，如图 3-67 所示。

④ 在 SQL 视图中，用户可以输入查询语句。其中的分号";"是 SQL 语句的结束符，必须

置于 SQL 语句最后，如图 3-68 所示。

⑤ 在 SQL 视图里输入查询语句 "SELECT 读者编号,姓名,性别,工作单位 FROM 读者;"，并将查询保存为 "SQL1"，如图 3-69 所示。

图 3-67　选择 "SQL 视图"

图 3-68　SQL 视图

图 3-69　SQL1 查询

> 在输入 SQL 查询语句时，可以在一行输入，也可以换行，为查看语句方便，选择换行方式即每个子句为一行。SQL 语句不以<Enter>为结束符，而是以分号 ";" 为结束符，并且语句中标点符号必须为英文标点符号，命令和参数之间必须要有空格。

⑥ 单击 "查询工具" | "设计" 选项卡的 "结果" 组中的 "运行" 按钮运行本查询，显示的查询结果如图 3-70 所示。

可以看出，本例与例 3-1 所创建的 "读者表查询" 结果是一样的，只是例 3-1 使用查询向导方式创建，而本例采用 SQL 视图方式创建。实际上，如果将例 3-1 所创建的查询 "读者表查询" 切换到 SQL 视图方式，会看到该查询的 SQL 语句与本例其实是相同的，只是 Access 自动创建的 SQL 语句中，每个字段名前面都加上了表名，其形式为 "表名.字段名"，如图 3-71 所示。用户自己创建单表查询 SQL 语句的时候，为简单起见，可以省略表名。

图 3-70　SQL 查询结果

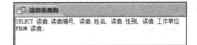

图 3-71　读者表查询的 SQL 视图

> 本书后面的 SQL 语句查询都是采用上面的步骤建立和执行，只需在 SQL 视图中输入 SQL 语句即可，因此为简化操作只给出 SQL 语句的命令。

3.6.3　SQL 数据查询

使用 SQL 查询既可以完成简单的单表查询，也可以完成复杂的多表查询。

1．单表基本查询

单表基本查询是指 FROM 子句后面只有一个表，因此只查询这个表中的数据。

（1）查询显示表中所有的属性

如果 SELECT 子句中的<目标列表达式>为 "*"，则表示显示表中所有的属性。

【例 3-26】 创建查询 "SQL2"，查询 "读者" 表的所有信息。

SQL 语句如下：

```
SELECT *
    FROM 读者;
```

查询结果如图 3-72 所示。

读者编号	姓名	性别	工作单位	电话	照片
G001	王文斌	男	工商学院	13370235177	Bitmap Image
G002	万玲	女	工商学院	13576068319	Bitmap Image
J001	陈松明	男	经济学院	15279171258	Bitmap Image
J002	许文婷	女	经济学院	18970062596	Bitmap Image
J003	刘明亮	男	经济学院	13607093386	Bitmap Image
R001	周振华	男	人文学院	15170006510	Bitmap Image
R002	张玉玲	女	人文学院	13870661206	Bitmap Image
X001	李华	男	信息学院	13107901163	Bitmap Image
X002	刘红梅	女	信息学院	15007083721	Bitmap Image
X003	王超	男	信息学院	13922553016	Bitmap Image

图 3-72　SQL2 查询结果

（2）查询显示表中指定的属性（投影操作）

如果 SELECT 子句中的<目标列表达式>为相关的属性名，则表示显示该属性。该操作相当于对表实现投影操作。

【例 3-27】 创建查询"SQL3"，查询"图书"表中的"图书编号""图书名称""作者""出版社"和"定价"等信息。

SQL 语句如下：

```
SELECT 图书编号,图书名称,作者,出版社,定价
    FROM 图书;
```

（3）消除查询结果中重复的行

在投影操作查询时，选择显示某些属性后，结果可能会显示相同的重复数据。如果指定 DISTINCT 短语，则表示在查询时要去掉重复行。如果不指定 DISTINCT 短语或指定 ALL 短语（ALL 为默认值），则表示不取消重复值。

【例 3-28】 创建查询"SQL4"，查询"图书"表中包含哪些出版社，需要去除重复的出版社名称。

SQL 语句如下：

```
SELECT DISTINCT 出版社
    FROM 图书;
```

从结果中可以看到，去掉重复的记录后总共有 7 个出版社，参见例 3-4 创建查找重复项查询中的图 3-17。

（4）更改查询结果中的字段名

在查询结果中，默认显示的列标题名就是属性名，但有些表的属性名是英文或者不易理解，SELECT 提供了在<目标列表达式>中使用<AS 标题名>来更改属性名。

【例 3-29】 创建查询"SQL5"，查询"读者"表，显示"姓名"和"电话"字段，要求将"电话"修改为"手机号码"。

SQL 语句如下：

```
SELECT 姓名,电话 AS 手机号码
    FROM 读者;
```

在"查询设计视图"中也提供了更改查询结果字段名的方法，具体参见例 3-17 创建自定义计算查询。

（5）使用字段进行计算

在 SELECT 语句中，可以使用运算符对属性进行表达式计算得到结果。

【例 3-30】　创建查询"SQL6"，查询所有图书入库时间，计算入库年数。

SQL 语句如下：

```
SELECT 图书编号, 图书名称, Year(Date())-Year(入库时间) AS 入库年数
    FROM 图书;
```

在"查询设计视图"中有创建自定义计算查询的方法，具体参见例 3-17。

（6）查询表中符合条件的记录（选择操作）

选择表中满足条件的记录的操作，就是选择操作。选择操作是通过 WHERE 子句，也就是条件子句来实现的。WHERE 条件表达式运算符如表 3-2 所示。

表 3-2　　　　　　　　　　　　WHERE 条件表达式运算符

运算符类型	运算符	说　明
关系运算符	=、<>	等于、不等于
	<、<=	小于、小于等于
	>、>=	大于、大于等于
谓词运算符	BETWEEN...AND...	在……范围之间
	[NOT] IN	（不）在集合范围里
	LIKE	字符匹配
逻辑运算符	AND	与，用于多重条件
	OR	或，用于多重条件
	NOT	非，用于条件取反

① 构造单一条件。在 WHERE 子句中，可以使用关系运算符来构成相关条件。下面给出针对数据表不同数据类型来构造相关条件的例子，注意不同数据类型使用的定界符。

【例 3-31】　创建查询"SQL7"，条件子句为字符型数据。查询"图书"表中由中华书局出版的图书的"图书名称"和"定价"。

```
SELECT 图书名称,定价
    FROM 图书
    WHERE 出版社 = "中华书局";
```

【例 3-32】　创建查询"SQL8"，条件子句为数字型数据。查询"图书"表中图书"定价"大于 40 元的"图书名称"、"出版社"和"定价"。

```
SELECT 图书名称,出版社,定价
    FROM 图书
    WHERE 定价 > 40;
```

【例 3-33】 创建查询"SQL9"，条件子句为逻辑型数据。查询"图书"表中未在馆的图书的"图书编号""图书名称"和"出版社"。

```
SELECT 图书编号,图书名称,出版社
    FROM 图书
    WHERE 是否在馆 = FALSE;
```

说明　　"图书"表中字段"是否在馆"数据类型是逻辑型，其数据值只有两种：TRUE（是）和 FALSE（否）。

【例 3-34】 创建查询"SQL10"，条件子句为日期型数据。查询"图书"表中 2013 年以后入库的图书的"图书编号""图书名称""出版社"和"入库时间"。

```
SELECT 图书编号,图书名称,出版社,入库时间
    FROM 图书
    WHERE 入库时间 > #2013-01-01#;
```

② 构造多重条件。在 WHERE 子句中，可以使用逻辑运算符 AND 和 OR 来组合连接多重条件。AND 的含义是表示多个条件"相与"，也就是多个条件都必须满足。OR 的含义是表示多个条件"相或"，也就是只要满足其中一个条件就可以了。在构造多重条件时，要注意 AND 的运算优先级高于 OR。

【例 3-35】 创建查询"SQL11"，查询"图书"表中由中华书局出版，定价高于 25 元的图书的"图书名称""出版社"和"定价"。

```
SELECT 图书名称,出版社,定价
    FROM 图书
    WHERE 出版社 = "中华书局" AND 定价 > 25;
```

图书名称	出版社	定价
老子的智慧	中华书局	¥28.00
*		

查询结果如图 3-73 所示。

图 3-73　SQL11 查询结果

【例 3-36】 创建查询"SQL12"，查询"图书"表中由中华书局或人民邮电出版社出版的图书的"图书名称""出版社"和"定价"。

```
SELECT 图书名称,出版社,定价
    FROM 图书
    WHERE 出版社 = "中华书局" OR 出版社 = "人民邮电出版社";
```

查询结果如图 3-74 所示。

【例 3-37】 创建查询"SQL13"，查询"图书"表中由中华书局或人民邮电出版社出版，且定价低于 40 元的图书的"图书名称""出版社"和"定价"。

图书名称	出版社	定价
老子的智慧	中华书局	¥28.00
计算机英语	人民邮电出版社	¥39.00
中国近代史	中华书局	¥25.00
Access数据库技术	人民邮电出版社	¥43.80
关系数据库应用教程	人民邮电出版社	¥36.00

图 3-74　SQL12 查询结果

```
SELECT 图书名称,出版社,定价
    FROM 图书
    WHERE 出版社 = "人民邮电出版社" OR 出版社 = "中华书局" AND 定价 < 40;
```

查询结果如图 3-75 所示。

第 3 章 查询

但是，在图 3-75 查询结果中可以看到第 4 条记录的定价高于 40 元，显然不符合条件设置，这是为什么呢？问题出在忽视了逻辑运算符 AND 的运算优先级高于 OR。因此正确的 SQL 查询语句应该是：

图 3-75　SQL13 查询结果

```
SELECT 图书名称,出版社,定价
    FROM 图书
    WHERE (出版社 = "人民邮电出版社" OR 出版社 = "中华书局") AND 定价 < 40;
```

查询结果如图 3-76 所示。

③ 构造集合条件。在 WHERE 子句中，可以使用谓词 IN 来查找属性值是否在指定集合中。而 NOT IN 则表示属性值不在指定集合中。使用集合条件的好处是可以简化条件表达式。

图 3-76　正确查询结果

【例 3-38】 创建查询"SQL14"，查询"图书"表中由中华书局或人民邮电出版社出版的图书的"图书名称""出版社"和"定价"。

SQL 语句如下：

```
SELECT 图书名称,出版社,定价
    FROM 图书
    WHERE 出版社 IN ("中华书局" , "人民邮电出版社");
```

试与例 3-36 的 SQL 查询语句相比较。

【例 3-39】 创建查询"SQL15"，查询"图书"表中不是由中华书局或人民邮电出版社出版的图书的"图书名称""出版社"和"定价"。

SQL 语句如下：

```
SELECT 图书名称,出版社,定价
    FROM 图书
    WHERE 出版社 NOT IN ("中华书局" , "人民邮电出版社");
```

④ 构造字符匹配条件。在 WHERE 子句中，可以使用谓词 LIKE 来构造相似字符串条件查询。在第 3.3.2 节"查询条件的设置"中对谓词 LIKE 的用法已经做了相关介绍，下面介绍如何在 SQL 语句中使用谓词 LIKE 设置查询条件。

SQL 语句中 LIKE 字符匹配一般语法格式如下：

```
[NOT] LIKE "<字符匹配串>"
```

其含义是查找指定的属性值与"字符匹配串"相匹配的记录。"字符匹配串"可以是一个完整的字符串，也可以包含通配符"*"、"?"、"#"和"[]"。例如，字符串 a*z 表示以 a 开头，以 z 结尾的任意长度字符串，那么 abz、acdz、az 都满足该匹配字符串。又如，字符串 a?z 则表示以 a 开头，以 z 结尾的 3 个字符的字符串，那么 a1z、acz 都满足该匹配字符串，而 az、accz 则不满足。

【例 3-40】 创建查询"SQL16"，查询"读者"表中姓"王"的读者的"姓名""性别"和"工作单位"。

97

SQL 语句如下：

```
SELECT 姓名,性别,工作单位
    FROM 读者
    WHERE 姓名 LIKE "王*";
```

【例 3-41】 创建查询"SQL17"，查询"读者"表中姓"王"且姓名只有两个字的读者的"姓名""性别"和"工作单位"。

SQL 语句如下：

```
SELECT 姓名,性别,工作单位
    FROM 读者
    WHERE 姓名 LIKE "王?";
```

【例 3-42】 创建查询"SQL18"，查询"图书"表中图书名称里含有"英语"的图书的"图书名称""出版社"和"定价"。

SQL 语句如下：

```
SELECT 图书名称,出版社,定价
    FROM 图书
    WHERE 图书名称 LIKE "*英语*";
```

【例 3-43】 创建查询"SQL19"，查询"图书"表中出版社名称里不含有"大学"两字的图书的"图书名称""出版社"和"定价"。

SQL 语句如下：

```
SELECT 图书名称,出版社,定价
    FROM 图书
    WHERE 出版社 NOT LIKE "*大学*";
```

（7）具有计算功能的查询

在 3.4 节中，介绍了使用查询设计视图来创建具有计算功能的查询。在这里直接使用 SQL 语句来构造具有计算功能的查询，用户可以比较两者的不同之处。

SQL 是通过聚合函数来实现计算功能的。聚合函数提供了对一个关系进行相关计算的功能，主要有求和（SUM）、求平均（AVG）、求最大值和最小值等，如表 3-3 所示。

表 3-3   SQL 的聚合函数

聚 合 函 数	函 数 功 能
SUM(数字型字段)	求该组数字型字段值的和
AVG(数字型字段)	求该组数字型字段值的平均值
MAX(字段)	求该组字段值中的最大值
MIN(字段)	求该组字段值中的最小值
COUNT(字段)	求该组字段的记录个数
COUNT(*)	求记录个数

【例 3-44】 创建查询"SQL20",查询"读者"表中男读者的人数。

SQL 语句如下:

```
SELECT COUNT(*)
    FROM 读者
    WHERE 性别 = "男";
```

【例 3-45】 创建查询"SQL21",查询"图书"表中所有图书定价的平均价格。

SQL 语句如下:

```
SELECT AVG(定价)
    FROM 图书;
```

【例 3-46】 创建查询"SQL22",查询"图书"表中由中华书局出版的所有图书定价的总和。

SQL 语句如下:

```
SELECT SUM(定价)
    FROM 图书
    WHERE 出版社 = "中华书局";
```

（8）实现分组的查询

在 3.4.3 节中,介绍了使用查询设计视图来做分组总计查询,对查询结果进行分组并计算。在这里使用 GROUP BY 分组子句来进行分组,并使用聚合函数来实现分组计算功能。读者可以比较两者的不同之处。

【例 3-47】 创建查询"SQL23",分别统计"读者"表中男、女读者的人数。

SQL 语句如下:

```
SELECT 性别,COUNT(*) AS 人数
    FROM 读者
    GROUP BY 性别;
```

性别	人数
男	6
女	4

图 3-77 男、女读者人数
查询结果

查询结果如图 3-77 所示。

【例 3-48】 创建查询"SQL24",分别统计"图书"表中各出版社出版的图书数。

SQL 语句如下:

```
SELECT 出版社,COUNT(*) AS 图书数
    FROM 图书
    GROUP BY 出版社;
```

出版社	图书数
北京大学出版社	4
高等教育出版社	3
清华大学出版社	4
人民文学出版社	2
人民邮电出版社	3
中国人民大学出版社	2
中华书局	2

图 3-78 各出版社出版的
图书数查询结果

查询结果如图 3-78 所示。

【例 3-49】 创建查询"SQL25",分别统计"借阅"表中各位读者借阅过的图书数。

SQL 语句如下:

```
SELECT 读者编号,COUNT(*) AS 借阅图书数
    FROM 借阅
    GROUP BY 读者编号;
```

查询结果如图 3-79 所示。

读者编号	借阅图书数
G001	2
G002	2
J001	3
J002	2
J003	3
R001	2
X001	3
X002	2
X003	1

图 3-79　读者借阅图书数查询结果

【例 3-50】 创建查询 "SQL26"，分别统计 "借阅" 表中各位读者借阅过的图书数，要求显示借阅图书数在 3 本及以上的读者的 "读者编号" 和借阅图书数。

SQL 语句如下：

```
SELECT 读者编号,COUNT(*) AS 借阅图书数
    FROM 借阅
    GROUP BY 读者编号
        HAVING COUNT(*) >= 3;
```

读者编号	借阅图书数
J001	3
J003	3
X001	3

图 3-80　查询结果

查询结果如图 3-80 所示。

　　　　SQL 语句分组统计查询功能具有很强的实用意义。在编写 SQL 语句时有一定难度，要记住的是按哪个字段来进行分类统计，就用哪个字段来分组。同时，SELECT 子句中字段列表只能出现分组的字段和使用聚合函数的字段，别的字段都不能出现。

（9）实现排序功能的查询

在 "查询设计网格" 中可以使用 "排序" 行指定查询结果排序方式，参见例 3-17。在 SQL 语句中，可以使用 ORDER BY 排序子句对查询结果按照一个或多个属性值的升序（ASC）或降序（DESC）排列，默认值为升序。

【例 3-51】 创建查询 "SQL27"，查询图书的定价，要求按定价从高到低排序。

SQL 语句如下：

```
SELECT 图书编号,图书名称,定价
    FROM 图书
    ORDER BY 定价 DESC;
```

【例 3-52】创建查询 "SQL28"，查询图书的入库时间，要求按入库时间的先后排序。

SQL 语句如下：

```
SELECT 图书编号,图书名称,入库时间
    FROM 图书
    ORDER BY 入库时间;
```

　　　　日期时间型数据按数值大小进行排序。例如，要在名单上将学生按年龄从大到小显示，则应按学生的出生日期排升序。

（10）生成表查询

在 3.5.1 节中，介绍了使用查询设计视图来做生成表查询。在这里使用 SELECT 语句来实现同样的功能。SELECT 提供了 INTO 子句将查询结果输出到新表中，其格式如下。

```
SELECT [ALL|DISTINCT] <目标列表表达式>[,<目标列表表达式>]…[INTO <新数据表>]
FROM <表名或视图名>[,<表名或视图名>]…
[WHERE <条件表达式>]
[GROUP BY <列名 1>[HAVING <条件表达式>]]
[ORDER BY <列名 2>[ASC|DESC]];
```

【例 3-53】 创建查询"SQL29"，将"读者"表中女读者的"读者编号""姓名""性别"和"工作单位"等信息输出到新表"女读者"中。

SQL 语句如下：

```
SELECT 读者编号,姓名,性别,工作单位 INTO 女读者
    FROM 读者
    WHERE 性别 = "女";
```

2. 多表自然连接查询

前面的查询都是单表查询，FROM 子句后只有一个数据表，但是实际应用中，更多的是需要同时查询多个表中的数据，例如查询读者"王文斌"所借图书的"图书名称"。这就要使用多表自然连接查询，即 FROM 子句后有多个数据表，各数据表用逗号"，"分隔。

（1）两表自然连接查询的设置

在讨论多表自然连接查询之前，先来看看最简单的多表查询，也就是两表查询。首先看看下面这个两表查询的例子。

【例 3-54】 创建查询"SQL30"，查询"读者"表和"借阅"表中的全部信息。

SQL 语句如下：

```
SELECT *
    FROM 读者,借阅;
```

查询结果（部分）如图 3-81 所示。

读者.读者编号	姓名	性别	工作单位	电话	照片	借阅.读者编号	图书编号	借阅日期	归还日期
G001	王文斌	男	工商学院	13370235177	Image	G001	S7002	2013/9/7	2014/1/5
G002	万玲	女	工商学院	13576068319	Image	G001	S7002	2013/9/7	2014/1/5
J001	陈松明	男	经济学院	15279171258	Image	G001	S7002	2013/9/7	2014/1/5
J002	许文婷	女	经济学院	18970062596	Image	G001	S7002	2013/9/7	2014/1/5
J003	刘明亮	男	经济学院	13607093386	Image	G001	S7002	2013/9/7	2014/1/5
R001	周振华	男	人文学院	15170006510	Image	G001	S7002	2013/9/7	2014/1/5
R002	张玉玲	女	人文学院	13870661206	Image	G001	S7002	2013/9/7	2014/1/5
X001	李华	男	信息学院	13107901163	Image	G001	S7002	2013/9/7	2014/1/5
X002	刘红梅	女	信息学院	15007083721	Image	G001	S7002	2013/9/7	2014/1/5
X003	王超	男	信息学院	13922553016	Image	G001	S7002	2013/9/7	2014/1/5
G001	王文斌	男	工商学院	13370235177	Image	G001	S1002	2014/6/28	2014/9/27
G002	万玲	女	工商学院	13576068319	Image	G001	S1002	2014/6/28	2014/9/27
J001	陈松明	男	经济学院	15279171258	Image	G001	S1002	2014/6/28	2014/9/27
J002	许文婷	女	经济学院	18970062596	Image	G001	S1002	2014/6/28	2014/9/27
J003	刘明亮	男	经济学院	13607093386	Image	G001	S1002	2014/6/28	2014/9/27
R001	周振华	男	人文学院	15170006510	Image	G001	S1002	2014/6/28	2014/9/27
R002	张玉玲	女	人文学院	13870661206	Image	G001	S1002	2014/6/28	2014/9/27
X001	李华	男	信息学院	13107901163	Image	G001	S1002	2014/6/28	2014/9/27
X002	刘红梅	女	信息学院	15007083721	Image	G001	S1002	2014/6/28	2014/9/27
X003	王超	男	信息学院	13922553016	Image	G001	S1002	2014/6/28	2014/9/27
G001	王文斌	男	工商学院	13370235177	Image	G002	S3003	2014/1/8	2014/3/26

图 3-81 两表查询结果（部分）

图 3-81 只显示了一部分查询结果，其实两表查询的结果非常大，有 10 个字段，200 条记录。从图中可以看出，该查询结果的字段是由两个表的字段组合而成，分别是"读者"表的 6 个字段和"借阅"表的 4 个字段，组合成 10 个字段。查询结果的记录数则是两个表的记录数相乘得到的，分别是"读者"表的 10 条记录乘以"借阅"表的 20 条记录，最后得到 200 条记录。但是这 200 条记录中存在大量的无效记录数据，例如同一条记录的两个表的"读者编号"共同属性的取值都不相等。在图 3-81 中，从第 2 条记录到第 9 条记录的数据就是这种无效记录数据。因此，这种两表查询方式是无效查询。

如何在两表查询中排除无效数据呢？通过分析可以看出，上面的查询结果并不是所有的记录

数据都是无效的，有部分记录数据是有效的，有效记录数据中的两个表的共同属性的取值是相等的。因此要实现两表查询有效，则 SELECT 语句必须带上 WHERE 子句，并在 WHERE 子句中增加条件，条件就是两个表的共同属性取值相等。这种查询方式称为两表自然连接查询。可见，两表自然连接查询的一个重要前提就是两个表必须要有一个共同属性。如果两个表之间没有共同属性，那么就不能实现多表查询。

在上面的查询中，"读者"表和"借阅"表有一个共同字段"读者编号"。为了区分，共同字段前面都加了表名。那么要实现"读者"表和"借阅"表的自然连接查询，需要设置的条件就是这两个表的共同字段相等，即"读者.读者编号 = 借阅.读者编号"。

【例 3-55】 创建查询"SQL31"，建立"读者"表和"借阅"表的自然连接查询。

SQL 语句如下：

```
SELECT *
    FROM 读者,借阅
    WHERE 读者.读者编号 = 借阅.读者编号;
```

查询结果如图 3-82 所示。

读者.读者编号	姓名	性别	工作单位	电话	照片	借阅.读者编	图书编号	借阅日期	归还日期
G001	王文斌	男	工商学院	13370235177	Image	G001	S7002	2013/9/7	2014/1/5
G001	王文斌	男	工商学院	13370235177	Image	G001	S1002	2014/6/28	2014/9/27
G002	万玲	女	工商学院	13576068319	Image	G002	S3003	2014/1/8	2014/3/26
G002	万玲	女	工商学院	13576068319	Image	G002	S7006	2014/12/20	
J001	陈松明	男	经济学院	15279171258	Image	J001	S3001	2007/6/20	2007/9/15
J001	陈松明	男	经济学院	15279171258	Image	J001	S3002	2010/3/10	2010/5/23
J001	陈松明	男	经济学院	15279171258	Image	J001	S3003	2013/10/8	2014/1/5
J002	许文婷	女	经济学院	18970062596	Image	J002	S5001	2010/4/5	2010/6/18
J002	许文婷	女	经济学院	18970062596	Image	J002	S4002	2014/12/16	
J003	刘明亮	男	经济学院	13607093386	Image	J003	S1001	2011/5/5	2011/6/20
J003	刘明亮	男	经济学院	13607093386	Image	J003	S6001	2013/3/11	2013/5/19
J003	刘明亮	男	经济学院	13607093386	Image	J003	S3002	2014/9/12	2014/12/8
R001	周振华	男	人文学院	15170006510	Image	R001	S5002	2012/3/6	2012/6/9
R001	周振华	男	人文学院	15170006510	Image	R001	S6001	2013/5/24	
X001	李华	男	信息学院	13107901163	Image	X001	S7001	2009/3/23	2009/6/2
X001	李华	男	信息学院	13107901163	Image	X001	S4001	2011/6/29	2011/9/20
X001	李华	男	信息学院	13107901163	Image	X001	S7005	2014/12/27	
X002	刘红梅	女	信息学院	15007083721	Image	X002	S7003	2013/4/6	2013/6/26
X002	刘红梅	女	信息学院	15007083721	Image	X002	S3002	2014/12/16	
X003	王超	男	信息学院	13922553016	Image	X003	S2001	2013/3/12	2013/5/24

图 3-82 两表自然连接查询结果

图 3-82 显示了两表自然连接查询的全部结果，其结果记录数比例 3-54 大大减少了，只有 20 条记录。在结果中，可以看出，每条记录的共同字段"读者编号"的值都是相等的，记录中的数据都是有效数据。

两表自然连接查询的结果是将两个表变成了一个大表，两个表的数据就集中到一个表里，这样就可以实现多表数据查询。例如，在图 3-82 中，可以很容易地查询读者"王文斌"所借图书的"图书编号"。如果要查询的是读者"王文斌"所借图书的名称，那就需要将"图书"表加入查询，这就是 3 表查询。如果还要查询读者"王文斌"所借图书是哪一类，就需要再将"图书分类"表加入查询，这就是 4 表查询。因此，多表查询的目的是将多个表通过自然连接变成一个表，这样就可以方便地查询分布在不同表中的数据。

从两表自然连接查询可以看到，需要设置的条件就是这两个表的共同字段相等。那么多表查询呢？与之类似，就是设置多表的共同字段两两相等。

【例 3-56】 建立三表自然连接查询。创建查询"SQL32"，建立"读者"表、"借阅"表和"图书"表的自然连接查询。

SQL 语句如下：

```
SELECT *
    FROM 读者,借阅,图书
    WHERE 读者.读者编号 = 借阅.读者编号
            AND 借阅.图书编号 = 图书.图书编号;
```

【例 3-57】 建立四表自然连接查询。创建查询"SQL33",建立"读者"表、"借阅"表、"图书"表和"图书分类"表的自然连接查询。

SQL 语句如下:

```
SELECT *
    FROM 读者,借阅,图书,图书分类
    WHERE 读者.读者编号 = 借阅.读者编号
AND 借阅.图书编号 = 图书.图书编号
AND 图书.分类号 = 图书分类.分类号;
```

　　　　两个表的自然连接查询需要一个自然连接条件,三个表则需要两个自然连接条件,四个表就需要三个自然连接条件,即 N 个表需要 N−1 个自然连接条件。

（2）多表查询

在建立了多表自然连接查询的基础上就可以实现对多表的数据查询,其功能和应用与单表查询是一样的。

【例 3-58】 创建查询"SQL34",查询王文斌所借图书的"图书编号""借阅日期"。

SQL 语句如下:

```
SELECT 读者.读者编号,姓名,图书编号,借阅日期
    FROM 读者,借阅
    WHERE 读者.读者编号 = 借阅.读者编号
            AND 姓名 = "王文斌";
```

读者编号	姓名	图书编号	借阅日期
G001	王文斌	S7002	2013/9/7
G001	王文斌	S1002	2014/6/28

图 3-83 两表查询结果

查询结果如图 3-83 所示。

　　　　在多表查询时,共同属性名的前面必须要指定表名,否则 SELECT 不知道从哪个表提取属性值,系统就会报错。上例中,SQL 语句中字段名"读者编号"前面加了表名"读者",就是因为"读者编号"是两个表的共同字段,需要指定"读者编号"字段是哪个表的,所以在字段前面需要加上表名"读者",当然也可以用表名"借阅";对于只存在于某一个表中的字段名就不需要特别加表名指定。

【例 3-59】 创建查询"SQL35",查询王文斌所借图书的"图书名称""借阅日期"和"出版社"。

SQL 语句如下:

```
SELECT 姓名,图书名称,借阅日期,出版社
    FROM 读者 a,借阅 b,图书 c
    WHERE a.读者编号 = b.读者编号
            AND b.图书编号 = c.图书编号
            AND 姓名 = "王文斌";
```

姓名	图书名称	借阅日期	出版社
王文斌	VB程序设计及应用	2013/9/7	高等教育出版社
王文斌	中国哲学简史	2014/6/28	北京大学出版社

图 3-84 三表查询结果

查询结果如图 3-84 所示。

上例中，FROM 子句后的数据表名后加的 a 、b 和 c，分别是数据表对应的别名。别名的功能是给数据表起一个小名，这样在 SELECE 语句中就可以用别名来代替数据表名，简化书写。

【例 3-60】 创建查询"SQL36"，查询王文斌所借图书的"图书名称""借阅日期""出版社"和"分类名称"。

SQL 语句如下：

```
SELECT 姓名,图书名称,借阅日期,出版社,分类名称
    FROM 读者 a,借阅 b,图书 c,图书分类 d
    WHERE a.读者编号 = b.读者编号
            AND b.图书编号 = c.图书编号
            AND c.分类号 = d.分类号
            AND 姓名 = "王文斌";
```

查询结果如图 3-85 所示。

图 3-85　四表查询结果

3. SQL 子查询

在 SQL 语言中，一个 SELECT…FROM…WHERE 语句称为一个查询块。将一个查询块嵌套在另一个查询块的 WHERE 子句中的查询称为嵌套查询，也称为子查询。SQL 语言允许多层嵌套查询，本书只介绍两层嵌套。

嵌套查询使得用多个简单查询构成复杂的查询成为可能，从而增强了 SQL 的查询能力。以层层嵌套的方式来构造程序正是 SQL 中"结构化"含义所在。SQL 语言把被嵌套的查询块称为内层查询或子查询，外面的称为外层查询或父查询。创建子查询有如下 3 种方法。

（1）带有 IN 谓词的子查询

嵌套查询中，子查询的结果往往是一个集合。所以，谓词 IN 在嵌套查询中经常使用。

【例 3-61】 创建查询"SQL37"，查询工商学院读者所借图书的"图书编号""借阅日期"。

SQL 语句如下：

```
SELECT 读者编号,图书编号,借阅日期
    FROM 借阅
    WHERE 读者编号 IN (SELECT 读者编号
                    FROM 读者
                    WHERE 工作单位 = "工商学院");
```

读者编号	图书编号	借阅日期
G001	S7002	2013/9/7
G001	S1002	2014/6/28
G002	S3003	2014/1/8
G002	S7006	2014/12/20
*		

图 3-86　IN 子查询结果

查询结果如图 3-86 所示。

【例 3-62】 创建查询"SQL38"，查询借过图书的读者的"读者编号""姓名"和"工作单位"。

SQL 语句如下：

```
SELECT 读者编号,姓名,工作单位
    FROM 读者
    WHERE 读者编号 IN (SELECT 读者编号
                    FROM 借阅);
```

【例 3-63】 创建查询 "SQL39"，查询没有借过图书的读者的 "读者编号" "姓名" 和 "工作单位"。

SQL 语句如下：

```
SELECT 读者编号,姓名,工作单位
    FROM 读者
    WHERE 读者编号 NOT IN (SELECT 读者编号
                           FROM 借阅);
```

读者编号	姓名	工作单位
R002	张玉玲	人文学院
*		

图 3-87　NOT IN 子查询结果

查询结果如图 3-87*所示。

（2）带有比较运算符的子查询

当用户能确切知道子查询返回的是单值时，就可以使用比较运算符进行连接，例如>、=、<、>=、<=、!=或<>等。

【例 3-64】 创建查询 "SQL40"，查询与陈松明同一工作单位的读者的 "读者编号"、"姓名" 和 "工作单位"。

SQL 语句如下：

```
SELECT 读者编号,姓名,工作单位
    FROM 读者
    WHERE 工作单位 = (SELECT 工作单位
                      FROM 读者
                      WHERE 姓名 = "陈松明");
```

读者编号	姓名	工作单位
J001	陈松明	经济学院
J002	许文婷	经济学院
J003	刘明亮	经济学院
*		

图 3-88　比较运算符子查询结果

查询结果如图 3-88 所示。

【例 3-65】 创建查询 "SQL41"，查询定价高于 "税法原理" 图书定价的图书的 "图书名称" "出版社" 和 "定价"。

SQL 语句如下：

```
SELECT 图书名称,出版社,定价
    FROM 图书
    WHERE 定价 > (SELECT 定价
                  FROM 图书
                  WHERE 图书名称="税法原理");
```

图书名称	出版社	定价
中国文学史	人民文学出版社	¥46.00
C语言从入门到精通	清华大学出版社	¥49.80
Access数据库技术	人民邮电出版社	¥43.80
从零开始学Java	高等教育出版社	¥49.80
*		

图 3-89　子查询结果

查询结果如图 3-89 所示。

（3）带有 ANY 或 ALL 限定词的子查询

子查询返回的是单值时可以使用比较运算符，但返回的是多值时要使用 ANY 或 ALL 谓词修饰符。而使用 ANY 或 ALL 谓词时必须同时使用比较运算符，其语义定义如表 3-4 所示。

表 3-4　　　　　　　　　　　　子查询谓词 ANY 与 ALL 含义

限　定　词	含　　义
>ANY 或 >=ANY	大于或大于等于查询结果中的某个最小值
<ANY 或 <=ANY	小于或小于等于查询结果中的某个最大值
=ANY	等于查询结果中的任何一个值
<>ANY	无意义

续表

限 定 词	含 义
>ALL 或 >=ALL	大于或大于等于查询结果中的某个最大值
<ALL 或 <=ALL	小于或小于等于查询结果中的某个最小值
=ALL	无意义
<>ALL	不在查询结果中的值

【**例 3-66**】 创建查询"SQL42"，查询定价高于图书平均定价的图书的"图书名称""出版社"和"定价"，使用聚合函数 AVG()。

SQL 语句如下：

```
SELECT 图书名称,出版社,定价
    FROM 图书
    WHERE 定价 > (SELECT AVG(定价)
                    FROM 图书);
```

图 3-90 使用聚合函数子查询结果

查询结果如图 3-90 所示。

【**例 3-67**】 创建查询"SQL43"，查询定价高于人民邮电出版社任何一本图书定价的图书的"图书名称""出版社"和"定价"。

SQL 语句如下：

```
SELECT 图书名称,出版社,定价
    FROM 图书
    WHERE 定价 > ANY (SELECT 定价
                        FROM 图书
                        WHERE 出版社 = "人民邮电出版社")
        AND 出版社 <> "人民邮电出版社"
    ORDER BY 定价 DESC;
```

查询结果如图 3-91 所示。

可以使用聚合函数子查询完成上述功能，这是因为使用聚合函数的子查询只返回单个结果值，因此无需再使用限定词 ANY。其 SQL 语句如下：

图 3-91 大于图书定价子查询结果

```
SELECT 图书名称,出版社,定价
    FROM 图书
    WHERE 定价 > (SELECT MIN(定价)
                    FROM 图书
                    WHERE 出版社 = "人民邮电出版社")
        AND 出版社 <> "人民邮电出版社"
    ORDER BY 定价 DESC;
```

【**例 3-68**】 创建查询"SQL44"，查询定价大于人民邮电出版社所有图书定价的图书的"图书名称""出版社"和"定价"。

SQL 语句如下：

```
SELECT 图书名称,出版社,定价
    FROM 图书
    WHERE 定价 > ALL (SELECT 定价
                        FROM 图书
                        WHERE 出版社 = "人民邮电出版社")
            AND 出版社 <> "人民邮电出版社"
    ORDER BY 定价 DESC;
```

图书名称	出版社	定价
从零开始学Java	高等教育出版社	¥49.80
C语言从入门到精通	清华大学出版社	¥49.80
中国文学史	人民文学出版社	¥46.00
*		

图 3-92　子查询结果

查询结果如图 3-92 所示。

可以使用聚合函数的子查询完成上述功能，SQL 语句如下：

```
SELECT 图书名称,出版社,定价
    FROM 图书
    WHERE 定价 > (SELECT MAX(定价)
                    FROM 图书
                    WHERE 出版社 = "人民邮电出版社")
            AND 出版社 <> "人民邮电出版社"
    ORDER BY 定价 DESC;
```

请读者分析图书定价小于人民邮电出版社任何一本图书定价和图书定价小于人民邮电出版社所有图书定价这两种情况的区别。

4. SQL 查询建立的通用方法

编写 SQL 查询语句对于初学者来说有一定的困难，但只要多看多写，熟练掌握还是比较容易的，下面给出建立 SQL 查询语句的通用方法。

① 确定字段。根据查询的要求，确定查询语句需要显示的字段名。

② 确定表。根据查询需要的字段，可以确定这些字段所属的表。

③ 确定子句。根据查询的要求，确定条件子句、分组子句和排序子句。

例如，要写出查询读者"王文斌"所借图书的"图书名称""定价"和"出版社"的 SQL 查询语句，可按以下步骤完成。

第一步：确定字段。根据题目可知需要显示的字段是"姓名""图书名称""定价"和"出版社"，因此可以写出 SELECT 子句：

```
SELECT 姓名,图书名称,定价,出版社
```

第二步：确定表。根据查询显示的字段"姓名"可知需要"读者"表，根据字段"图书名称""定价"和"出版社"可知需要"图书"表。由于在"图书管理系统"数据库中"读者"表和"图书"表是通过"借阅"表进行关联的，因此还需要"借阅"表。因此，可以写出 FROM 子句：

```
FROM 读者,借阅,图书
```

第三步：确定子句。首先考虑三表自然连接需要设置的条件，再根据查询给出的要求，查询读者姓名是"王文斌"，可知只需使用条件子句。因此，可以写出 WHERE 子句：

```
WHERE 读者.读者编号 = 借阅.读者编号
```

```
        AND 借阅.图书编号 = 图书.图书编号
        AND 姓名 = "王文斌"
```

最后，根据以上三步可以得到完整的 SQL 语句如下：

```
SELECT 姓名,图书名称,定价,出版社
    FROM 读者,借阅,图书
    WHERE 读者.读者编号 = 借阅.读者编号
        AND 借阅.图书编号 = 图书.图书编号
        AND 姓名 = "王文斌";
```

参照上面的方法和步骤可以完成一般查询的 SQL 语句的编写，读者在学习时要多思考、多练习。

3.6.4　SQL 数据操纵

在本书第 2 章中，数据表中数据的维护是通过窗体界面来完成的。Access 还支持使用 SQL 语句来维护数据表中的数据，这就是 SQL 数据操纵语句。SQL 数据操纵语句的功能是插入、删除或修改数据表中的记录值。由于插入、删除或修改数据操作可能会引起数据库的完整性约束方面的问题，因此，在进行此类操作之前必须认真考虑好。例如，在"图书管理系统"数据库中，"读者"表和"借阅"表有参照完整性约束，那么某个读者在"借阅"表中有借阅记录，则不能删除"读者"表中该读者的记录。

SQL 数据操纵语句包括插入（INSERT）、更新（UPDATE）和删除（DELETE）3 个命令。

1．插入记录

SQL 插入命令 INSERT 的语句格式如下：

```
INSERT INTO <数据表名> (<属性名 1>,<属性名 2>,…)
VALUES (<值 1>,<值 2>,....)
```

INSERT 命令中<值 1>、<值 2>必须要与<属性名 1>、<属性名 2>一一对应。使用该语句时，不能违背数据表的约束，即表中要求不能为空或者主关键字重复的记录数据是不能插入到数据表中的。

【例 3-69】 创建"插入查询"，向"读者"表插入一条记录。

在查询的 SQL 视图中输入 SQL 数据操纵语句如下：

```
INSERT INTO 读者(读者编号,姓名,性别,工作单位,电话)
    VALUES("X004","张为军","男","信息学院","13907916874");
```

保存查询，并单击"运行"按钮运行本查询，将在"读者"表中插入一条新记录。

　　　　　　使用插入语句时，不能违背数据表的完整性约束条件，即表中要求不能为空的或主键有冲突的数据不能插入到数据表中。

2．更新记录

SQL 更新命令 UPDATE 的语句格式如下：

```
UPDATE <数据表名>
SET <属性名 1>=<值 1>,<属性名 2>=<值 2>,…
     WHERE <条件表达式>
```

UPDATE 命令可以同时修改符合条件记录的多个属性的值。由于 UPDATE 命令对数据的修改是不可逆的，因此执行时必须认真检查 WHERE 中的条件，否则会修改其他的记录的数据。

【例 3-70】 创建"更新查询"，更新读者表中"王超"的电话号码。

在查询的 SQL 视图中输入 SQL 数据操纵语句如下：

```
UPDATE 读者
     SET 电话 = "13970801235"
     WHERE 姓名 = "王超";
```

保存查询，并单击"运行"按钮运行本查询，将更新王超的电话号码。

3. 删除记录

SQL 删除命令 DELETE 的语句格式如下：

```
DELETE
     FROM <数据表名>
     WHERE <条件表达式>
```

DELETE 的功能是从指定数据表中删除符合条件的记录。由于 DELETE 命令对数据的删除同样是不可逆的，因此执行时必须认真检查 WHERE 中的条件，否则会误删数据。

【例 3-71】 创建"删除查询"，删除"读者"表中"张为军"的记录。

在查询的 SQL 视图中输入 SQL 数据操纵语句如下：

```
DELETE
     FROM 读者
     WHERE 姓名 = "张为军";
```

保存查询，并单击"运行"按钮运行本查询，将删除"读者"表中姓名为"张为军"的记录。

上面例子中 SQL 数据操纵语句的建立方式参照 3.6.2 节 SQL 语言的一般格式和应用 SQL 查询语句的建立方式，可以发现其图标与 SQL 查询语句的图标也是不同的。

3.6.5　SQL 数据定义

在本书第 2 章中，数据表的建立是通过使用窗体界面来完成的。Access 还支持使用 SQL 语句来建立、删除和修改数据表，这就是 SQL 数据定义语句。这里只介绍使用 SQL 语句来建立数据表。

SQL 语句建立表的命令和格式为：

```
CREATE TABLE <数据表名> (
    列名称 1   数据类型(宽度)[primary key],
    列名称 2   数据类型(宽度)[references 数据表名],
    列名称 3   数据类型(宽度),
    ....
)
```

其中，参数[primary key]指定主关键字，参数[references 数据表名]指定外部关键字。

下面以建立"图书管理系统"数据库中的 4 个数据表为例，介绍具体使用 SQL 数据定义语句的方法。首先，在 Access 中建立一个空数据库，以"图书管理系统"为名保存。然后，使用 SQL 数据定义语句分别建立 4 个表。

【例 3-72】 创建查询"读者"表。

在 SQL 视图中输入如下 SQL 定义语句：

```
CREATE TABLE 读者(
    读者编号    char(4) primary key,
    姓名        char(4),
    性别        char(1),
    工作单位    char(8),
    电话        char(11),
    照片        image
)
```

保存本查询，并单击"运行"按钮运行查询，将在"图书管理系统"数据库中建立"读者"表。

【例 3-73】 创建查询"图书分类"表。

在 SQL 视图中输入如下 SQL 定义语句：

```
CREATE TABLE 图书分类(
    分类号      char(1) primary key,
    分类名称    char(4)
)
```

保存本查询，并单击"运行"按钮运行查询，将在"图书管理系统"数据库中建立"图书分类"表。

【例 3-74】 创建查询"图书表"。

在 SQL 视图中输入如下 SQL 定义语句：

```
CREATE TABLE 图书(
    图书编号    char(5) primary key,
    图书名称    char(25),
    分类号      char(1) references 图书分类,
    作者        char(4),
    出版社      char(10),
    定价        Integer,
    是否在馆    bit,
    入库时间    date
)
```

保存本查询，并单击"运行"按钮运行查询，将在"图书管理系统"数据库中建立"图书"表。

【例 3-75】 创建查询"借阅表"。

在 SQL 视图中输入如下 SQL 定义语句：

```
CREATE TABLE 借阅(
    读者编号    char(4) references 读者,
    图书编号    char(5) references 图书,
```

借阅日期　　　date,
归还日期　　　date
)

保存本查询，并单击"运行"按钮运行查询，将在"图书管理系统"数据库中建立"借阅"表。

在建立数据表的时候，必须考虑好先后顺序。一般来说，应该先建立"一对多"关系中"一"的一方，然后再建立"多"的一方，否则参照完整性无法建立。上面建立"图书管理系统"数据库中的表的先后顺序是：读者表→图书分类表→图书表→借阅表。

使用 SQL 数据定义语句建立的"图书管理系统"数据库的表关系如图 3-93 所示。

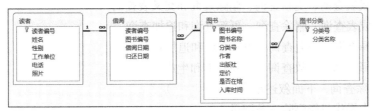

图 3-93　"图书管理系统"数据库的表关系

习 题 3

一、选择题

1. 以下关于选择查询叙述错误的是（　　　　）。

    A. 根据查询准则，从一个或多个表中获取数据并显示结果

    B. 可以对记录进行分组

    C. 可以对查询记录进行总计、计数和平均等计算

    D. 查询的结果是一组数据的"静态集"

2. 如果经常从几个表中提取数据，最好的查询方法是（　　　　）。

    A. 操作查询　　　　　　B. 用生成表查询　　　　C. 参数查询　　　　D. 选择查询

3. 除了从表中选择数据外，还可以对表中数据进行修改的查询是（　　　　）。

    A. 选择查询　　　　　　B. 参数查询　　　　　　C. 操作查询　　　　D. 生成表查询

4. 在 Access 中，从表中访问数据的速度与从查询中访问数据的速度相比（　　　　）。

    A. 要快　　　　　　　　B. 相等　　　　　　　　C. 要慢　　　　　　D. 无法比较

5. 在查询设计视图窗口中，（　　　　）不是字段列表框中的选项。

    A. 排序　　　　　　　　B. 显示　　　　　　　　C. 类型　　　　　　D. 准则

6. 操作查询不包括（　　　　）。

    A. 更新查询　　　　　　B. 参数查询　　　　　　C. 生成表查询　　　　D. 删除查询

7. 查询向导不能创建（　　　　）。

    A. 选择查询　　　　　　B. 交叉表查询　　　　　C. 重复项查询　　　　D. 参数查询

8. Access 支持的查询类型有（　　　　）。

    A. 选择查询、交叉表查询、参数查询、SQL 查询和操作查询

    B. 基本查询、选择查询、参数查询、SQL 查询和操作查询

C. 多表查询、单表查询、交叉表查询、参数查询和操作查询

D. 选择查询、统计查询、参数查询、SQL 查询和操作查询

9. 以下不属于操作查询的是（　　）。

    A. 交叉表查询　　　　B. 更新查询　　　　C. 删除查询　　　　D. 生成表查询

10. 在查询设计视图中（　　）。

    A. 只能添加数据库表　　　　　　　　　　B. 可以添加数据库表，也可以添加查询

    C. 只能添加查询　　　　　　　　　　　　D. 以上说法都不对

11. 操作查询包括（　　）。

    A. 生成表查询、更新查询、删除查询和交叉表查询

    B. 生成表查询、删除查询、更新查询和追加查询

    C. 选择查询、普通查询、更新查询和追加查询

    D. 选择查询、参数查询、更新查询和生成表查询

12. 关于删除查询，下面叙述正确的是（　　）。

    A. 每次操作只能删除一条记录

    B. 每次只能删除单个表中的记录

    C. 删除过的记录只能用"撤销"命令恢复

    D. 每次删除整个记录，并非是指定字段

13. SQL 能够创建（　　）。

    A. 更新查询　　　　B. 追加查询　　　　C. 各类查询　　　　D. 选择查询

14. 某数据表中有一个姓名字段，查找姓名"张三"或"李四"的记录的准则是（　　）。

    A. In("张三","李四")　　　　　　　　　B. Like "张三" And Like "李四"

    C. Like("张三","李四")　　　　　　　　D. "张三" And "李四"

15. 某数据表中有一个工作时间字段，查找 92 年参加工作的职工记录的准则是（　　）。

    A. Between #92-01-01# And #92-12-31#　　　B. Between "92-01-01" And "92-12-31"

    C. Between "92.01.01" And "92.12.31"　　　D. #92.01.01# And #92.12.31#

16. 在使用向导创建交叉表查询时，用户需要指定（　　）种字段。

    A. 1　　　　　　　　B. 2　　　　　　　　C. 3　　　　　　　　D. 4

17. 下列 SELECT 语句语法正确的是（　　）。

    A. SELECT * FROM "教师表" WHERE 性别 = '男'

    B. SELECT * FROM "教师表" WHERE 性别 = 男

    C. SELECT * FROM 教师表 WHERE 性别 = 男

    D. SELECT * FROM 教师表 WHERE 性别 = '男'

18. 使用向导创建交叉表查询的数据源是（　　）。

    A. 数据库文件夹　　　B. 表　　　　　　C. 查询　　　　　　D. 表或查询

19. 通配符"*"可以（　　）。

    A. 匹配零或多个字符　　　　　　　　　　B. 匹配任何一个字符

    C. 匹配一个数字　　　　　　　　　　　　D. 匹配空值

20. 通配符"#"可以（　　）。

    A. 匹配零或多个字符　　　　　　　　　　B. 匹配任何一个字符

    C. 匹配一个数字　　　　　　　　　　　　D. 匹配空值

21. 关于统计函数 Sum(字符串表达式)，下面叙述正确的是（　　）。

    A. 可以返回多个字段符合字符表达式条件的值的总和

    B. 统计字段的数据类型应该是数字数据类型

    C. 字符串表达式中可以不含字段名

    D. 以上都不正确

22. 关于统计函数 Avg(字符串表达式)，下面叙述正确的是（　　）。

    A. 返回字符表达式中值的累加值　　　　B. 统计字段数据类型应该是文本数据类型

    C. 字符表达式中必须含有字段名　　　　D. 以上都不正确

23. 关于统计函数 Count(字符串表达式)，下面叙述错误的是（　　）。

    A. 返回字符表达式中值的个数，即统计记录的个数

    B. 统计字段应该是数字数据类型

    C. 字符串表达式中含有字段名

    D. 以上都不正确

24. 在 Access 中，一般情况下，建立查询的方法有（　　）。

    A. 使用"查询向导" B. 使用 SQL 视图　　 C. 使用查询视图　　 D. 以上都是

25. 假设某数据表中有一个姓名字段，查找不姓王的记录的准则是（　　）。

    A. Not LIKE "王*" 　 B. Not LIKE "王?" 　　 C. Not LIKE "王" 　 D. LIKE "王*"

26. 统计函数 Max(字符表达式)返回字符表达式中值的（　　）。

    A. 最小值　　　　　 B. 最大值　　　　　 C. 平均值　　　　 D. 总计值

27. 假设某数据表中有一个姓名字段，查找姓名为两个字的记录的准则是（　　）。

    A. Len([姓名])<=2 　 B. Len([姓名])<=4 　 C. Like "??" 　　 D. "????"

28. 合法的表达式是（　　）。

    A. 工资　between 2000 And 1000

    B. [性别] = "男"　 Or　 [性别] = "女"

    C. [基本工资] >= 1000 [基本工资] <= 10000

    D. [性别] Like "男" = [性别] = "女"

29. 某数据表中有一个工作时间字段，查找 15 天前参加工作的记录的准则是（　　）。

    A. = Date()−15 　　 B. < Date()−15 　　 C. > Date()−15 　　 D. <= Date()−15

30. 创建"学生(ID，姓名，出生)"表(ID 为关键字段)的正确 SQL 语句是（　　）。

    A. CREATE TABLE 学生([ID]integer;[姓名]text;[出生]date,CONSTRAINT[indexl] PRIMARY
    KEY([ID]))

    B. CREATE TABLE 学生([ID]integer,[姓名]text,[出生]date,CONSTRAINT[indexl] PRIMARY
    KEY([ID]))

    C. CREATE TABLE 学生([ID]integer;[姓名 text],[出生,date],CONSTRAINT[indexl] PRIMARY
    KEY([ID]))

    D. CREATE TABLE 学生([ID]integer;[姓名]text;[出生,date],CONSTRAINT[indexl] PRIMARY
    KEY(ID))

二、填空题

1. 根据对数据源操作方式和结果的不同，查询可以分为 5 类：选择查询、交叉表查询、_____、
操作查询和 SQL 查询。

2. 书写查询准则时，日期值应该用_____括起来。

3. 查询也是一个表，是以_____为数据来源的再生表。

4. 查询的结果总是与数据源中的数据_____。

5. 创建查询的首要条件是要有_____。

6. 更新查询的结果，可对数据源中的数据进行_____。

7. 查询是对数据库中表的数据进行查找，同时产生一个类似于_____的结果。

8. 查询的结果是一组数据记录，即_____。

9. 选择查询可以从一个或多个_____中获取数据并显示结果。

10. 交叉表查询是利用了表中的_____来统计和计算的。

11. 参数查询是一种利用_____提示用户输入准则的查询。

12. 在 Access 查询中，可以执行预定义计算，也可以执行_____计算。

13. 操作查询是指仅在一个操作中更改许多_____的查询。

14. 操作查询包括_____、删除查询_____、追加查询 4 种。

15. 查询设计器分为上下两部分，上半部分是_____，下半部分是_____。

16. 创建查询的方法有两种：_____和_____。

17. 每个查询都有 3 种视图，一是_____，二是_____，三是_____。

18. 查询中有两种基本的计算，_____和_____。

19. 在 Access 中，查询不仅具有查找的功能，而且还具有_____的功能。

20. 如果一个查询的数据源仍是查询，而不是表，则该查询称为_____。

21. 查询不仅能简单的检索记录，还能通过创建_____对数据进行统计运算。

三、简答题

1. 什么是查询？查询与表有何区别？

2. 查询的类型有哪几种？各种类型的查询功能有何不同？

3. 如何设置查询条件？如何在条件中运用逻辑运算符？

4. SELECT 语句如何实现投影操作？如何实现选择操作？

5. 试说明两个表之间的自然连接操作原理？要实现两表自然连接需要什么条件？如何实现多表自然连接操作？

四、SQL 编写题

试编写基于"教学管理数据库"的数据检索语句。数据库模式如图 3-94 所示，试写出教学管理数据库中的表名、各表的主关键字和外部关键字，并完成下列操作。

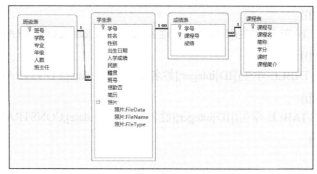

图 3-94 "教学管理数据库"模式

1. 查询学生表中所有的列。

2. 查询学生表中的学号、姓名、性别和出生日期字段。

3. 查询学生表中学生在 2015 年的年龄。

4. 假设入学成绩总分为 700 分，求每位同学入学成绩的相对成绩。（相对成绩=入学成绩/总分）

5. 查询学生表的籍贯，去除重复项。

6. 查询入学成绩大于等于 600 分的同学的学号、姓名和入学成绩。

7. 查询学生表中有贷款的学生的学号和姓名。

8. 查询入学成绩在 500 和 600 分之间的学生的学号、姓名和入学成绩。

9. 查询出生在 1996 年的学生的学号、姓名和出生日期。

10. 查询入学成绩在 500 分上的女同学。

11. 查询籍贯是江西的男同学的学号、姓名、性别和籍贯。

12. 查询籍贯是江西或者湖南的男同学的学号、姓名、性别和籍贯。

13. 查询所有姓"王"的江西籍女同学的学号、姓名、性别和籍贯。

14. 查询所有同学的入学成绩，要求从高到低排序，显示学号、姓名和入学成绩。

15. 查询所有同学的出生日期，要求按年龄从小到大排序，显示学号、姓名和出生日期。

16. 查询学生表学生人数。

17. 查询学生表入学成绩在 650 分以上的女同学人数。

18. 查询学生表入学成绩的平均成绩。

19. 查询学生表男、女生人数。

20. 查询学生表男、女生的平均入学成绩。

21. 查询班级表和学生表的自然连接。

22. 查询班级表、学生表和成绩表的自然连接。

23. 查询班级表、学生表、成绩表和课程表的自然连接。

24. 查询"会计学"专业的学生姓名、性别和入学成绩。

25. 查询"王飞云"同学的成绩表。

26. 查询"金融学 1 班"班级所有同学的成绩单。

27. 查询"物流 2 班"班级"物流管理"课程的成绩。

28. 查询每位同学的平均成绩。

29. 查询每位同学所获得的总学分。

30. 查询没有选修课程的同学的学号、姓名和班级。

31. 查询没有选修"微机操作"的同学的学号和姓名。

32. 查询"刘铁"的同班同学。

33. 查询入学成绩高于平均入学成绩的学生的学号、姓名和班级。

34. 查询入学成绩小于或等于班号为"会计学 1 班"学生的任一入学成绩的学生的学号、姓名、班级和入学成绩。

35. 查询入学成绩大于或等于班号为"会计学 1 班"学生的任一入学成绩的学生的学号、姓名、班级和入学成绩。

36. 查询入学成绩小于或等于班号为"会计学 1 班"学生的所有入学成绩的学生的学号、姓名、班级和入学成绩。

37. 查询入学成绩大于或等于班号为"会计学 1 班"学生的所有入学成绩的学生的学号、姓名、班级和入学成绩。

第4章 窗体

窗体可以提供给用户一个友好的操作界面。一个数据库系统开发完成后，对数据库的所有操作都是在窗体界面进行的，用户通过窗体可以方便地输入数据、编辑数据，实现对数据的查询、排序、筛选及显示等操作。因此，窗体设计的好坏直接影响数据库应用程序的友好性和可操作性。

4.1 窗 体 概 述

窗体是 Access 数据库的重要对象，是数据库与用户交互的界面。数据库系统通过窗体将数据库中的数据显示给用户，为用户提供了对数据库进行各种操作的接口，避免用户直接对数据表进行操作。

4.1.1 窗体的功能

窗体是用于输入和显示数据的数据库对象，用户可以将一个窗体用作切换面板去打开其他的窗体或报表，还可以将窗体用作自定义对话框。具体来说，窗体具有以下几种功能。

1. 数据的显示与编辑

窗体最基本的功能是显示与编辑数据。窗体可以显示来自于多个数据表的数据，用户还可以利用窗体对数据库中的相关数据进行添加、删除和修改，并可以设置数据的属性。用窗体来显示并浏览数据比用表和查询显示数据更加灵活、直观。

2. 数据输入

用户可以根据需要将窗体设计为数据库中数据输入的接口，这样既可以节省数据录入的时间，还能提高数据输入的准确度。通过窗体可以创建自定义窗口来接受用户的输入，并根据输入的信息执行相应的操作。

3. 应用程序流程控制

Access 2010 中的窗体可以与函数、子程序相结合。在每个窗体中，用户可以使用 VBA 编写代码，并通过代码的运行实现相应的功能。

4. 信息显示和数据打印

在窗体中可以显示一些警告或解释信息。此外，窗体也可以用来打印数据库中的数据。

4.1.2 窗体的类型

根据数据记录的显示方式不同，Access 2010 提供了 7 种窗体。

1. 纵栏式窗体

在纵栏式窗体中，一次只显示一个记录，每个字段都显示在一个独立的行上，并且在字段的左侧带有该字段名称标签。

2. 表格式窗体

在表格式窗体中，一条记录的所有字段显示在同一行上，在窗体页眉处包含窗体标签及字段名称标签。

3. 数据表窗体

在数据表窗体中，每条记录的字段以行与列的格式显示，即每条记录显示为一行，每个字段显示为一列，字段的名称显示在每一列的顶端。

4. 分割窗体

分割窗体是一种具有两种布局形式的窗体。窗体的上半部分以纵栏式显示一条记录的数据，窗体的下半部分为多个记录的数据表布局方式。

5. 主/子窗体

主/子窗体通常用于显示多个具有一对多关系的表或查询中的数据。窗体中的窗体称为子窗体，包含子窗体的窗体称为主窗体。其中，主窗体只能显示为纵栏式，子窗体可以显示为数据表窗体，也可以显示为表格式窗体。

6. 数据透视表窗体

数据透视表是一种交互式的表，它可以按设定的方式进行计算，如求和、计数等。在数据透视表窗体中，可以动态地改变数据透视表窗体的版式布局，便于按照不同方式分析数据；可以重新排列行标题、列标题和页字段，直到形成所需的版式为止。每次改变版式时，数据透视表窗体会按照新的布置立即重新完成数据统计。另外，在数据源发生更改时，可以更新数据透视表窗体。

7. 数据透视图窗体

数据透视图窗体在早期 Access 的版本中被称为图表窗体，它以图表方式显示来源于数据表或查询的数据统计信息，使数据更加直观，常见的有柱状图、饼形图等。数据透视图窗体可以单独使用，也可以嵌入到其他窗体中作为子窗体来增强主窗体的功能。

此外，用户根据系统功能需要，可以创建选项卡窗体、切换面板窗体和模式对话框窗体等，实现更加优化的人机交互界面设计。

4.1.3 窗体的视图

窗体的视图是窗体的外观表现形式，窗体的不同视图具有不同的功能和应用范围。在 Access 2010 中，窗体有 6 种视图：窗体视图、设计视图、布局视图、数据表视图、数据透视表视图和数据透视图视图。

1. 设计视图

设计视图用于窗体的创建与修改。在设计视图中，用户可以设置窗体的高度和宽度、添加或删除控件、对齐控件、设置字体以及大小、颜色等，完成各种个性化窗体的设计工作。

2. 窗体视图

窗体视图是系统默认的窗体视图类型，用于显示记录数据，它是窗体运行时的显示格式，主要用于添加或修改表中的数据。

3. 布局视图

在布局视图中也可以对窗体进行修改。与设计视图不同的是，在布局视图中，在修改的同时可以查看数据。在布局视图中，窗体中每个控件都显示了实际的数据值，因此可以更加方便地根据实际数据调整控件的大小、位置等。

4. 数据表视图

以行列格式显示窗体数据，用户一次可以查看多条记录，其显示结果类似于表对象的数据表视图，可用于编辑字段、添加和删除数据以及查找数据。

5. 数据透视表视图

数据透视表视图只适用于数据透视表窗体，通过指定视图的行字段、列字段和汇总字段来形成新的数据记录显示形式。在数据透视表视图中，可以通过在筛选、行、列和明细区域重排字段，以查看明细数据或汇总数据。数据透视表窗体允许用户对表格内的数据进行操作；用户也可以改变透视表的布局，以满足不同的数据分析方式和要求。每次改变窗体布局时，窗体会立即按照新的布局重新显示或计算数据。数据透视表窗体对数据进行的处理是 Access 其他工具无法替代的。

6. 数据透视图视图

只适用于数据透视图窗体。在窗体的数据透视图视图中，使用直观的图形方式来显示数据，可用于动态设置显示数据表或查询中数据的图形分析结果。

4.2　创　建　窗　体

窗体是用户与数据库系统之间进行交互的主要对象，Access 2010 提供了多种创建窗体的方法。在功能区"创建"选项卡的"窗体"命令组中提供了各种创建窗体的功能按钮，其中包括"窗体""窗体设计"和"空白窗体" 3 个主要按钮，以及"窗体向导""导航"和"其他窗体" 3 个辅助按钮，如图 4-1 所示。单击"导航"和"其他窗体"按钮还可以展开下拉列表，列表中提供了创建特定窗体的方式，如图 4-2 所示。

图 4-1　"窗体"命令组　　　　　图 4-2　"导航"和"其他窗体"的下拉列表

4.2.1　自动创建窗体

1. 使用"窗体"按钮创建窗体

这是一种创建窗体的快速方法，其数据源为某个表或查询，所创建的窗体为纵栏式窗体，窗体中仅显示单条记录。

【例 4-1】 使用"窗体"按钮创建"读者"窗体。

具体的操作步骤如下。

① 启动 Access 2010，打开"图书管理系统"数据库，在"导航窗格"中单击选定"读者"

表为窗体的数据源。

② 在功能区的"创建"选项卡的"窗体"命令组中单击"窗体"按钮，Access 2010 会自动创建窗体，如图 4-3 所示。

③ 单击快捷访问工具栏的"保存"按钮，在打开的"另存为"对话框中输入窗体名称"读者"，如图 4-4 所示，然后单击"确定"按钮完成窗体的保存。

图 4-3　使用"窗体"按钮创建的窗体　　　　图 4-4　"另存为"对话框

2.　创建"多个项目"窗体

"多个项目"窗体是指在窗体中显示多条记录的一种窗体布局形式，记录以数据表的形式显示，是一种连续窗体。

【例 4-2】 使用"多个项目"按钮创建"图书"窗体。

具体的操作步骤如下。

① 启动 Access 2010，打开"图书管理系统"数据库，在"导航窗格"中单击选定"图书"表为窗体的数据源。

② 在功能区的"创建"选项卡的"窗体"命令组中单击"其他窗体"按钮，在打开的下拉列表中选择"多个项目"命令。Access 2010 会自动创建包含多个项目的窗体，并打开窗体的布局视图，如图 4-5 所示。

图 4-5　创建"多个项目"窗体

③ 单击快捷访问工具栏的"保存"按钮，在打开的"另存为"对话框中输入窗体名称"图书"，然后单击"确定"按钮保存窗体。

3.　创建"分割窗体"

分割窗体是一种以两种视图方式显示数据的窗体，窗体被分割成上下两部分。上半区域以单记录方式显示数据，用于查看和编辑记录；下半区域以数据表方式显示数据，可以快速定位和浏览记录。两种视图连接到同一数据源，并且始终保持同步。

【例 4-3】 使用"分割窗体"按钮创建"借阅"窗体。

具体的操作步骤如下。

① 启动 Access 2010，打开"图书管理系统"数据库，在"导航窗格"中单击选定"借阅"表为窗体的数据源。

② 在功能区的"创建"选项卡的"窗体"命令组中单击"其他窗体"按钮，在打开的下拉列表中选择"分割窗体"命令。Access 2010 会自动创建分割窗体，并打开其布局视图，如图 4-6 所示。

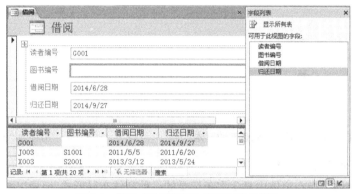

图 4-6　使用"分割窗体"按钮创建的窗体

③ 单击快捷访问工具栏的"保存"按钮，在打开的"另存为"对话框中输入窗体名称"借阅"，然后单击"确定"按钮保存窗体。

4. 创建"数据表"窗体

数据表窗体的特点是每条记录的字段以行和列的格式显示，即每行显示一条记录，在每列的顶端显示对应字段的名称。

【例 4-4】 使用"数据表"按钮创建"图书分类"窗体。

具体的操作步骤如下。

① 启动 Access 2010，打开"图书管理系统"数据库，在"导航窗格"中选择"图书分类"表为窗体的数据源。

② 在功能区的"创建"选项卡的"窗体"命令组中单击"其他窗体"按钮，在打开的下拉列表中选择"数据表"命令。Access 2010 会自动创建数据表窗体，并打开其数据表视图，如图 4-7 所示。

图 4-7　使用"数据表"创建的窗体

③ 单击快捷访问工具栏的"保存"按钮，在打开的"另存为"对话框中输入窗体名称"图书分类"，然后单击"确定"按钮保存窗体。

4.2.2　使用窗体向导创建窗体

使用向导创建窗体与自动创建窗体有所不同，使用向导创建窗体，需要在创建过程中选择数据源、选择字段、设置窗体布局等。使用窗体向导可以创建数据浏览和编辑窗体，窗体类型可以是纵栏式、表格式、数据表，其创建的过程基本相同。

【例 4-5】 使用"窗体向导"创建"借阅信息"窗体。

具体的操作步骤如下。

① 启动 Access 2010，打开"图书管理系统"数据库，在功能区的"创建"选项卡的"窗体"命令组中单击"窗体向导"按钮，打开"窗体向导"对话框，如图 4-8 所示。

② 在对话框中的"表/查询"下拉列表框中选择"表:借阅"为窗体中所需的数据源，然后单击">>"按钮，将"可用字段"列表框中的所有字段全部添加到"选定字段"列表框中。窗体中显示的字段可以来自不同的表或查询。

③ 单击"下一步"按钮，弹出提示"请确定窗体使用的布局"的"窗体向导"对话框，如图 4-9 所示，选中"数据表"单选钮。

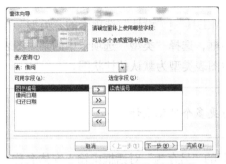 

图 4-8　确定窗体数据源及显示字段　　　　图 4-9　确定窗体布局

④ 单击"下一步"按钮，弹出提示"请为窗体指定标题"的"窗体向导"对话框，在标题框中输入"借阅信息"，如图 4-10 所示，并选中"打开窗体查看或输入信息"单选钮，确定该窗体首次被打开的方式。

⑤ 单击"完成"按钮，系统会根据用户在向导中的设置生成窗体，运行结果如图 4-11 所示。

图 4-10　确定窗体标题　　　　图 4-11　"借阅信息"窗体运行效果

4.2.3　创建数据透视图窗体和数据透视表窗体

1. 创建数据透视图窗体

在 Access 中，数据透视图是一种交互式的图，利用它可以把数据库中的数据以图形方式显示，从而可以直观地获得数据信息。

【例 4-6】 使用"数据透视图"按钮创建"图书数据分析图"窗体。

具体的操作步骤如下。

① 启动 Access 2010，打开"图书管理系统"数据库，在"导航窗格"中单击选定"图书"

表为窗体的数据源。

② 在功能区的"创建"选项卡的"窗体"命令组中单击"其他窗体"按钮，在打开的下拉列表中选择"数据透视图"命令。

③ 在"数据透视图工具"|"设计"选项卡的"显示/隐藏"命令组中，单击"字段列表"按钮，打开字段列表，如图 4-12 所示。

④ 在"图表字段列表"中将"出版社"字段拖至"将分类字段拖到此处"位置，或者选中"出版社"字段后，在"图表字段列表"窗口下方的下拉列表中选择"分类区域"，然后单击"添加到"按钮即可将该字段添加到分类字段区域。

⑤ 仿照上述方法把"图书编号"字段添加到"数据区域"，把"分类号"字段添加到筛选区域中。

⑥ 单击数据透视图的图表区域，在"数据透视图工具"|"设计"选项卡的"类型"命令组中，单击"更改图表类型"按钮，打开"属性"对话框，选择"类型"选项卡中的某一图表类型可以将默认的柱状图更改为其他图表类型。本例保留图表类型为默认的柱状图。

通过"属性"对话框还可以对图表进行更多个性化设计。

⑦ 单击快捷访问工具栏的"保存"按钮，在打开的"另存为"对话框中输入窗体名称"图书数据分析图"，然后单击"确定"按钮保存窗体，创建的数据透视图窗体如图 4-13 所示。

图 4-12　图表字段列表

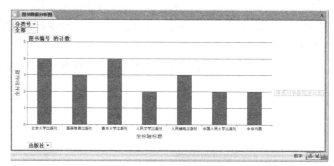

图 4-13　数据透视图窗体

2. 创建数据透视表窗体

【例 4-7】　使用"数据透视表"按钮创建"读者信息统计表"窗体。

具体的操作步骤如下。

① 启动 Access 2010，打开"图书管理系统"数据库，在"导航窗格"中单击选定"读者"表为窗体的数据源。

② 在功能区的"创建"选项卡的"窗体"命令组中单击"其他窗体"按钮，在打开的下拉列表中选择"数据透视表"命令。

③ 在"数据透视表工具"|"设计"选项卡的"显示/隐藏"命令组中，单击"字段列表"按钮，打开字段列表，如图 4-14 所示。

④ 在"图表字段列表"中将工作单位字段拖至"将行字段拖到此处"位置，或者选中工作单位字段后，在"透视表字段列表"窗口下方的下拉列表中选择"行区域"，然后单击"添加到"按钮即可将其添加到行区域。

⑤ 仿照上述方法把"性别"字段添加到"列区域"，把"读者编号"字段添加到"明细区域"或"数据区域"中。

⑥ 单击快捷访问工具栏的"保存"按钮，在打开的"另存为"对话框中输入窗体名称"读者信息统计表"，然后单击"确定"按钮保存窗体，创建的数据透视表窗体如图 4-15 所示。

图 4-14　透视表字段列表

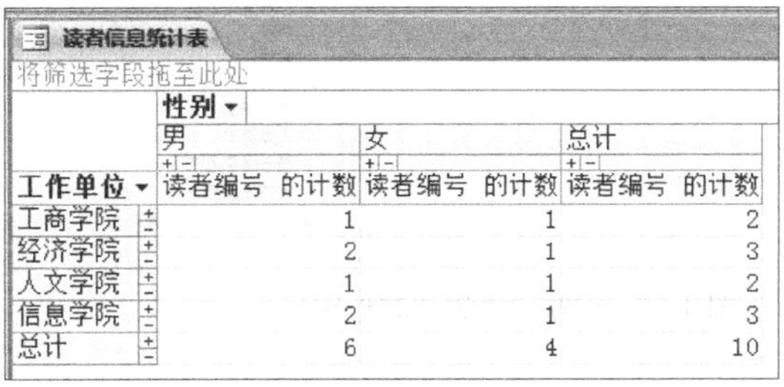

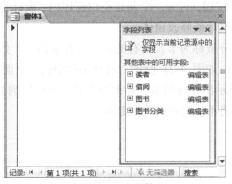

图 4-15　数据透视表窗体

4.2.4　创建空白窗体

使用"空白窗体"按钮创建窗体是在布局视图中创建数据窗体。这种"空白窗体"就像是一张白纸，可以根据需要从字段列表中将字段拖到窗体中，从而完成窗体的创建工作。

【例 4-8】使用"空白窗体"按钮创建"借阅详情"窗体。

具体的操作步骤如下。

① 启动 Access 2010，打开"图书管理系统"数据库，在功能区的"创建"选项卡的"窗体"命令组中单击"空白窗体"按钮，打开一个空白窗体的布局视图，同时打开了"字段列表"对话框，如图 4-16 所示。

② 单击"字段列表"中"借阅"表的"+"按钮可以展开"借阅"表的所有字段，在展开字段中将"读者编号"拖到空白窗体处，如图 4-17 所示。

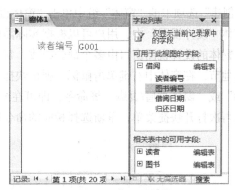

图 4-16　空白窗体

图 4-17　在空白窗体中添加借阅表字段

③ 用同样的方法将"读者"表中的相关字段及"图书"表中的相关字段拖到窗体的空白处，如图 4-18 所示，然后关闭"字段列表"对话框。

④ 单击快捷访问工具栏的"保存"按钮，在打开的"另存为"对话框中输入窗体名称"借阅详情"，然后单击"确定"按钮保存窗体。

⑤ 单击"开始"选项卡中"视图"命令组的"视图"下拉按钮，在下拉列表中单击"窗体视图"选项，将窗体由"布局视图"切换到"窗体视图"，创建的"借阅详情"窗体如图 4-19 所示。

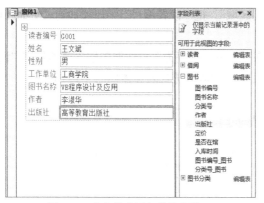

图 4-18　在窗体中添加其他字段　　　　　　图 4-19　"借阅详情"窗体

4.3　窗体设计视图与控件

一般情况下，利用向导或自动创建的方式创建的窗体只能满足一般的需要。为了达到复杂窗体的设计要求，Access 提供了窗体的"设计视图"，在窗体的"设计视图"中，用户可以对已经创建的窗体进行修改和美化。另外，Access 还提供了"设计窗体"按钮，可以用来灵活设计、创建更为复杂的窗体。

4.3.1　窗体设计视图

1. 窗体的组成

对于已经打开的窗体，在功能区的"开始"选项卡中，单击"视图"命令组的"视图"下拉列表中的"设计视图"按钮，可以切换至窗体的"设计视图"，如图 4-20 所示。也可以在功能区的"创建"选项卡的"窗体"组中单击"窗体设计"按钮，打开一个新建空白窗体的"设计视图"。在窗体"设计视图"中，用户可以根据实际需要来设计或修改窗体。

窗体的设计视图窗口由多个部分组成，每个部分被称为节。所有的窗体都有主体节，如需添加其他节，在窗体中右键单击鼠标，弹出快捷菜单，如图 4-21 所示，选择菜单中的"页面页眉/页脚"或"窗体页眉/页脚"等命令，即可在窗口显示出相应的节。如果不需要，可以取消显示，只需再次打开快捷菜单，重新选择相应的命令即可将不需要的节隐藏起来。

图 4-20　窗体"设计视图"　　　　　　图 4-21　窗体设计视图的快捷菜单

一个完整的窗体由窗体页眉、页面页眉、主体、页面页脚及窗体页脚 5 个节构成，各节的作用如下。

- 窗体页眉：在"窗体视图"中，窗体页眉出现在窗体的顶部，而在打印窗体时，窗体页眉出现在第一页的顶部。窗体页眉通常用来显示窗体的标题或使用说明，或设置执行其他任务的命令按钮等。
- 页面页眉：页面页眉只出现在打印的窗体中，用来设置每个输出页顶部需要打印的信息，如标题、日期或页码。
- 主体：主体节通常用来显示记录数据，可以在屏幕或页面上显示一条或多条记录。
- 页面页脚：页面页脚只出现在打印的窗体中，用来设置每个输出页的底部需要打印的信息，如汇总、日期或页码。
- 窗体页脚：在"窗体视图"中，窗体页脚出现在窗体的最下方，而在打印窗体时，窗体页脚出现在最后一页的最后部分。窗体页脚用于显示窗体使用说明，或设置执行其他任务的命令按钮等。

窗体各个节之间的分界横条是"节选择器"，单击"节选择器"可以选定节，双击"节选择器"可打开该节的"属性表"对话框，上下拖动"节选择器"可以调整节的高度。

2. 窗体的属性表

窗体左上角的小方块是"窗体选择器"按钮，双击它可以打开窗体的"属性表"对话框，如图 4-22 所示。

"属性表"对话框包含 5 个选项卡，如下。

- 格式：用来设置窗体的显示方式，如视图类型、窗体的位置和大小、背景图片等。
- 数据：设置窗体对象的数据源、数据规则及输入掩码等。
- 事件：设置窗体对象对不同的事件可执行的自定义操作。
- 其他：设置窗体对象的其他属性。
- 全部：包括以上所有设置内容。

通过对窗体"属性表"对话框的相关属性值的设置可对窗体的外观、事件等进行个性化定义。

图 4-22　"属性表"对话框

3. "窗体设计工具"功能区选项卡

在窗体的"设计视图"中，"窗体设计工具"功能区选项卡包含"设计""排列"和"格式"3 个子选项卡。

- "设计"选项卡包括视图、主体、控件、页眉/页脚以及工具 5 个组，这些组提供了窗体的设计工具。
- "排列"选项卡包括表、行和列、合并/拆分、移动、位置以及调整大小和排序 6 个组，主要用来对齐和排列控件。
- "格式"选项卡包括所选内容、字体、数字、背景及控件格式 5 个组，用来设置控件的各种格式。

4.3.2　窗体中的常用控件

1. 控件概述

控件是放置在窗体中的图形对象，主要用于输入数据、显示数据和执行操作等，是构成用户界面的主要元素。例如，文本框是设计窗体时用来输入和显示数据的常用控件，列表框用来显示滚动数据、选择输入或更改数据的控件，其他常见的控件包括命令按钮、复选框、选项按钮和组合框等。

窗体是由窗体主体和各种控件组合而成的。在窗体的"设计视图"中，可以对控件进行重建，并设置控件属性。灵活地运用窗体控件，可以设计出界面美观、功能强大的窗体，使系统具有友好的人机交互界面。

根据作用的不同，可以将控件分为 3 类：绑定型、非绑定型和计算型。

● 绑定控件：数据源是表或查询中的字段，可以用来显示、输入或更新数据库的字段。

● 非绑定控件：没有数据源，用来显示信息、线条、矩形或图像等，可用于美化窗体。

● 计算控件：数据源是表达式，表达式可以是运算符、控件名称、字段名称、函数以及常数值的组合，用于显示表达式的运算结果。

2. 常用控件

在窗体的"设计视图"中，"窗体设计工具" | "设计"选项卡的"控件"组中包括文本框、标签、选项组、复选框、列表框、按钮、选项卡和图像等多种常用控件，如图 4-23 所示。将鼠标指针悬停在控件上，在控件的下方会出现相应的控件信息。

图 4-23　控件对话框

窗体常用的控件及其功能如表 4-1 所示。

表 4-1　　　　　　　　　　　　　　　窗体常用控件及其功能

控件名称	图标	功能
文本框	abl	用于显示、输入或编辑窗体或报表的记录源数据；显示计算结果；或接收用户输入数据
标签	Aa	用于显示描述性文本，如窗体或报表的标题或说明性文字，可以将标签附加在其他控件上，也可以独立创建标签，独立创建的标签在数据表视图中不会显示
命令按钮	xxxx	在窗体或报表上可以使用命令按钮执行某个操作或某些操作
选项按钮	◉	具有选中和没选中两种状态，作为互相排斥的一组选项中的一项
复选框	☑	具有选中和没选中两种状态，作为可同时选中的一组选项中的一项
切换按钮		具有弹起和按下两种状态，可用作"是/否"型字段的绑定控件
列表框		显示可滚动的数据列表，在窗体视图中，可以从列表中选择值输入到新记录中，或者更改现有记录中的值
组合框		该控件组合了文本框和列表框的特性，组合框的列表由多行数据组成，但一般情况下只显示一行，需要选择其他数据时，可以单击右侧的下拉按钮，使用组合框即可以进行选择，也可以输入数据
图像		用于在窗体或报表显示静态图片
选项组	XYZ	通常与复选框、选项按钮或切换按钮搭配使用，可以显示一组可选值
选项卡		用于创建一个多页的选项卡窗体或选项卡对话框
子窗体/子报表		用于在窗体或报表中显示来自多个表的数据
矩形		用于在窗体或报表中画一个矩形框

4.3.3 在窗体中添加控件

1. 控件的添加与删除

如果需要在窗体中自行创建控件，可以单击"控件"组中的相应控件，然后把光标移到窗体适当的位置，按住鼠标左键拖动鼠标至恰当位置后，释放鼠标即可创建所需的控件。

要删除已添加的控件，只需鼠标右键单击控件，单击快捷菜单中的"删除"命令即可删除控件，或者在选定待删除控件后按键盘上的<Delete>键也可删除控件。

2. 选择控件

对控件的各种操作是建立在选定控件的基础上的。对于单个控件，只需直接单击该控件即可选定。如需选定多个控件，可以在按住<Ctrl>键的同时逐一单击需要选择的控件，或者在窗体内按住鼠标左键并拖动，拖出一个矩形的区域，然后释放鼠标，那么位于该区域的控件将被全部选中。

3. 控件的排列对齐

控件添加到窗体后，往往需要调整控件之间的间距，实现控件规整对齐操作。

对单个控件而言，可以通过简单的手动方式来调整控件的位置。具体来说，先选定控件，然后将鼠标指针移至被选定控件的边缘框线处（或将鼠标指针移至控件的左上角的小方块上），当鼠标指针变成黑色的四向箭头时，按住鼠标左键并拖动至合适的位置，释放鼠标即可移动控件。

当窗体上控件较多时，利用 Access 提供的如图 4-24 所示的"窗体设计工具"|"排列"选项卡中的工具来实现控件的对齐操作会更高效。

图 4-24 "窗体设计工具"|"排列"选项卡

通常会以窗体的某一边界或网格作为基准实现对多个控件的对齐操作。首先选中需要对齐的控件，然后在"窗体设计工具"|"排列"选项卡下的"调整大小和排序"命令组中，单击"对齐"选项的下拉按钮，展开的相应下拉菜单，如图 4-25 所示，单击菜单中对应命令选项即可实现对齐操作。

在"窗体设计工具"|"排列"选项卡下的"调整大小和排序"命令组中，使用"大小/空格"选项下的下拉菜单，如图 4-26 所示，可以调整控件的大小、控件之间的水平距离和垂直距离，还可以对多个选定控件进行组合操作实现分组的目的。

图 4-25 "对齐"选项的下拉菜单

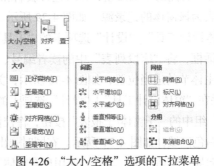

图 4-26 "大小/空格"选项的下拉菜单

4. 设置控件的属性

控件属性的设置是指对控件的外观、事件进行设置。在完成了控件的添加后，往往需要对窗体的属性、窗体节的属性及控件的属性进行相应的设置，完成窗体的整体美化；根据需要对相关对象事件进行设置，或根据需要编写事件发生时的执行代码。

4.4　创建其他窗体

4.4.1　创建主/子窗体

1. 使用"设计视图"创建主/子窗体

【例 4-9】 使用"设计视图"创建"读者借阅情况"窗体，设计效果如图 4-27 所示。

具体的操作步骤如下。

① 启动 Access 2010，打开"图书管理系统"数据库，在功能区的"创建"选项卡的"窗体"命令组中单击"窗体设计"按钮，打开一个只包含"主体"节的空白窗体。右键单击窗体，选择菜单中的"窗体页眉/页脚"命令，在窗体的设计视图中显示"窗体页眉"和"窗体页脚"节，如图 4-28 所示。

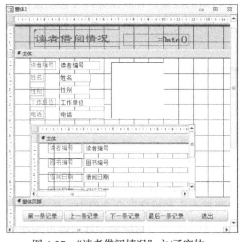

图 4-27　"读者借阅情况"主/子窗体

图 4-28　添加"窗体页眉"和"窗体页脚"

② 双击"窗体选择器"按钮，或者单击"窗体选择器"按钮，在"窗体设计工具"|"设计"选项卡的"工具"组中，单击"属性表"按钮，打开"属性表"对话框，选择"数据"选项卡，单击"记录源"右侧的下拉按钮，弹出包含表名和查询名的下拉列表，单击列表中的"读者"，指定"读者"表为该窗体的记录源，如图 4-29 所示。

在"窗体设计工具"|"设计"选项卡的"工具"组中，单击"添加现有字段"按钮，打开"字段列表"对话框，将"字段列表"中的读者编号、姓名、性别、工作单位、电话、照片等字段拖曳到窗体的主体节的适当位置，如图 4-30 所示，关闭"字段列表"对话框。

③ 确保在"窗体设计工具"|"设计"选项卡的"控件"组中的"使用控件向导"按钮已按下，单击"控件"组中的"子窗体/子报表"按钮，将控件添加到窗体主体节的下半部分，显示出"未绑定"控件的白色区域，如图 4-31 所示。在同时弹出的"请选择将用于子窗体/子报表的数据来源"的"子窗体向导"对话框中，选择"使用现有窗体"单选项，单击"借阅"窗体，如图 4-32 所示。

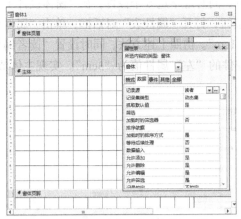

图 4-29　指定"读者"表为窗体记录源

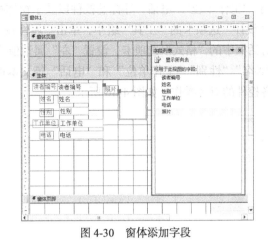

图 4-30　窗体添加字段

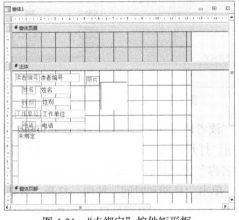

图 4-31　"未绑定"控件矩形框

图 4-32　选定子窗体/子报表数据源

④ 单击"下一步"按钮，弹出提示"请确定是自行定义将主窗体链接到该子窗体的字段，还是从下面的列表进行选择"的"子窗体向导"对话框，如图 4-33 所示。选中"从列表中选择"单选钮，并选择下方列表框中的"对读者中的每个记录用读者编号显示借阅"选项；单击"下一步"按钮，弹出提示"请指定子窗体或子报表的名称"的"子窗体向导"对话框，输入"借阅子窗体"，如图 4-34 所示。单击"子窗体向导"对话框中的"完成"按钮，窗体的设计视图如图 4-35 所示。

图 4-33　选择主窗体/子窗体链接字段

图 4-34　指定子窗体名称

⑤ 按住键盘上的<Shift>键，依次单击"借阅子窗体"标签控件和"照片"标签控件，单击键盘上的<Delete>键，删除这两个标签控件。再按住<Shift>键，依次单击"读者编号""姓名""性

别""工作单位""电话"等标签控件以及子窗体控件，同时选中这 6 个控件，在"窗体设计工具"|"设计"选项卡的"工具"组中，单击"属性页"按钮，打开"属性表"对话框，单击"属性表"对话框中的"格式"选项卡，设置"左"属性值为"1cm"。仿照上述方法，同时设置"读者编号""姓名""性别""工作单位"和"电话"等文本框控件的"左"属性值为"3cm"。实现主体节中各控件的对齐操作，如图 4-36 所示。

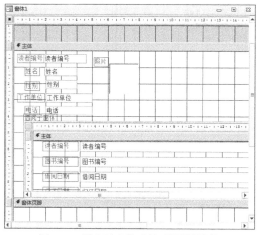

图 4-35　插入子窗体后的"设计视图"

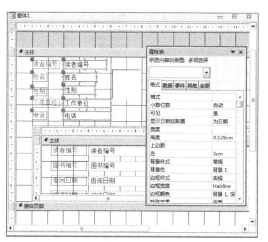

图 4-36　窗体主体节的控件的对齐

⑥ 在"窗体页眉"处添加一个标签控件，输入"读者借阅详情"，然后在"窗体设计工具"|"设计"选项卡的"工具"组中，单击"属性表"按钮，打开该标签控件的"属性表"对话框，选择"格式"选项卡，设置其中"字号"为 24，"字体名称"为"隶书"，如图 4-37 所示。再在"窗体设计工具"|"设计"选项卡的"页眉/页脚"组中，单击"日期和时间"按钮，打开"日期和时间"对话框，取消"包含时间"复选框，单击"确定"按钮。窗体页眉处显示"=Date()"日期控件，打开该控件的"属性页"，设置其相应格式属性，如图 4-38 所示。

图 4-37　在"窗体页眉"处添加窗体标题

图 4-38　添加日期控件

⑦ 单击"窗体设计工具"|"设计"选项卡的"控件"组中的"矩形"按钮，在主窗体的"窗体页脚"节处添加一个矩形控件，如图 4-39 所示。确保在"窗体设计工具"|"设计"选项卡的"控件"组中的"使用控件向导"按钮已按下，单击"控件"组中的"按钮"按钮，将控件添加到主窗体的"窗体页脚"节的矩形框内的适当位置，显示"按钮"控件框并同时弹出提示"请选择

按下按钮时的操作"的"命令按钮向导"对话框，在该对话框的"类别"列表框中单击"记录导航"选项，此时在右边的"操作"列表框中立即显示出与"记录导航"对应的所有操作项。在"操作"列表框中选中"转至第一项记录"列表项，如图 4-40 所示。

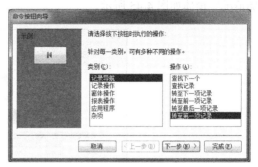

图 4-39　"窗体页脚"处的矩形控件　　　　图 4-40　"命令按钮向导"对话框

⑧ 单击"下一步"按钮，弹出提示"请确定在按钮上显示文本还是显示图片"的"命令按钮向导"对话框。在本例中，选中"文本"单选钮，并在其右边的文本框中输入"第一条记录"，如图 4-41 所示。再单击"下一步"按钮，显示提示"请指定按钮的名称"的"命令按钮向导"对话框，在按钮的名称文本框中输入"Cmd1"，如图 4-42 所示。单击"完成"按钮，完成"第一条记录"命令按钮的创建。

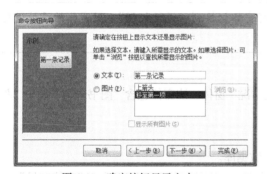

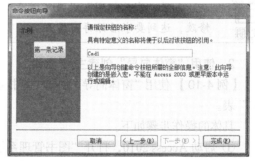

图 4-41　确定按钮显示文本　　　　　　　图 4-42　指定按钮名称

⑨ 仿照第⑦和第⑧步的方法，继续创建"上一条记录""下一条记录"和"最后一条记录"3个"记录导航"类别的操作按钮和一个"窗体操作"类别的"退出"按钮，如图 4-43 所示。这 4个按钮名称依次为 Cmd2、Cmd3、Cmd4 和 Cmd5。

上述操作创建的这 5 个按钮排列并不规整。按住键盘上的<Shift>键，依次单击这 5 个按钮，然后松开<Shift>键，完成 5 个按钮的同时选定操作。单击"窗体设计工具"|"排列"选项卡下的"调整大小和排序"组中的"对齐"按钮，在弹出的下拉菜单中单击"靠上"命令，完成 5 个按钮靠上对齐操作；再单击"调整大小和排序"组中的"大小/空格"按钮，在弹出的下拉菜单中依次单击"至最宽"命令使得 5 个按钮的宽度一致、单击"水平相等"命令使得相邻按钮之间的间距相等，完成 5 个按钮规整对齐操作，如图 4-44 所示。

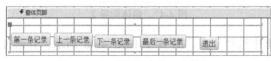

图 4-43　矩形控件中的 5 个按钮　　　　　图 4-44　调整对齐后的 5 个按钮

⑩ 双击主窗体的"窗体选择器"，打开主窗体的"属性表"对话框，选择"格式"选项卡，设置主窗体"导航按钮"属性值为"否"，隐藏主窗体的自动导航按钮。设置主窗体"关闭按钮"属性值为"否"，设置主窗体"最大最小化"属性值为"无"。切换到"窗体视图"，创建的"读者借阅情况"窗体如图 4-45 所示。

图 4-45 "读者借阅情况"窗体

如果"窗体视图"效果不满意，可将窗体切换到"设计视图"，对窗体的设计进行修改，达到要求后保存窗体。

2. 使用"窗体向导"创建主/子窗体

【例 4-10】使用"窗体向导"创建"图书分类情况"窗体，该窗体包含"图书分类"表与"图书"表。

具体的操作步骤如下。

① 启动 Access 2010，打开"图书管理系统"数据库。

② 在功能区的"创建"选项卡的"窗体"组中单击"窗体向导"按钮，弹出"窗体向导"对话框，在该对话框的"表/查询"下拉列表框中选择"表：图书分类"，如图 4-46 所示，并通过">>"按钮将"可用字段"列表框中的所有字段选定为窗体字段，如图 4-47 所示。

图 4-46 窗体向导 1

图 4-47 窗体向导 2

③ 继续在该对话框的"表/查询"下拉列表框中选择"表：图书"，如图 4-48 所示，并通过">>"按钮将所有字段选定为窗体字段，如图 4-49 所示。

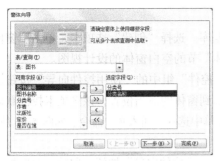

图 4-48　窗体向导 3

图 4-49　窗体向导 4

④ 单击"下一步"按钮，弹出提示"请确定查看数据的方式"的"窗体向导"对话框，选择"通过 图书分类"选项，选中"带有子窗体的窗体"单选钮，如图 4-50 所示。再单击"下一步"按钮，弹出提示"请确定子窗体使用的布局"的"窗体向导"对话框，选中对话框中的"数据表"单选钮，如图 4-51 所示。

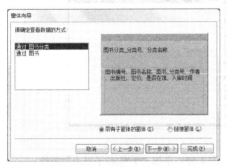

图 4-50　窗体向导 5

图 4-51　窗体向导 6

⑤ 单击"下一步"按钮，弹出提示"请为窗体确定标题"的"窗体向导"对话框，在该对话框的"窗体"文本框中输入窗体标题"图书分类主窗体"，在"子窗体"文本框中输入子窗体标题"图书子窗体"，选中"打开窗体查看或输入信息"单选钮，如图 4-52 所示，单击"完成"按钮。

⑥ 单击快捷访问工具栏的"保存"按钮，在打开的"保存"对话框中，单击"是"按钮，保存窗体，创建的窗体如图 4-53 所示。

图 4-52　窗体向导 7

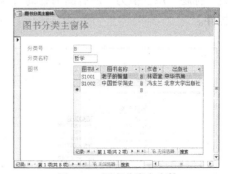

图 4-53　图书分类主窗体

4.4.2　创建含选项卡的窗体

【例 4-11】 使用"设计视图"创建一个含选项卡的"图书信息查询"窗体。

具体的操作步骤如下。

① 启动 Access 2010，打开"图书管理系统"数据库。选择"创建"选项卡，单击"窗体"组中的"窗体设计"按钮，打开一个只包含窗体"主体"节的空白窗体的设计视图。

② 确保在"窗体设计工具"|"设计"选项卡的"控件"组中的"使用控件向导"按钮已按下，单击"控件"组中的"选项卡"按钮，将控件添加到窗体的适当位置，该选项卡控件默认包含两个选项卡。右键单击选项卡控件，在弹出的快捷菜单中选择"插入页"命令，如图 4-54 所示，添加选项卡"页 3"。

③ 选择"页 1"选项卡后，单击"控件"组中的"使用控件向导"按钮，取消"使用控件向导"状态。单击"控件"组中的"子窗体/子报表"按钮，将控件添加到"页 1"选项卡的适当位置，显示"子窗体/子报表"控件框，如图 4-55 所示。

图 4-54　添加"选项卡"控件

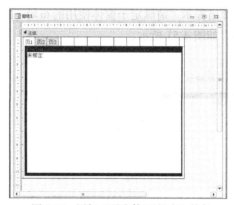

图 4-55　添加"子窗体/子报表"控件

④ 选定"子窗体/子报表"控件，单击"设计"选项卡"工具"组中的"属性表"按钮，打开控件的"属性表"对话框。在"属性表"的"数据"选项卡中单击"源对象"右侧的下拉按钮，在打开的下拉列表中选择"查询.所有图书"选项，设置子窗体的数据源为"所有图书"查询，如图 4-56 所示。

⑤ 单击"页 1"选项卡，打开"页 1"选项卡控件的属性表，在属性表的"格式"选项卡中设置"标题"属性值为"所有图书查询"，如图 4-57 所示。删除"子窗体/子报表"控件的附加标签控件。

图 4-56　设置子窗体的数据源图

图 4-57　设置选项卡的标题

⑥ 单击"页 2"选项卡，仿照上述第③至第⑤步，在"页 2"选项卡中添加"子窗体/子报表"控件，并设置该子窗体的数据源为"查询.在馆图书"，设置"页 2"选项卡"标题"属性为"在馆图书查询"。

⑦ 单击"页 3"选项卡，仿照上述第③至第⑤步，在"页 3"选项卡中添加"子窗体/子报表"控件，并设置该子窗体的数据源为"查询.在借图书"，设置"页 3"选项卡"标题"属性为"在借图书查询"。

⑧ 双击"窗体选择器"，打开窗体"属性表"，在"属性表"的"全部"选项卡中，设置"记录选择器"属性值为"否"、"导航按钮"属性值为"否"、"分割线"属性值为"否"、"滚动条"属性值为"两者均无"、"关闭按钮"属性值为"否"及"最大最小按钮"属性值为"否"。

⑨ 进行美化后保存该窗体，最终效果如图 4-58 所示。

图 4-58 "图书信息查询"窗体

在创建"图书信息查询"窗体前，要利用本书第 3 章介绍的 SQL 语言知识，先创建本例所需的"所有图书""在馆图书"和"在借图书" 3 个查询。

4.4.3 创建切换面板窗体

数据库应用系统的各种具体功能，是通过对一个个独立的窗体的操作来实现的，为了方便用户在不同功能之间切换，Access 2010 提供了切换面板窗体将独立的窗体集成在一起。通过切换面板窗体，用户可以很方便地切换到其他窗体页面。

创建切换面板窗体的方法是在一个空白窗体上包含许多命令按钮，每个按钮用来打开不同的窗体。

【例 4-12】 使用"设计视图"创建一个切换面板窗体。

具体的操作步骤如下。

① 启动 Access 2010，打开"图书管理系统"数据库。在"创建"选项卡的"窗体"组中单击"窗体设计"按钮，打开一个只包含窗体"主体"节的空白窗体的设计视图。

② 确保在"窗体设计工具" | "设计"选项卡的"控件"组中的"使用控件向导"按钮已按下，单击"控件"组中的"按钮"按钮，将控件添加到"主体"节的适当位置，显示"按钮"控件框，同时弹出提示为"请选择按下按钮时的操作"的"命令按钮向导"对话框。在该对话框的"类别"列表框中单击"窗体操作"选项，此时在右边的"操作"列表框中立即显示出与"窗体操作"对应的所有操作项。在"操作"列表框中单击"打开窗体"列表项，如图 4-59 所示。单击"下一步"按钮，弹出提示为"请确定命令按钮打开的窗体"的"命令按钮向导"对话框，单击列表中的"读者借阅情况"选项，如图 4-60 所示。

③ 单击"下一步"按钮，弹出提示为"可以通过按钮来查找要显示在窗体中的特定信息"的"命令按钮向导"对话框，在对话框中选中"打开窗体并显示所有记录"单选钮，如图 4-61 所示。再单击"下一步"按钮，弹出提示为"请确定在按钮上显示文本还是显示图片"的"命令按钮向导"对话框。在本例中，选中"文本"单选钮，并在其右边的文本框中输入"读者借阅情况"，如图 4-62 所示。

图 4-59　命令按钮向导 1

图 4-60　命令按钮向导 2

图 4-61　命令按钮向导 3

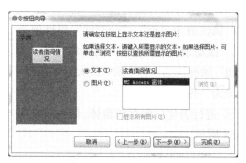

图 4-62　命令按钮向导 4

④ 单击"下一步"按钮，弹出提示为"请指定按钮的名称"的"命令按钮向导"对话框，在按钮的名称文本框中输入"Cmd1"，如图 4-63 所示。单击"完成"按钮，返回窗体的"设计视图"。

⑤ 仿照上述第②至第④步的方法，继续创建"图书信息查询"和"图书数据分析图"2 个"窗体操作"类别的"打开窗体"操作按钮和一个"窗体操作"类别的"关闭窗体"的"退出"按钮。将这 3 个按钮依次命名为 Cmd2、Cmd3 和 Cmd4。然后，

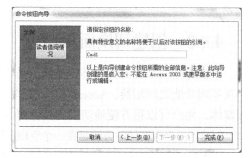

图 4-63　命令按钮向导 5

同时选定刚添加的 4 个新建按钮，对其"对齐""大小""垂直间距"等外观进行适当调整，排列在窗体主体节的右侧。

⑥ 单击"控件"组中的"图像"按钮，将图像控件添加到主体节的左侧，显示"图像"控件框，同时弹出"插入图片"对话框，如图 4-64 所示。选择恰当的图片文件后，单击"打开"按钮，返回窗体的"设计视图"，如图 4-65 所示。

图 4-64　"插入图片"对话框

图 4-65　窗体的"设计视图"

⑦ 双击"窗体选择器"，打开窗体"属性表"，在"属性表"的"全部"选项卡中，设置"记录选择器"属性值为"否"、"导航按钮"属性值为"否"、"分割线"属性值为"否"、"滚动条"属性值为"两者均无"及"最大最小按钮"属性值为"无"。

⑧ 保存该窗体，窗体名称为"切换面板窗体"。将窗体切换至"窗体视图"，效果如图 4-66 所示。

图 4-66　切换面板窗体

习　题　4

一、填空题

1. 窗体通常由窗体页眉、窗体页脚、页面页眉、页面页脚及_____5 部分组成。

2. 要为新建的窗体添加一个标题，必须使用_____控件。

3. 在 Access 中，窗体上显示的字段为表或_____中的字段。

4. 创建窗体的数据来源可以是表或_____。

5. 创建基于多个表的主/子窗体有两种方法：一是同时创建主窗体和子窗体，二是_____。

6. 窗体有 6 种类型：纵栏式窗体、_____、数据表窗体、主/子窗体、图表窗体和数据透视窗体。

7. 窗体是数据库中用户和应用程序之间的_____，用户对数据库的任何操作都可以通过它来完成。

8. 如果希望在窗体上显示窗体的标题，可在页眉处添加一个_____控件。

9. 在 Access 数据库的窗体中，通常采用_____来显示记录数据，可以在屏幕或页面上显示一条记录，也可以显示多条记录。

10. 在 Access 数据库的窗体中，主要用来输入或编辑字段数据的控件是_____。

二、选择题

1. 窗体是 Access 数据库中的一个对象，通过窗体，用户可以完成下列（　　）功能。
①输入数据　　　　②编辑数据　　　　③存储数据　　　　④以行、列形式显示数据
⑤显示和查询表中的数据　　　　⑥导出数据
　　A. ①②③　　　　B. ①②④　　　　C. ①②⑤　　　　D. ①②⑥

2. 窗体的记录源可以是表或（　　）。
　　A. 报表　　　　B. 宏　　　　C. 查询　　　　D. 模块

3. 窗体包含窗体页眉/页脚节、页面页眉/页脚节和（　　）。
　　A. 子体节　　　　B. 父体节　　　　C. 从体节　　　　D. 主体节

4. 窗体上的控件分为 3 种类型：绑定控件、未绑定控件和（　　）。
　　A. 查询控件　　　　B. 报表控件　　　　C. 计算控件　　　　D. 模块控件

5. 在显示具有（　　）关系的表或查询中的数据时，子窗体特别有效。
　　A. 一对一　　　　B. 一对多　　　　C. 多对多　　　　D. 多对一

6. 下列关于窗体的说法，正确的是（　　　）。

    A. 在窗体视图中，可以对窗体进行结构的修改

    B. 在设计视图中，可以对窗体进行结构的修改

    C. 在设计视图中，可以进行数据记录的浏览

    D. 在设计视图中，可以进行数据记录的添加

7. 当需要将一些切换按钮、选项按钮或复选框组合起来共同工作时，需要使用的控件是（　　　）。

    A. 列表框　　　　　　B. 复选框　　　　　　C. 选项组　　　　　　D. 组合框

8. 在某窗体的文本框输入"=now()"，则在窗体视图上的该文本框中显示（　　　）。

    A. 系统时间　　　　　　　　　　　　B. 系统日期

    C. 当前页码　　　　　　　　　　　　D. 系统日期和时间

9. 下列关于控件属性的说法，正确的是（　　　）。

    A. 在某控件属性表的窗口中，可以重新设置该控件的属性值

    B. 所有对象都具有同样的属性

    C. 控件的属性只能在设计时设置，不能在运行时修改

    D. 控件的每一个属性都具有同样的默认值

10. 在窗体设计视图中，按（　　　）键，同时单击鼠标可以选中多个控件。

    A. Tab　　　　　　B. Shift　　　　　　C. Alt　　　　　　D. Space

11. 当窗体中的内容较多而无法在一页中显示时，可以分页显示，使用的控件是（　　　）。

    A. 按钮　　　　　　B. 组合框　　　　　　C. 选项卡控件　　　　　　D. 选项组

12. 用于创建窗体或修改窗体的窗口是窗体的（　　　）。

    A. 设计视图　　　　　　B. 窗体视图　　　　　　C. 数据表视图　　　　　　D. 透视表视图

三、简答题

1. 简述窗体的主要功能。

2. 窗体有哪几种视图？各有什么作用？

3. 如何为窗体设定数据源？

4. 什么是控件？控件可分为哪几类？

5. 举例说明在属性窗口中设置对象属性值的方法。

6. 如何给窗体上添加绑定控件？

四、操作题

对"图书管理系统"数据库进行如下操作。

① 创建窗体。窗体名为"个人借阅统计"，要求输入一个读者编号后，单击"统计"按钮，将计算出来的读者个人借阅图书总数显示在表示个人借阅图书数的文本框里。

② 创建窗体。创建"读者基本资料信息输入"窗体、"图书信息输入"窗体和"借阅信息输入"窗体，目的是为输入数据建立良好的用户界面。分别以"读者信息"查询、"图书信息"查询和"图书借阅信息"查询为数据源，建立"读者信息查询"窗体、"图书信息查询"窗体、"借阅查询"窗体和"超期借阅"窗体。

③ 创建"欢迎"窗体，在该窗体上设置一个"进入"按钮，单击该按钮可以打开"系统登录"窗体。对窗体进行美化和属性设置，参考效果如图 4-67 所示。

图 4-67　"欢迎"窗体参考效果

第5章
报表

报表是数据库系统专门为数据打印输出而设计的。Access 使用报表对象实现格式数据打印，报表可以对表和查询中的原始数据进行综合整理。设计合理的报表能将用户所需的数据信息清晰地呈现出来，用户可以方便地将报表结果输出到打印机。

5.1 报 表 概 述

报表是数据的一种展现方式，是将数据库中的数据通过打印机输出的手段。建立报表和建立窗体的过程基本相同，各种窗体控件也适用于报表。

5.1.1 报表的功能

窗体主要用来在屏幕上和用户进行信息交互，进行数据输入、修改等操作，而报表主要用来对数据进行统计、汇总等计算，并通过打印机打印出来。窗体中的计算字段可根据记录数量执行统计操作，报表则可进一步按照分组、每页或全部记录执行统计。报表的具体功能如下。

- 报表不仅可以实现简单的数据浏览和打印功能，还能对大量的原始数据进行比较、小计、分组和汇总等。
- 报表可设计成目录、发票、购物订单、数据清单和标签等形式。

另外，报表中还可以带有图表，增强数据的可读性。

5.1.2 报表的视图

在 Access 2010 中，报表有 4 种视图，分别为报表视图、设计视图、布局视图和打印预览视图。

1. 报表视图

报表视图是报表设计完成之后，最终要打印的视图，在报表视图中可以对报表中的数据进行排序、筛选。

2. 打印预览视图

打印预览视图是用于展示报表对象打印效果的窗口。Access 提供的打印预览视图所显示的报表布局和内容与实际打印效果一致，即"所见即所得"。在打印预览视图上可以设置页面大小、页面布局等。

3. 布局视图

在布局视图中，可以在显示数据的情况下调整报表的版式。用户可以根据实际需要删除列、调整列宽、将列重新排列，以及添加分组级别和汇总。报表的布局视图的功能和操作与窗体的布局视图类似。

4. 设计视图

设计视图用于报表的设计与修改，它是设计报表对象结构、布局、数据的分组与汇总特性的窗口。在设计视图中，用户可以设置报表节的高度和宽度、添加或删除控件、对齐控件、设置控件的外观属性等，可以进行报表的美化操作。

5.1.3　报表的组成

一个报表由多个部分组成，每个部分被称为节。一个报表可以由报表页眉、页面页眉、主体、页面页脚、报表页脚 5 个节构成。每个报表都有主体节，每个节都有特定的用途，而且按照一定的顺序呈现在页面及报表上。另外，对于具有对记录数据分组操作的报表，每个分组还添加了对应的组页眉和组页脚。

在报表的"设计视图"中，可以调整节的大小或将节隐藏起来，可以在节内添加控件、设置节与控件的相关属性，还可以对节内容的打印方式进行自定义等。

在报表的"设计视图"中，节表现为区段形式，如图 5-1 所示，报表包含的每个节最多出现一次。在打印的报表中，页面页眉和页面页脚可以在每页重复一次。

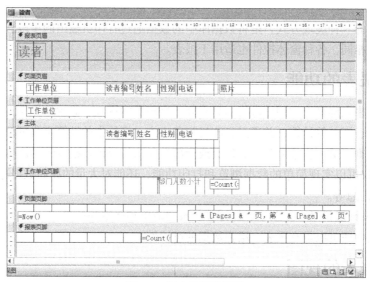

图 5-1　报表的设计视图

- 报表页眉：报表页眉在报表的顶部，用来显示报表的标题、徽标、图片以及报表的说明性文字。打印报表时，报表页眉出现在第一页的顶部。每个报表只有一个报表页眉。
- 页面页眉：页面页眉通常用来显示数据的列标题。报表的每一页都有页面页眉。在打印报表时，这些列标题除了第一页显示在报表页眉的下方之外，在其他页中都显示在顶部，作为输出记录的列标题。
- 组页眉：如果报表指定分组，那么在页面页眉和页面页脚之间还会包含分组的页眉和页脚。可以根据需要，使用"排序与分组"属性来设置"组页眉/组页脚"，以实现报表的分组输出和分组统计。组页眉主要用来显示分组字段等数据信息。
- 主体：主体节是报表显示数据的主要区域，主要用于打印表或查询中的数据记录。

- 组页脚：报表指定分组时出现，组页脚主要用于放置文本框或其他类型的控件，以便显示分组统计数据。
- 页面页脚：页面页脚用来设置每个输出页的底部需要打印的信息，如汇总、日期或页码等。页面页脚出现在每个打印页的底部。
- 报表页脚：报表页脚用于整个报表的汇总说明，报表页脚出现在报表的最下方，在打印报表时，报表页脚出现在最后一页的最后部分。

报表各个节的分界横条是"节选择器"，单击它可以选定节；双击它可以打开对应节的"属性表"对话框；上下拖动它可以调整节的高度。报表左上角的小方块是"报表选择器"按钮，双击它可以打开报表的"属性表"对话框。

5.1.4　报表的类型

在 Access 2010 中，按照报表的结构可以将报表分为如下 4 种类型。

1. 纵栏式报表

纵栏式报表也称为窗体报表。在纵栏式报表中，每个字段都显示在主体节中的一个独立行上，并且在每行的左边带有一个该字段的标题标签。

2. 表格式报表

在表格式报表中，每条记录的所有字段显示在主体节的同一行上，记录数据的字段标题标签显示在报表的页面页眉节中。在表格式报表中可以设置分组字段，显示分组统计数据。

3. 标签报表

标签报表是 Access 的一种特殊类型报表。如果将标签绑定到表或查询中，Access 会为基础记录源中的每一条记录生成一个标签。在实际应用中，经常会用到此类标签，如物品标签和客户标签等。

4. 图表报表

图表报表是指在报表中包含图表显示的报表。在报表中使用图表，可以更直观地表示数据之间的关系。

5.2　报表的创建

使用功能区"创建"选项卡上的"报表"组中的按钮，如图 5-2 所示，可以创建各种报表。Access 不仅提供了自动创建基本报表的方式，还提供了使用"报表向导"来创建标准报表的方式；Access 还提供了"空报表"以及"报表设计"方式以满足用户对复杂报表的设计要求。此外，报表创建之后还可以根据实际需要在报表的"设计视图"中对其进行修改。

图 5-2　"创建"选项卡中的"报表"组

5.2.1　自动创建报表

自动创建报表是一种非常简单的创建报表的方法。打开数据库后，在"导航窗格"中选择需要创建报表的数据表或查询作为数据源，单击"创建"选项卡的"报表"组中的"报表"按钮，即可为该数据表或查询创建一个基本报表。

5.2.2　使用报表向导创建报表

报表向导是一种创建报表比较灵活和方便的方法。利用报表向导，用户可以选择报表的样式和布局，选择报表上显示的字段，还可以指定数据分组和排序方式，指定报表包含的字段和内容等。利用报表向导可以创建基于多个表或查询的报表。

【例 5-1】　使用"报表向导"创建"部门人员分组报表"。

具体的操作步骤如下。

① 启动 Access 2010，打开"图书管理系统"数据库。选择"创建"选项卡，单击"报表"组中的"报表向导"按钮，打开"报表向导"对话框。

② 在对话框中的"表/查询"下拉列表中选择"表:读者"为报表所需的数据源，然后将"可用字段"列表框中的所有字段全部添加到"选定字段"列表框中，如图 5-3 所示。

③ 单击"下一步"按钮，弹出提示"是否添加分组级别"的"报表向导"对话框，单击左边列表框中的"工作单位"项，单击">"按钮，将"工作单位"添加为分组字段，如图 5-4 所示。

图 5-3　报表向导 1

图 5-4　报表向导 2

④ 单击"下一步"按钮，弹出提示"请确定明细记录使用的排序次序"的"报表向导"对话框，这里选择"姓名"字段为排序依据，如图 5-5 所示。

⑤ 单击"下一步"按钮，弹出提示 "请确定报表布局方式"的"报表向导"对话框，包含"布局"和"方向"两个内容，在"布局"选项组中选中"块"选项，如图 5-6 所示。

图 5-5　报表向导 3

图 5-6　报表向导 4

⑥ 单击"下一步"按钮，弹出提示"请为报表指定标题"的"报表向导"对话框，输入标题为"部门人员分组报表"，如图 5-7 所示。

⑦ 单击"完成"按钮，系统会根据用户在向导中的设置生成报表，并打开报表的"打印预览"

视图，效果如图 5-8 所示。

图 5-7　报表向导 5

图 5-8　报表效果图

5.2.3　使用"空报表"创建报表

使用"空报表"按钮创建报表是在布局视图中创建数据报表。这种"空报表"就像是一张白纸，可以根据需要从字段列表中将字段拖到报表中，从而完成报表的创建工作。

【例 5-2】　使用"空报表"按钮创建"图书借阅情况"报表。

具体的操作步骤如下。

① 启动 Access 2010，打开"图书管理系统"数据库。

② 在功能区的"创建"选项卡的"报表"组中单击"空报表"按钮，打开一个空白报表的布局视图，同时打开了"字段列表"对话框，如图 5-9 所示。

③ 单击"字段列表"对话框中的"显示所有表"按钮，将所有数据表显示在对话框中，展开"借阅"表的字段，并将"借阅"表中"读者编号"拖到空白报表处，如图 5-10 所示。

图 5-9　空报表

图 5-10　空报表中添加借阅表字段

④ 用同样的方法将"读者"表中的相关字段、"图书"表中的相关字段拖到报表的空白处，如图 5-11 所示，然后关闭"字段列表"对话框。

⑤ 单击快捷访问工具栏的"保存"按钮，在打开的"另存为"对话框中输入报表名称"图书借阅情况"，然后单击"确定"按钮保存报表，创建的报表如图 5-12 所示。

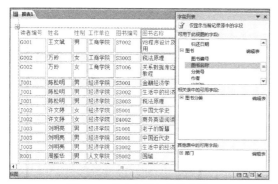

图 5-11　报表中添加其他字段　　　　　　　　图 5-12　通过"空报表"创建的报表

5.2.4　使用设计视图创建报表

使用设计视图可以创建复杂报表，满足用户的更高要求。使用设计视图与使用"空报表"创建报表类似，都是从一个空白报表开始，通过向报表中添加字段来生成报表，只不过默认使用的报表视图不同。

【例 5-3】　使用设计视图创建"借阅超期报表"。

具体的操作步骤如下。

① 启动 Access 2010，打开"图书管理系统"数据库。选择"创建"选项卡，单击"报表"组中的"报表设计"按钮，打开一个空白报表的设计视图。

② 双击"报表选择器"按钮，或者单击"报表选择器"按钮选定报表，再单击"报表设计工具"|"设计"选项卡的"工具"组中的"属性表"按钮，打开"属性表"对话框，选择"属性表"对话框的"数据"选项卡，单击"记录源"右侧的下拉按钮，弹出包含表名和查询名的下拉列表框，单击列表框中的"借阅超期"，指定借阅超期查询为该报表的记录源，如图 5-13 所示。

　　　　本例中用到的"借阅超期"查询应在创建报表前先做好，该查询中包含图书借出超过 60 天还未归还的借阅信息。

③ 在"报表设计工具"|"设计"选项卡的"工具"组中，单击"添加现有字段"按钮，打开"字段列表"窗格，将"字段列表"中的"图书"表的所有字段拖曳到报表的主体节中的适当位置上，如图 5-14 所示。

图 5-13　指定报表数据源

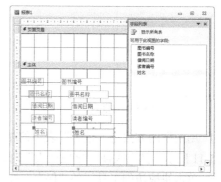

图 5-14　添加字段到主体节

④ 按住<Shift>键，分别单击主体节的"图书编号""图书名称""借阅日期""读者编号"及"姓名"等标签控件，同时选定 5 个字段的附加标签控件，单击"开始"选项卡上"剪贴板"组中的"剪切"按钮，然后在"页面页眉"节的左上位置单击，最后单击"剪贴板"组"粘贴"按钮，将 5 个标签控件移动到"页面页眉"节。

⑤ 同时选中"页面页眉"节中的 5 个标签控件，使用"报表设计工具"|"排列"选项卡中"对齐"与"大小/空格"下拉列表中的命令对这 5 个标签控件进行排列对齐，使 5 个标签控件排列在"页面页眉"节顶部的同一行。

⑥ 逐个移动"主体"节中 5 个文本框控件，调整 5 个文本框控件的位置，使其排列在"主体"节顶部的同一行。同时选定主体节中的 5 个文本框控件，使用"报表设计工具"|"排列"选项卡中"对齐"与"大小/空格"下拉列表中的命令完成文本框控件的排列对齐。按住鼠标左键拖动"节选择器"，调整页面页眉节和主体节的高度，调整后的效果如图 5-15 所示。

图 5-15　设计报表的页面页眉和主体节

⑦ 在主体节的空白处单击右键，选择快捷菜单中的"报表页眉/页脚"命令，在报表中显示"报表页眉"节和"报表页脚"节。在"报表页眉"节中添加一个标签控件，内容为"借阅超期"，并在该标签控件的"属性表"对话框的"格式"选项卡中，设置标签控件的"字号"属性值为"24"，"字体名称"属性值为"微软雅黑"，并设置"前景色"属性值以改变标签控件中显示文字的颜色。

⑧ 在"报表页眉"节的右侧再添加两个文本框控件，打开其中一个文本框控件的"属性表"对话框，在"数据"选项卡中设置文本框控件的"控件来源"属性值为"=Date()"，用来显示系统日期。设置另一个文本框控件的"控件来源"属性值为"=Time()"，用来显示系统时间。

⑨ 在报表页脚处添加一个标签控件，内容为制作人，调整报表页眉节和报表页脚节的高度，如图 5-16 所示。

⑩ 单击快捷访问工具栏的"保存"按钮，在打开的"另存为"对话框中输入报表名称"借阅超期报表"，然后单击"确定"按钮保存报表。将报表切换到"报表视图"，效果如图 5-17 所示。

图 5-16　设计报表页眉和报表页脚

图 5-17　借阅超期报表

5.2.5　创建图表报表

数据以图表的形式表示出来会更加直观。Access 2010 提供了使用图表向导创建图表报表的方法，图表向导功能强大，系统提供了几十种图表形式供用户选择。

【例 5-4】 使用"图表向导"创建"图书图表报表"。

具体的操作步骤如下。

① 启动 Access 2010，打开"图书管理系统"数据库。选择"创建"选项卡，单击"报表"组中的"报表设计"按钮，打开一个空白报表的设计视图。

② 在"报表设计工具"|"设计"选项卡的"控件"组中，单击"图表"按钮，再单击报表"主体"节中适当位置，在报表的主体节添加一个图表控件，并弹出"图表向导"对话框。在对话框中选中"视图"选项组中的"查询"单选钮，然后在"请选择用于创建图表的表或查询"下方列表框中单击"查询 统计各类别图书数目"选项，如图 5-18 所示。

③ 单击"下一步"按钮，弹出提示"请选择图表数据所在的字段"的"图表向导"对话框，将"可用字段"列表框中所有字段都添加到"用于图表的字段"列表中，如图 5-19 所示。

图 5-18　图表向导 1

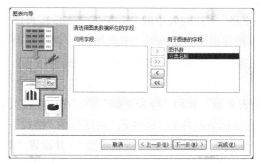

图 5-19　图表向导 2

④ 单击"下一步"按钮，弹出提示"请选择图表类型"的"图表向导"对话框，此处按系统默认选择柱形图，如图 5-20 所示。

⑤ 单击"下一步"按钮，弹出提示"请指定数据在图表中的布局方式"的"图表向导"对话框，这里使用系统已经设置好的布局即可，如图 5-21 所示。

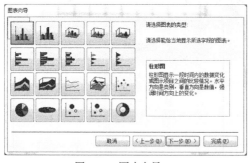

图 5-20　图表向导 3

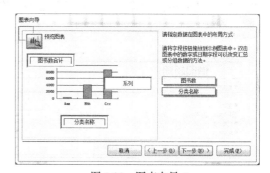

图 5-21　图表向导 4

⑥ 单击"下一步"按钮，弹出提示"请指定图表标题"的"图表向导"对话框，输入标题为"各类别图书数目图表"，并在"请确定是否显示图表的图例"下方选中"否，不显示图例"单选钮，如图 5-22 所示，单击"完成"按钮，返回报表的设计视图。

⑦ 保存该报表的设计，保存名称为"各类别图书数目图表报表"，切换到报表的"打印预览"视图，效果如图 5-23 所示。

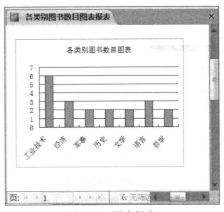

图 5-22 图表向导 5 　　　　　　　　　　　图 5-23 图表报表

5.2.6 创建标签报表

标签是一种类似于名片的信息载体，使用 Access 2010 提供的"标签向导"可以非常方便、快捷地创建标签报表。

【例 5-5】 使用"标签向导"创建"读者标签报表"。

具体的操作步骤如下。

① 启动 Access 2010，打开"图书管理系统"数据库，在"导航窗格"中单击选定"读者"表作为数据源。

② 选择"创建"选项卡，单击"报表"组中的"标签"按钮，打开"标签向导"对话框。在对话框的"请指定标签尺寸"的列表框中，选择默认尺寸，如图 5-24 所示。

③ 单击"下一步"按钮，弹出提示"请选择文本的字体和颜色"的"标签向导"对话框，用户可根据需要进行相应的设置，如图 5-25 所示。

图 5-24 标签向导 1 　　　　　　　　　　　图 5-25 标签向导 2

④ 单击"下一步"按钮，弹出提示"请确定邮件标签的显示内容"的"标签向导"对话框，如图 5-26 所示。首先在对话框中单击选定"可用字段"列表框中的"读者编号"字段，然后单击">"按钮将其添加到"原型标签"列表中，再将光标定位在"{读者编号}"之前，输入文本"编号:"。

⑤ 将光标定位在"原型标签"列表中的"编号：{读者编号}"的下一行，从"可用字段"中选定"姓名"字段，然后单击">"按钮将其添加到"原型标签"列表中，再将光标定位在"{姓名}"之前，输入文本"姓名:"。用同样的方法将"性别""工作单位"和"电话"字段添加到"原型标签"列表中，如图 5-27 所示。

图 5-26　标签向导 3

图 5-27　标签向导 4

⑥ 单击"下一步"按钮，弹出提示"请指定报表的名称"的"标签向导"对话框，输入标题为"读者标签报表"，如图 5-28 所示。

⑦ 单击"完成"按钮，系统会根据用户在向导中的设置生成标签报表，并打开报表的"打印预览"视图，效果如图 5-29 所示。

图 5-28　标签向导 5

图 5-29　标签报表

5.2.7　将窗体另存为报表

窗体和报表有很多相似之处，窗体的很多特点都适用于报表。在 Access 2010 中，可以通过将窗体另存为报表的方法来快速创建报表。

将窗体另存为报表的方法非常简单。打开数据库后，在"导航窗格"中双击打开需要创建报表的窗体（比如"借阅"窗体），然后在功能区的"开始"选项卡中，选择"对象另存为"命令，在弹出的"另存为"对话框的"保存类型"下拉列表中选择"报表"选项，在名称框中输入报表

图 5-30　"另存为"对话框

名（如"借阅报表"），如图 5-30 所示，单击"确定"按钮即可生成与打开窗体相对应的新报表。

5.3　编 辑 报 表

报表创建以后，可以通过报表的"设计视图"对其进行编辑和修改，增加对数据表记录的计算操作、设置报表格式及修饰美化报表的外观等。

5.3.1　报表记录的排序

在前面介绍的使用"报表向导"创建报表的过程中，"报表向导"（如图 5-5 所示）提供了最

多可按 4 个字段对记录进行排序。在报表的"设计视图"中，可以根据需要灵活地选择排序字段或表达式，可以设置多于 4 个关键字对报表记录进行排序。

【例 5-6】 将"例 5-2"创建的"图书借阅详情"报表按"工作单位"与"姓名"字段进行排序。具体的操作步骤如下。

① 启动 Access 2010，打开"图书管理系统"数据库，在"导航窗格"的"报表"对象中单击选定"图书借阅详情"报表。

② 单击"开始"选项卡上"剪贴板"组中的"复制"按钮，然后单击"粘贴"按钮，弹出"粘贴为"对话框，在该对话框中指定报表名为"按工作单位及读者编号排序的借阅报表"，单击该对话框中的"确定"按钮。

③ 在"导航窗格"的"报表"对象中双击打开通过上述步骤生成的"按工作单位及读者编号排序的借阅报表"，并将报表切换至"设计视图"。

④ 在"报表设计工具"|"设计"选项卡的"分组和汇总"组中，单击"分组和排序"按钮，此时在"设计视图"的下方添加了"分组、排序和汇总"窗格，并在窗格中显示"添加组"和"添加排序"按钮，如图 5-31 所示。

图 5-31　分组、排序和汇总窗格

⑤ 单击该窗格中的"添加排序"按钮，在窗格的上部弹出报表中可用于排序的字段列表，如图 5-32 所示。单击字段列表中的"工作单位"字段，则在窗格中添加了"排序依据"栏，"工作单位"字段默认按"升序"排序，如图 5-33 所示。单击"升序"按钮右侧的下拉箭头，可根据具体需要选择"升序"或"降序"两种排序方式，本例选用默认"升序"排序方式。

图 5-32　选择排序字段

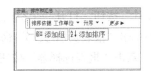

图 5-33　按"工作单位"升序排序

⑥ 继续单击窗格中的"添加排序"按钮，在弹出的字段列表框的下部单击"表达式"按钮，打开"表达式生成器"对话框，在对话框中输入"=Right([读者编号],2)"，如图 5-34 所示，单击"确定"按钮，返回"分组、排序和汇总"窗格。此时窗格显示第二行"排序依据"为"表达式"的"升序"排序，如图 5-35 所示。

图 5-34　表达式生成器

图 5-35　按"表达式"升序排序

⑦ 保存对该报表的修改，切换至报表的“打印预览视图”，效果如图 5-36 所示。

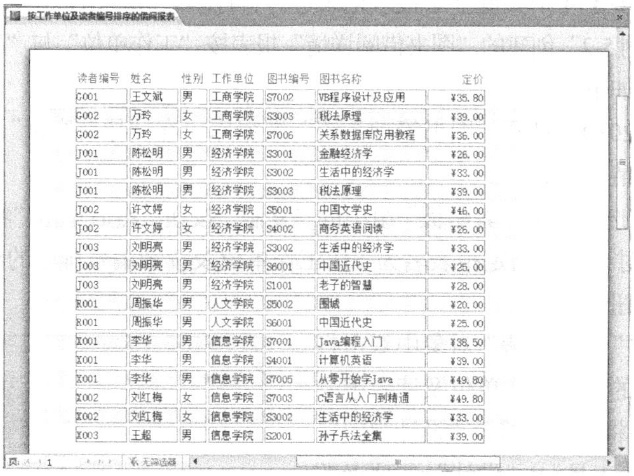
按工作单位及读者编号排序的借阅报表

读者编号	姓名	性别	工作单位	图书编号	图书名称	定价
G001	王文斌	男	工商学院	S7002	VB程序设计及应用	¥35.80
G002	万玲	女	工商学院	S3003	税法原理	¥39.00
G002	万玲	女	工商学院	S7006	关系数据库应用教程	¥36.00
J001	陈松明	男	经济学院	S3001	金融经济学	¥26.00
J001	陈松明	男	经济学院	S3002	生活中的经济学	¥33.00
J001	陈松明	男	经济学院	S3003	税法原理	¥39.00
J002	许文婷	女	经济学院	S5001	中国文学史	¥46.00
J002	许文婷	女	经济学院	S4002	商务英语阅读	¥26.00
J003	刘明亮	男	经济学院	S3002	生活中的经济学	¥33.00
J003	刘明亮	男	经济学院	S6001	中国近代史	¥25.00
J003	刘明亮	男	经济学院	S1001	老子的智慧	¥28.00
R001	周振华	男	人文学院	S5002	围城	¥20.00
R001	周振华	男	人文学院	S6001	中国近代史	¥25.00
X001	李华	男	信息学院	S7001	Java编程入门	¥38.50
X001	李华	男	信息学院	S4001	计算机英语	¥39.00
X001	李华	男	信息学院	S7005	从零开始学Java	¥49.80
X002	刘红梅	女	信息学院	S7003	C语言从入门到精通	¥49.80
X002	刘红梅	女	信息学院	S3002	生活中的经济学	¥33.00
X003	王超	男	信息学院	S2001	孙子兵法全集	¥39.00

图 5-36　报表的“打印预览”视图

5.3.2　报表记录的分组

为了使输出的报表具有较好的可读性，通常需要将具有相同特征（如字段值）的记录排列在一起，还可能根据需要对各分组进行相应的统计，为此，Access 2010 提供了对报表记录进行分组的功能。

【例 5-7】 以“图书”表为数据源，创建一个按分类号升序排序并分组、按出版社进行升序排序的报表，报表名为“按分类号分组并按出版社排序的图书报表”。

具体的操作步骤如下。

① 启动 Access 2010，打开“图书管理系统”数据库。选择“创建”选项卡，单击“报表”组中的“报表设计”按钮，打开一个空白报表的设计视图。右键单击报表主体节的空白处，在弹出的快捷菜单中单击“报表页眉/页脚”命令，在报表的“设计视图”中显示出“报表页眉”节和“报表页脚”节。双击“报表选择器”按钮，打开报表的“属性表”对话框。在“属性表”的“数据”选项卡中选择“记录源”的属性值为“图书”。

② 单击“报表设计工具”|“设计”选项卡中“控件”组中的“标签”按钮，单击“报表页眉”的某处，在报表页眉中添加一个标签控件，标签标题为“按分类号分组并按出版社排序的图书报表”。双击该标签控件打开其“属性表”对话框，在“格式”选项卡中设置“字号”属性值为“14”，“字体名称”属性值为“隶书”，“字体细粗”属性值为“加粗”，如图 5-37 所示。

图 5-37　在报表页眉处添加报表标题标签控件

③ 在“报表设计工具”|“设计”选项卡的“分组和汇总”组中，单击“分组和排序”按钮，则在“设计视图”的下方添加了“分组、排序和汇总”窗格，并在窗格中显示“添加组”和“添加排序”按钮。

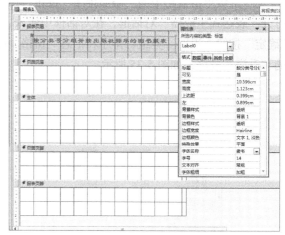

④ 单击该窗格中的"添加组"按钮，在窗格上部弹出的字段列表中单击"分类号"字段，此时在窗格中添加了"分组形式"栏，"分类号"字段默认按"升序"排序。单击"分组形式"栏的"更多"按钮，展开该栏的更多设置，单击"无页脚节"右侧的下拉箭头，在弹出的列表中选择"有页脚节"；单击"不将组放在同一页上"右侧的下拉箭头，在弹出的列表中选择"将整个组放在同一页上"，如图 5-38 所示。单击"更少"按钮收缩"分组形式"栏，此时的报表"设计视图"中添加了"分类号页眉"节与"分类号页脚"节。

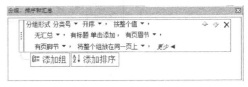

图 5-38　按"分类号"分组、排序

⑤ 单击该窗格中的"添加排序"按钮，在窗格的上部弹出的字段列表中单击"出版社"字段，则在"分类号"行下方又添加了"出版社"排序依据行，默认按"升序"排序，如图 5-39 所示。关闭"分组、排序和汇总"窗格，此时报表的"设计视图"如图 5-40 所示。

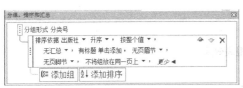

图 5-39　按"出版社"升序排序

图 5-40　添加分组后的"设计视图"

⑥ 单击"报表设计工具"|"设计"选项卡中"工具"组中的"添加现有字段"按钮，打开图书表的"字段列表"。按住<Shift>键，分别单击"图书编号""图书名称""作者""出版社""定价"和"入库时间"，同时选定 6 个字段，将它们拖放到报表的主体节中。此时在报表的主体节中就有 6 个字段的绑定文本框控件和附加的标签控件。单击选定"字段列表"中的"分类号"字段，然后在"分类号页眉"节中恰当位置单击，将"分类号"字段的绑定文本框控件及附加的标签控件添加到"分类号页眉"节中。

⑦ 单击选定"分类号"字段附加的标签控件，然后单击"开始"选项卡上"剪贴板"组中的"剪切"按钮，再在"页面页眉"节的左上角位置单击，最后单击"剪贴板"组"粘贴"按钮，将"分类号"字段附加的标签控件移动到"页面页眉"节。

⑧ 仿照步骤⑦的方法，将主体节中的 6 个字段的附加标签控件移动到"页面页眉"节，并调整这些控件的位置，使用"报表设计工具"|"排列"选项卡中"对齐"与"大小/空格"下拉列表中的命令完成 6 个标签控件的排列对齐。然后，同时选定主体节中的 6 个字段的绑定文本框控件，完成 6 个文本框控件的排列对齐，如图 5-41 所示。

⑨ 按住<Shift>键，分别单击主体节中 6 个文本框控件及"分类号页眉"节中的"分类号"字段的文本框控件，单击"报表设计工具"|"设计"选项卡的"工具"组中的"属性表"按钮，打开"属性表"对话框，设置"属性表"对话框的"格式"选项卡中的"边框样式"的属性值为"透明"。

⑩ 保存报表，指定报表名称为"按分类号分组并按出版社排序的图书报表"。将报表切换至"打印预览"视图，效果如图 5-42 所示。

图 5-41　报表设置完成时的"设计视图"

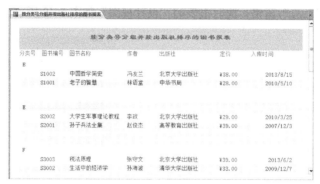

图 5-42　报表效果

5.3.3　在报表中添加计算型控件

要在报表中显示汇总数据，就必须建立计算字段，利用计算字段计算所需的数据，并通过报表中添加的计算型控件显示出来。计算控件是以表达式为数据来源的控件，表达式可以使用表或查询中的字段数据。一般来说，具有"数据来源"属性的控件都可以作为计算控件，如文本框控件。

在报表中添加计算控件的基本操作步骤如下。

① 打开报表的"设计视图"。

② 单击"报表设计工具"|"设计"选项卡中"控件"组中的计算控件（如文本框）。

③ 单击报表"设计视图"中要放置计算控件的节区域，将计算控件添加到该节中。

④ 双击刚添加的计算控件，打开该控件的"属性表"。

⑤ 在"控件来源"属性框中，输入以"="开头的表达式，如"=Date()""=Now()""=Count([读者编号])"和"=[单价]*0.8*[数量]"等。

【例 5-8】修改"例 5-8"创建的"按分类号分组并按出版社排序的图书报表"，实现报表按"分类号"字段进行分组统计，并将修改好的报表命名为"按分类号分组统计并按出版社排序的图书报表"。

具体的操作步骤如下。

① 启动 Access 2010，打开"图书管理系统"数据库，在"导航窗格"的"报表"对象中单击选定"按分类号分组并按出版社排序的图书报表"。

② 单击"开始"选项卡上"剪贴板"组中的"复制"按钮，然后单击"粘贴"按钮，弹出"粘

贴为"对话框,在该对话框中指定报表名为"按分类号分组统计并按出版社排序的图书报表",单击对话框的"确定"按钮。

③ 在"导航窗格"中双击打开"按分类号分组统计并按出版社排序的图书报表",并将报表切换至"设计视图"。

④ 在"报表设计工具"|"设计"选项卡的"控件"组中,单击"文本框"控件,单击"分类号页脚"的右侧,在"分类号页脚"节中添加一个带有附加标签控件的文本框控件,如图 5-43 所示。直接在文本框控件中输入"=Count([图书编号])",在其附加标签控件中输入"小计:",如图 5-44 所示。

图 5-43　添加文本框控件

图 5-44　设置控件的属性值

⑤ 在"报表页脚"节中添加一个"文本框"控件,直接在控件中输入"=Count([图书编号])",在其附加标签框中输入"合计:"。

⑥ 在"页面页脚"节中再添加一个"文本框"控件,直接在控件中输入如下内容:"="第" & [Page] & "页/" & "总" & [Pages] & "页"",并删除该文本框控件的附加标签框。

⑦ 在"报表页眉"节添加一个文本框控件,直接在该文本框控件中输入"=Date()",在其附加标签框中输入"制表日期:"。

⑧ 保存报表,指定报表名称为"按分类号分组统计并按出版社排序的图书报表"。报表设计视图如图 5-45 所示,将报表切换至"打印预览视图",效果如图 5-46 所示。

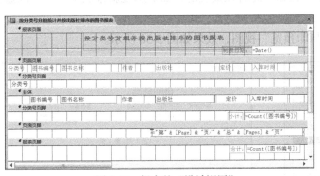

图 5-45　报表的"设计视图"

图 5-46　报表效果

5.3.4　在报表中添加页码

使用"报表向导"创建报表时,在报表中会自动添加页码,具体参见 5.2.2 节中的例 5-1。而使用"空报表"和"报表设计"创建的报表需要在报表的设计视图中通过手动添加的方式来添加页码。

在报表的设计视图中,可以通过在报表中添加文本框控件来添加页码,并设置文本框控件的"控件来源"属性值来实现,具体做法参见 5.3.3 节中的例 5-9 的步骤⑥;也可以单击"报表设计工具"|"设计"选项卡的"页眉/页脚"组中的"页码"按钮,打开"页码"对话框,实现报表页码的添加操作。

【例 5-9】 修改"例 5-3"创建的"借阅超期报表"，增加借阅超期统计与页码显示功能并保存。具体的操作步骤如下。

① 启动 Access 2010，打开"图书管理系统"数据库，在"导航窗格"的"报表"对象中双击打开"借阅超期报表"，并将报表切换至"设计视图"。

② 在"报表设计工具"|"设计"选项卡的"控件"组中，单击"文本框"控件，单击"报表页脚"的左侧，在"报表页脚"节中添加一个带有附加标签框控件的文本框控件。直接在文本框控件中输入"=Count(*)"，并设置该文本框"边框样式"属性值为"透明"，在附加标签框中输入"合计："，如图 5-47 所示。

③ 在"报表设计工具"|"设计"选项卡的"页眉/页脚"组中，单击"页码"按钮，打开"页码"对话框，在对话框中选中"格式"组中的"第 N 页，共 M 页"单选钮，选中"位置"组中的"页面底端（页脚）"单选钮，在"对齐"下拉列表中选择"居中"选项，并单击选定"首页显示页码"复选框，如图 5-48 所示。

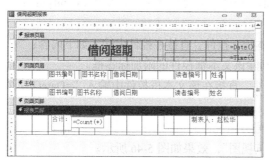

图 5-47　在报表页脚处添加计数控件

图 5-48　"页码"对话框

④ 单击"页码"对话框的"确定"按钮，此时在报表的页面页脚处新添加了一个页码显示文本框控件，如图 5-49 所示。

⑤ 保存报表，将报表切换至"打印预览"视图，效果如图 5-50 所示。

图 5-49　在页面页脚处添加页码

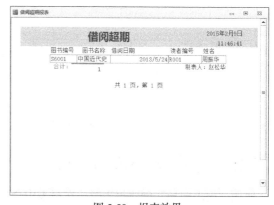

图 5-50　报表效果

5.3.5　在报表中添加背景图片

为了美化报表，可以在报表中添加背景图片，具体操作步骤如下。

① 打开待美化报表的设计视图。

② 单击"报表设计工具"|"格式"选项卡的"背景"组中的"背景图像"下拉按钮，从打

开的下拉列表中选择"浏览"命令，打开"插入图片"对话框，选择要作为背景图像的图片，单击"打开"按钮，即可为报表添加图像背景。

5.4 打印报表

报表设计完成后，即可进行报表的预览或打印。为了确保打印出来的报表符合用户要求，Access 2010 提供了打印预览报表的功能，以便对报表进行修改。

5.4.1 预览报表

报表打印之前需先切换到"打印预览"视图，以查看报表的版面和内容。Access 2010 提供了两种常用的预览报表的方法。

① 通过"开始"选项卡进行预览。打开待打印的报表，在功能区"开始"选项卡的"视图"组中单击"视图"下拉按钮，在展开的下拉列表中单击"打印预览"命令，即可将报表切换至"打印预览"视图，如图 5-51 所示。

② 通过"文件"选项卡进行预览。首先打开待打印的报表，单击"文件"选项卡，单击下拉选项中的"打印"命令，右侧弹出"快速打印""打印"及"打印预览"3 个按钮，单击"打印预览"按钮，如图 5-52 所示，即可将报表切换至"打印预览"视图。

图 5-51 通过"开始"打开预览视图

图 5-52 通过"文件"打开预览视图

在报表的"打印预览"视图中，用户可以观察到所建报表的真实情况，报表的预览视图与打印出来的效果完全一致。

5.4.2 页面设置

报表预览效果不能达到用户要求时，可以更改其页面布局，重新设置报表的页边距、纸张大小和方向等。

在报表的打印预览状态下，功能区出现"打印预览"选项卡，如图 5-53 所示。

图 5-53 "打印预览"选项卡

下面就选项卡中的一些按钮进行介绍。

- 纸张大小：单击此按钮，可提供多种纸张大小的选择，如 letter、legal、A3、A4 等，用来设置报表打印时的纸张大小。
- 页边距：单击此按钮，可提供"普通""宽""窄" 3 种页面边距选择，用来设置报表打印时页面的上、下、左、右边距。
- 纵向：设置报表以纵向方式显示数据。
- 横向：设置报表以横向方式显示数据。
- 页面设置：单击此按钮，打开"页面设置"对话框，用户通过"页面设置"对话框可完成对报表打印时的页面信息设置。
- 显示比例：提供多种比例大小的打印预览显示，如 200%、100%、75%、50%等。
- 单页、双页、其他页面：可以设置在窗体中显示一页、两页或多页报表。
- Excel、文本文件、PDF 或 XPS、电子邮件、其他：可以将报表数据以 Excel 文档、文本文件、PDF 或 XPS 文件、XML 文档格式、Word 文件、HTML 文档等格式导出，或者导出到 Access 数据库中。

在报表的"打印预览"视图中，可直接使用上述"纸张大小""页边距""纵向""横向"等命令设置报表打印时的纸张样式，也可以通过单击"打印预览"选项卡的"页面布局"组中"页面设置"按钮，打开如图 5-54 所示的"页面设置"对话框，进行报表的打印页面设置。

"页面设置"对话框包含"打印选项""页"及"列" 3 个选项卡，各选项卡功能如下。

- 打印选项：可通过直接输入数值的方式设置页面的上、下、左、右边距，还可选择是否"只打印数据"复选框，以确定报表中字段的描述性文字是否打印输出。
- 页：在该选项卡中，可设置纸张打印方向（横向或纵向）、纸张大小、纸张来源，还可以指定打印报表的打印机。
- 列：在该选项卡中，可以进行网格设置、列的尺寸设置，还可以设置列的布局方式。当网格设置列数在两列以上时，可以通过在"列间距"编辑框中输入具体数值来设置列与列之间的距离，还可以选择列的布局方式为"先列后行"或"先行后列"，如图 5-55 所示。

图 5-54 "页面设置"对话框

图 5-55 "页面设置"对话框的"列"选项卡

5.4.3 报表打印

页面设置完成后便可打印报表。单击"打印预览"选项卡的"打印"组中"打印"按钮，打开"打印"对话框，如图 5-56 所示。

"打印"对话框由"打印机""打印范围"及"份数"3 部分组成。

- 打印机：单击"名称"右侧列表框的下拉按钮可选择用于报表打印的打印机，并在列表框的下方显示相应打印机的状态和属性。
- 打印范围：用于指定报表打印的页数范围，可以设置为全部页面或指定页数范围。
- 份数：用于指定报表打印份数，默认为一份。

图 5-56　"打印"对话框

完成相应的打印选项设置之后，单击"确定"按钮，即可在指定打印机上打印报表。

此外，在"打印"对话框的左下角的有一个"设置"按钮，单击此按钮可以打开"页面设置"对话框对报表打印页面进行设置。

习 题 5

一、填空题

1. 一个完整的报表由报表页眉、_____、_____、_____、_____、_____和报表页脚 7 个部分组成。

2. 要在报表每一页顶部都输出信息，需要设置_____。

3. Access 报表对象的数据源可以设置为_____。

4. 计算控件的控件来源属性一般设置为以_____开头的计算表达式。

5. 利用报表不仅可以创建_____，而且可以对记录进行分组，计算各组的汇总数据。

6. 在 Access 中，创建报表的 3 种方式为：_____、使用向导功能和使用设计视图功能创建。

7. 页面页眉中的文字或控件一般输出显示在每页的_____。

8. 如果要在某报表结尾处添加整个报表的数量总计，可以将_____放在报表页脚。

9. 要实现报表按某字段分组输出，需要设置该字段组_____。

二、选择题

1. 在 Access 数据库中，专用于打印的对象是（　　）。

　　A. 查询　　　　　　B. 报表　　　　　　C. 表　　　　　　D. 宏

2. 报表的数据源（记录源）（　　）。

　　A. 可以是任意对象　　　　　　　　B. 只能是表对象

　　C. 只能是查询对象　　　　　　　　D. 只能是表对象或查询对象

3. 在报表中可以对记录分组，分组必须建立在（　　）的基础上。

　　A. 筛选　　　　　　B. 抽取　　　　　　C. 排序　　　　　　D. 计算

4. 在报表中，如果要对分组进行计算，应当将计算控件添加到（　　）中。

　　A. 页面页眉或页面页脚　　　　　　B. 报表页眉或报表页脚

　　C. 组页眉或组页脚　　　　　　　　D. 主体

5. 通过（　　），可以将报表对象保存为单一文件。

　　A. 剪切　　　　　　B. 复制　　　　　　C. 粘贴　　　　　　D. 导出报表

6. 报表页眉的内容只在报表的（　　）打印输出。

A. 第一页顶部   B. 第一页尾部   C. 最后页中部   D. 最后页尾部

7. 报表中的内容是按照（　　　）单位来划分的。

     A. 章   B. 节   C. 页   D. 行

8. 如果建立报表所需要显示的信息位于多个数据表上，则必须将报表基于（　　　）来制作。

     A. 多个数据表的全部数据

     B. 由多个数据表中相关数据建立的查询

     C. 由多个数据表中相关数据建立的窗体

     D. 由多个数据表中相关数据组成的新表

9. 在报表"属性表"中，有关报表外观特征方面的属性值（如标题、宽度和滚动条等）是在（　　　）选项卡中进行设置的。

     A. "格式"   B. "事件"   C. "数据"   D. "其他"

10. 要想在报表的页脚中显示"page"和空格，然后显示页码，则在设计时应该输入（　　　）。

     A. = Page & Page   B. = Page & [Page]

     C. = "Page " & [Page]   D. = " Page" & [Page]

11. 下列关于排序和分组的说法中，不正确的是（　　　）。

     A. 只要有分组（组页眉为"是"），就一定会有"排序次序"，默认是递增排序

     B. 排序与分组没有绝对关系

     C. 有分组必有排序，反之亦然

     D. 有分组必有排序，但反过来说，设置排序之后，却不一定使用分组，视需求而定

12. 下列说法中，正确的是（　　　）。

     A. 主报表和子报表必须基于相同的记录源

     B. 主报表和子报表必须基于相关的记录源

     C. 主报表和子报表不可以基于完全不同的记录源

     D. 主报表和子报表可以基于完全不同的记录源

13. 在"外部数据"选项卡的"导出"组中包含有"Excel""文本文件""XML 文件"和"（　　　）"等按钮。

     A. PDF 或 XPS   B. 图片文件   C. 音乐文件   D. 视频文件

14. 如果设置报表上某个文本框的控件来源属性为"=2*3+1"，则打开报表视图时，该文本框显示信息是（　　　）。

     A. 未绑定   B. 7   C. 2*3+1   D. 出错

15. 用来查看报表页面数据输出形态的视图是（　　　）。

     A. "设计"视图   B. "打印预览"视图

     C. "报表预览"视图   D. "版面预览"视图

三、简答题

1. 报表的功能是什么？

2. 报表主要有哪 3 种视图？

3. 常见的报表格式有哪几种？

4. 在报表中最多可按多少个字段或表达式进行分组？举例说明在报表中对记录进行分组操作的具体步骤。

5. 在报表中最多可按多少个字段或表达式进行排序？举例说明在报表中对记录进行排序操作

的具体步骤。

　　6. 在报表中如何添加页码？

　　7. 在报表设计视图中，报表的结构由哪几个组成部分？

四、操作题

对"图书管理系统"数据库完成以下两个操作。

1. 创建"读者借阅统计报表"，并对报表进行如下操作。

① 在报表中的报表页眉节区添加一个标签控件，标题显示为"读者借阅统计报表"。

② 在报表页脚节区添加一个计算控件，计算并显示读者借阅图书的数目。

2. 创建"读者基本信息报表"，并对报表进行如下操作。

① 在报表中的报表页眉节区添加一个标签控件，标题显示为"读者基本信息表"。

② 对报表添加的工作单位分组。

③ 在工作单位页脚节中添加一个计算控件，计算并显示各工作单位的总人数。

④ 在页面页脚节中添加计算控件，显示页面页码。

第6章 宏

在 Access 中，经常要重复进行某一项工作，这将会花费很多时间而且不能保证所完成工作的一致性。此时，利用 Access 提供的宏（Macro）来完成这些重复的工作是最好的选择。使用宏可以更容易地向数据库中添加功能，并有助于提高安全性。

6.1 宏 概 述

宏是由一个或多个操作命令组成的集合，其中每个操作都执行特定的功能。例如，排序、查询和打印操作等。可以通过创建宏来自动执行一项重复的或者十分复杂的任务，或执行一系列复杂的任务。

这些操作命令是由 Access 定义，如 Access 定义了 OpenForm 命令来打开窗体。在宏对象中，可以定义各种动作，如打开和关闭窗体、显示及隐藏工具栏、预览或打印报表等。一般来说，对于事务性的或重复性的操作，一般通过宏来完成。当要进行数据库的复杂操作和维护以及错误处理时，应该使用 VBA（Visual Basic for Application），这部分内容将在本书的第 7 章介绍。

宏可以执行的主要任务如下。

- 自动打开和排列常用的表、窗体和报表。
- 给窗体和报表增加命令按钮，方便执行应用任务，如打印等。
- 验证输入到窗体的数据，宏所用的验证规则比表设计中的验证规则更具灵活性。
- 定制用户界面，如菜单和对话框等，方便与用户交互。
- 自动化数据的传输，方便地在 Access 表间或 Access 与其他软件之间自动导入或导出数据。

宏是一种简化操作的工具，使用宏时，不需要记住各种语法，也不需要编程，只需要将所执行的操作、参数和运行的条件输入到宏窗口即可。

6.1.1 宏的分类

在 Access 中，根据宏所处的位置不同，宏可以分为独立宏、嵌入宏和数据宏。

独立宏即宏对象，是一个独立的对象，显示在导航窗格中的宏对象列表中。独立宏可以在应用程序的许多位置重复使用，窗体、报表或控件的任意事件都可以调用独立宏。

嵌入宏是嵌入到窗体、报表或控件的事件属性中的宏，它成为了窗体、报表或控件的一部分。嵌入宏在导航窗格中不可见，只作用于特定的对象。

数据宏是在表上创建的宏，当向表中插入、更新或删除数据时执行某些操作，从而验证和确保表数据的准确性。数据宏在导航窗格中不可见。

本章主要介绍独立宏。独立宏按宏中操作的多少和组织方式，可分为操作序列宏、宏组和条件宏。

1. 操作序列宏

操作序列宏是一系列的宏操作组成的序列，每次运行该宏时，Access 都会按照操作序列中命令的先后顺序执行，如图 6-1 所示。

图 6-1　操作序列宏

在图 6-1 中的操作序列的宏名是"打开读者表"。该宏包含有两个宏操作，按照先后顺序执行。MessageBox宏弹出一个提示对话框，提示信息为"以只读方式打开读者表！"，并发出嘟嘟声，提示类型为"信息"，对话框标题为"提示"。OpenTable 宏以只读方式打开"读者"表。

2. 宏组

上面的操作序列宏，是以宏对象名"打开读者表"保存在 Access 窗口左边的"所有 Access 对象"宏对象列表中，里面只有两个宏操作。宏组是指一个宏对象包括若干个子宏，每个子宏都有自己的宏操作，而子宏之间是通过宏名来标识，如图 6-2 所示。

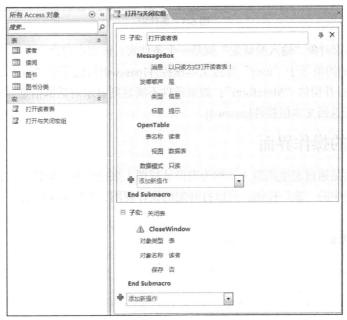

图 6-2　打开与关闭宏组

在图 6-2 中的宏对象"打开与关闭宏组"就是一个宏组，该宏组里面包含有两个子宏"打开读者表"和"关闭表"，每个子宏都有自己的宏操作。

把若干个子宏放到一个宏组里，不仅可以减少宏组的个数，而且可以方便地对数据库中的宏进行分类管理和维护。宏组中的每一个子宏都能独立运行，相互之间可以没有影响。

为了运行宏组中的宏，可以使用"宏组名.宏名"的格式调用宏组中的宏。

3. 条件宏

条件宏是指带有条件列的宏。在条件列中指定某些条件，如果条件成立才执行对应的操作；

如果条件不成立，将跳过条件对应的操作，如图 6-3 所示。

图 6-3　条件宏

在图 6-3 中的宏对象"输入验证宏"就是一个条件宏，该宏中包含一个 IF 条件判断语句，如果文本框控件[user]的值等于"user"并且文本框控件[passwd]的值等于"pass"，则首先关闭窗体"LoginForm"，再打开窗体"Mainform"；如果条件不满足则显示对话框信息"密码输入错误，请重新输入！"，光标返回文本框控件[passwd]。

6.1.2　宏的操作界面

宏的操作界面是通过宏生成器（又称为宏设计视图）来操作的。切换到"创建"选项卡，单击"宏与代码"组中的"宏"按钮，可以打开宏的设计视图，如图 6-4 所示。

图 6-4　宏的操作界面

在 Access 中，宏只有一种视图，就是设计视图，可以在宏的设计视图中创建、修改和运行宏。

6.1.3　常用的宏操作命令

Access 中提供了几十种宏操作命令，下面介绍一些常用的命令，如表 6-1 所示。

表 6-1　　　　　　　　　　　　　　常用的宏命令

操作功能	操 作 名 称	功 能 说 明
打开 保存 关闭	OpenForm（打开窗体）	在"窗体"视图、"设计"视图、"打印预览"或"数据表"视图中打开窗体
	OpenQuery（打开查询）	打开选择查询或交叉表查询，或者执行操作查询。查询可在"数据表"视图、"设计"视图或"打印预览"中打开
	OpenReport（打开报表）	在"设计"视图或"打印预览"中打开报表，或立即打印该报表
	OpenTable（打开表）	在"数据表"视图、"设计"视图或"打印预览"中打开表
	OpenView（打开视图）	在"数据表"视图、"设计"视图或"打印预览"中打开视图
	CloseWindow（关闭窗体）	关闭指定的窗口，如果无指定的窗口，则关闭激活的窗口
	QuitAccess（退出）	退出 Microsoft Office Access。可从几种保存选项中选择一种
数据宏	ApplyFilter（筛选记录）	在表、窗体或报表中应用筛选、查询或 SQL WHERE 子句可限制或排序来自表中的记录，或来自窗体、报表的表或查询中的记录
	FindNextRecord（查找下一条）	查找符合最近的 FindRecord 操作或"查找"对话框中指定条件的下一条记录。使用此操作可移动到符合同一条件的记录
	FindRecord（查找记录）	查找符合指定条件的第一条或下一条记录。记录能在激活的窗体或数据表中查找
	GoToRecord（指定记录）	在表、窗体或查询结果集中的指定记录成为当前记录
	ShowAllRecords（显示记录）	从激活的表、查询或窗体中移去所有已应用的筛选。可显示表或结果集中的所有记录，或显示窗体的基本表或查询中的所有记录
	Requery（刷新记录）	在激活的对象上实施指定控件的重新查询。
光标控制	GoToControl（移动光标）	将焦点移到激活数据表或窗体上指定的字段或控件上
	GoToPage（指定页）	将焦点移到激活窗体指定页的第一个控件。使用 GoToControl 操作可将焦点移到指定字段或其他控件
宏控制	RunCommand（运行命令）	执行一个 Microsoft Office Access 菜单命令
	RunMacro（运行宏）	执行一个宏。可用该操作从其他宏中执行宏、重复宏、基于某一条件执行宏，或将宏附加于自定义菜单命令
	StopMacro（停止宏）	终止当前正在运行的宏。如果回应和系统消息的显示被关闭，此操作也会将它们都打开。在符合某一条件时，可使用此操作来终止一个宏
导出数据	ExportWithFormatting（导出命令）	将指定数据库对象中的数据输出成 Excel(.xls)、超文本(.rtf)、MS-DOS 文本(.txt)、HTML(.htm)或快照(.snp)格式
打印对象	PrintObject（打印）	打印激活的数据库对象。可以打印数据表、报表、窗体以及模块
显示警告	Beep（响铃）	使计算机发出嘟嘟声。使用此操作可表示错误情况或重要的可视性变化
	MessageBox（对话框命令）	显示含有警告或提示消息的消息框。常用于在验证失败时显示一条消息

6.2 宏 的 创 建

在使用宏之前，必须先创建宏。创建宏的过程主要有指定宏名、添加操作、设置操作参数及提供备注等。

6.2.1 创建操作序列宏

下面通过实例说明创建操作序列宏的方法。

【例 6-1】创建一个名为"打开读者表"的操作序列宏，宏中包含"MessageBox"和"OpenTable"两个操作。宏的操作和功能参见图 6-1 与说明。

具体的操作步骤如下。

① 启动 Access 2010，打开"图书管理系统"数据库。

② 选择"创建"选项卡，在"宏与代码"组中单击"宏"按钮，打开宏设计视图。

③ 在宏设计视图中，单击"添加新操作"组合框右侧的下拉箭头，从弹出的列表中选择要使用的操作，本例选择"MessageBox"操作。

④ 选择相应的操作后，宏设计窗口中会根据所选命令不同，自动显示不同的参数。选择"MessageBox"操作时，有 4 个参数，分别是"消息""发出嘟嘟声""类型"和"标题"，分别输入如图 6-5 所示的信息。

⑤ 完成"MessageBox"操作参数设置后，单击下一操作行"添加新操作"组合框右侧的下拉箭头，在下拉列表中选择"OpenTable"操作。选择"OpenTable"操作时，有 3 个参数，分别是"表名称""视图"和"数据模式"，分别输入如图 6-6 所示的信息。

⑥ 单击快速访问工具栏上的"保存"按钮，弹出"另存为"对话框，在对话框中输入"打开读者表"，如图 6-7 所示，单击"确定"按钮，宏创建完毕。

图 6-5 "MessageBox"操作参数设置　　图 6-6 "OpenTable"操作参数设置　　图 6-7 "另存为"对话框

如果需要宏在打开该数据库时可以自动运行，应该在保存时把宏命名为"AutoExec"。如果想取消自动运行，打开数据库时按住<Shift>键即可。

6.2.2 创建宏组

创建宏组需要使用"宏设计视图"右边"操作目录"中的"Submacro"子宏程序流程。下面通过实例说明创建宏组的方法。

【例 6-2】创建一个名为"打开与关闭宏组"的宏组，其中包含两个子宏"打开读者表"和"关闭表"。子宏"打开读者表"包含"MessageBox"和"OpenTable"两个宏操作，子宏"关闭表"

包含"CloseWindow"一个宏操作。宏组的操作和功能参见图 6-2 与说明。

具体的操作步骤如下。

① 启动 Access　2010，打开"图书管理系统"数据库。

② 选择"创建"选项卡，在"宏与代码"组中单击"宏"按钮，打开宏设计视图。

③ 在宏设计视图中，双击"操作目录"中的"Submacro"即可创建一个子宏，子宏默认名为"Sub1"，如图 6-8 所示。

图 6-8　创建子宏

④ 输入子宏名为"打开读者表"，并在下面的"添加新操作"中，添加"MessageBox"和"OpenTable"两个宏操作，相关参数请参考图 6-2。

⑤ 选择最下方的"添加新操作"，再次双击"操作目录"中的"Submacro"，即可继续创建子宏，子宏默认名为"Sub2"，修改子宏名为"关闭表"。在子宏的"添加新操作"组合框下拉列表中选择"CloseWindow"操作。选择"CloseWindow"操作时，有 3 个参数，分别是"对象类型""对象名称"和"保存"，相关参数如图 6-9 所示。

图 6-9　"CloseWindow"操作参数设置

⑥ 单击"保存"按钮，在弹出的"另存为"对话框中输入"打开与关闭宏组"，然后单击"确定"按钮，宏组创建完毕。

6.2.3　创建条件宏

创建条件宏需要使用"宏设计视图"右边"操作目录"中的"IF"程序流程。下面通过实例说明创建条件宏的方法。

【例 6-3】　创建一个名为"输入验证宏"的条件宏，其中包含"OpenForm""MessageBox"和"GoToControl" 3 个宏操作。条件宏的操作和功能参见图 6-3 与说明。

具体的操作步骤如下。

① 启动 Access　2010，打开"图书管理系统"数据库。

② 选择"创建"选项卡，在"宏与代码"组中单击"宏"按钮，打开宏设计视图。

③ 在宏设计视图中，双击"操作目录"中的"if"，即可创建一个条件宏。首先在"if"右边的文本框中输入判断的条件 "[user]="user" And [passwd]="pass""，其中[user]和[passwd]为条件宏所在窗体上用户文本框和密码文本框控件的名字，具体设计见 6.4 节"宏的应用"。判断条件的输入如图 6-10 所示。

图 6-10　输入判断条件

④ 在判断条件框的下面，单击"添加新操作"组合框下拉列表中的"CloseWindow"操作，在参数项"对象类型""对象名称"和"保存"中分别输入"窗体""LoginForm"和"否"，即如果条件满足，则条件宏执行宏操作"CloseWindow"，关闭窗体"LoginForm"。

⑤ 继续添加宏操作，选择"添加新操作"下拉列表，选择宏操作"OpenForm"，在参数项"窗体名称"、"视图"和"窗口模式"中分别输入"MainForm"、"窗体"和"普通"，即如果条件满足，则条件宏执行宏操作"OpenForm"，打开窗体"MainForm"。

⑥ 下面设计条件不满足的情况需要执行的宏操作。单击条件宏右下角的链接"添加 Else"，弹出"Else"语句。选择"Else"下面的"添加新操作"下拉列表，分别添加宏操作"MessageBox"和"GotoControl"，两个宏的操作参数如图 6-11 所示。

当判断条件不满足时，则执行宏操作"MessageBox"显示提示信息"密码输入错误，请重新输入！"，然后执行宏操作"GoToControl"，将光标返回到条件宏所在窗体上的文本框控件[passwd]处，提示继续尝试输入密码。

图 6-11　宏操作参数

⑦ 单击"保存"按钮，在弹出的"另存为"对话框中输入"输入验证宏"，然后单击"确定"按钮，条件宏创建完毕。

条件宏创建完成后，不能立刻运行。因为其中判断条件需要用到条件宏所在窗体上的文本框[passwd]。目前为止，还没有创建相关窗体，如果运行该宏，会提示错误信息"MicroSoft Access 不能找到您在表达式中输入的名称"passwd""。条件宏的具体应用见 6.4 节"宏的应用"。

6.3　宏的运行与调试

当创建了一个宏以后，需要对宏进行运行和调试，以便查看创建的宏是否有错误，是否是预定的任务。

6.3.1　宏的运行

宏的运行方法有直接运行、运行宏组中的宏、通过窗体、报表或控件的响应事件运行宏和在 VBA 中运行宏 4 种方法。常采用第二种方法来运行宏。

1.　直接运行宏

如果要直接运行宏，可以执行下列操作之一。

● 在宏设计视图中，单击"宏工具" | "设计"选项卡的"工具"组中的"运行"按钮。

● 在数据库导航窗格中，单击"宏"对象，然后双击相应的宏名。

● 在数据库主窗口中，选择"数据库工具"选项卡，单击"宏"命令组中的"运行宏"按钮，在打开的"执行宏"对话框中选择或输入要运行的宏。

2.　运行宏组中的宏

如果要运行宏组中的宏，可以执行下列操作之一。

- 将宏指定为窗体或报表的事件属性，或指定为"RunMacro"操作的宏名参数。引用方法为：宏组名.宏名。
- 在数据库主窗口中，选择"数据库工具"选项卡，单击"宏"命令组中的"运行宏"按钮，在打开的"执行宏"对话框中选择或输入要运行的宏。

3. 通过窗体、报表或控件的响应事件运行宏

在 Access 中可以通过选择运行宏或事件过程来响应窗体、报表或控件上发生的事件。操作步骤如下。

① 在"设计视图"中打开窗体或报表。

② 设置窗体、报表或控件的有关事件属性为宏的名称或事件过程。

4. 在 VBA 中运行宏

在 VBA 程序中运行宏，要使用 DoCmd 对象中的 RunMacro 方法。

语句格式：DoCmd.RunMacro "宏名"。

6.3.2　宏的调试

在 Access 中，为了发现并排除导致错误或产生非预期结果的操作，可以使用单步运行宏的方法，观察宏的流程和每一个操作的结果。

【例 6-4】　以单步执行方式运行"打开读者表"宏。

具体的操作步骤如下。

① 在设计视图中打开"打开读者表"宏。

② 单击"宏"组中的"单步"按钮，使其处于按下状态。

③ 单击"宏"组中的"运行"按钮，弹出"单步执行宏"对话框，如图 6-12 所示。

④ 单击"单步执行宏"对话框中的"单步执行"按钮，以执行其中的操作。

图 6-12　单步执行宏

　　　　单击"单步执行宏"对话框中的"停止所有宏"按钮，可停止宏的执行并关闭对话框。单击"继续"按钮，可关闭"单步执行宏"对话框，并执行宏的下一个操作命令。

在单步执行宏时，"单步执行宏"对话框中列出了每一步所执行的宏操作"条件"是否成立以及操作名称和参数。通过观察这些内在的结果，可以得知宏操作是否按预期执行。如果宏操作有误，则会显示"操作失败"对话框。

6.4　宏 的 应 用

前面介绍了如何创建宏以及简单地运行宏，但是在 Access 中宏并不是单独使用的，必须有一个触发器，而这个触发器通常是由窗体、页及其上面的控件的各种事件来担任的。例如，在窗体上单击一个按钮，这个单击事件就可以触发一个宏的操作。

下面通过一个应用宏的窗体的综合实例来介绍宏的使用方法。

【例 6-5】 设计一个登录窗体 LoginForm，一个主窗体 MainForm。在登录窗体中输入用户名和密码，如果输入正确则进入主窗体，否则弹出对话框显示"密码输入错误，请重新输入！"。在主窗体中可以用只读方式打开"读者"表和关闭"读者"表。

具体的操作步骤如下。

① 启动 Access 2010，打开"图书管理系统"数据库。

② 创建两个窗体并分别命名为"LoginForm"和"MainForm"，添加相关控件后的效果分别如图 6-13 和图 6-14 所示。

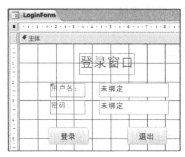

图 6-13　登录窗体 LoginForm

图 6-14　主窗体 MainForm

"LoginForm"窗体上的两个文本框控件分别命名为"user"和"passwd"。

③ 创建"退出宏"，宏中只有一个宏操作"CloseWindow"，并且不需要输入任何操作参数，如图 6-15 所示，其功能是关闭当前窗体。

本例还需要使用例 6-2 和例 6-3 创建的"打开与关闭宏组"和"输入验证宏"宏。

④ 将宏与窗体控件上的事件绑定。打开窗体"LoginForm"的设计视图，选定"登录"按钮，单击"窗体设计工具" | "设计"选项卡的"工具"组中的"属性表"按钮，弹出"登录"按钮的属性表，选择"事件"选项卡，在"单击"事件右边的下拉列表框中选择"输入验证宏"，如图 6-16 所示。

图 6-15　创建"退出宏"

图 6-16　按钮的单击事件绑定宏

⑤ 仿照步骤④的操作，将"退出"按钮的单击事件绑定"退出宏"。保存窗体并关闭。

⑥ 打开"MainForm"窗体的设计视图，将"打开表"按钮的单击事件绑定宏"打开与关闭宏组.打开"，将"关闭表"按钮的单击事件绑定宏"打开与关闭宏组.关闭"，将"退出"按钮的单

击事件绑定"退出宏"。保存窗体并关闭。

　　⑦ 运行"LoginForm"窗体，检验登录功能是否实现。

说明　　本例使用按钮单击事件绑定独立宏来完成的功能，也可以用为按钮单击事件创建嵌入宏的方式实现。要为按钮的 OnClick 事件创建嵌入宏，可以右键单击该按钮，选择快捷菜单中的"事件生成器"命令，在弹出的"选择生成器"对话框中选中"宏生成器"选项，单击"确定"按钮，在打开的宏生成器中添加所需的宏操作，完成后保存并关闭宏生成器即可。嵌入宏不会显示在导航窗格中，这与独立宏不同。

习 题 6

一、选择题

1. 以下关于宏的说法不正确的是（　　　）。

　　A. 宏能够一次完成多个操作

　　B. 每一个宏命令都是由动作名和操作参数组成的

　　C. 宏可以是很多宏命令组成在一起的宏

　　D. 宏是用编程的方法来实现的

2. 以下能用宏而不需要 VBA 就能完成的操作是（　　　）。

　　A. 事务性或重复性的操作　　　　　　　B. 数据库的复杂操作和维护

　　C. 自定义过程的创建和使用　　　　　　D. 一些错误过程

3. 以下不能用宏而只能用 VBA 完成的操作是（　　　）。

　　A. 打开和关闭窗体　　　　　　　　　　B. 显示和隐藏工具栏

　　C. 运行报表　　　　　　　　　　　　　D. 自定义过程的创建和使用

4. 以下对于宏和宏组的描述不正确的是（　　　）。

　　A. 宏组是由若干个宏构成的

　　B. Access 中的宏是包含操作序列的一个宏

　　C. 宏组中的各个宏之间要有一定的联系

　　D. 保存宏组时，指定的名字设为宏组的名字

5. 宏是指一个或多个（　　　）。

　　A. 命令集合　　　　B. 操作集合　　　　C. 对象集合　　　　D. 条件表达式集合

6. VBA 的自动运行宏，应当命名为（　　　）。

　　A. AutoExec　　　　B. AutoExe　　　　C. Auto　　　　D. AutoExec. bat

7. 有关宏操作，以下叙述错误的是（　　　）。

　　A. 宏的条件表达式中不能引用窗体或报表的控件值

　　B. 所有宏操作都可以转化为相应的模块代码

　　C. 使用宏可以启动其他应用程序

　　D. 可以利用宏组来管理相关的一系列宏

8. 在 Access 数据库系统中，不是数据库对象的是（　　　）。

　　A. 数据库　　　　　B. 报表　　　　　　C. 宏　　　　　　D. 查询

9. 创建宏时不用定义（　　）。

    A. 宏名 　　　　　　　　　　　　　　B. 窗体或报表控件属性

    C. 宏操作目标 　　　　　　　　　　　D. 宏操作对象

10. 宏组中宏的调用格式是（　　）。

    A. 宏组名. 宏名　　　B. 宏组名!宏名　　　C. 宏组名[宏名]　　　D. 宏组名(宏名)

11. 宏中的每个操作都有名称，用户（　　）。

    A. 能够更改操作名 　　　　　　　　　B. 不能更改操作名

    C. 能对有些宏名进行更改 　　　　　　D. 能够调用外部命令更改操作名

12. 一个非条件宏，运行时系统会（　　）。

    A. 执行部分宏操作 　　　　　　　　　B. 执行全部宏操作

    C. 执行设置了多数的宏操作 　　　　　D. 等待用户选择执行每个宏操作

13. 能够创建宏的是（　　）。

    A. 窗体设计器　　　B. 报表设计器　　　C. 表设计器　　　D. 宏设计器

14. 用于打开窗体的宏命令是（　　）。

    A. OpenForm　　　B. OpenReport　　　C. OpenQuery　　　D. OpenTable

15. 用于显示消息框的命令是（　　）。

    A. Beep　　　B. MessageBox　　　C. InputBox　　　D. DisBox

16. 宏命令 OpenReport 的功能是（　　）。

    A. 打开窗体　　　B. 打开查询　　　C. 打开报表　　　D. 增加菜单

17. 在 Access 系统中，宏是按（　　）调用的。

    A. 名称　　　B. 标识符　　　C. 编码　　　D. 关键字

18. 若想取消自动宏的自动运行，打开数据库时应按住（　　）键。

    A. Alt　　　B. Shift　　　C. Ctrl　　　D. Enter

19. 条件宏的条件项是一个（　　）。

    A. 字段列表　　　B. 算术表达式　　　C. 逻辑表达式　　　D. SQL 语句

20. 条件宏的条件项的返回值是（　　）。

    A. "真"　　　B. "假"　　　C. "真" 或 "假"　　　D. 不能确定

二、填空题

1. 宏是一个或多个_____的集合。

2. 如果要引用宏组中的宏，采用的语法是_____。

3. 如果要建立一个宏，希望执行该宏后，首先打开一个表，然后打开一个窗体，那么在该宏中应该使用 OpenTable 和_____两个操作命令。

4. 在宏的表达式中引用窗体控件的值可以用表达式_____。

5. 有多个操作构成的宏，执行时按_____依次执行。

6. 定义_____有利于数据库中宏对象的管理。

7. VBA 的自动运行宏，必须命名为_____。

8. 宏以动作为基本单位，一个宏命令能够完成一个操作动作，宏命令是由_____组成的。

9. 在宏中加入_____，可以实现只有在满足一定的条件时才能完成某种操作。

10. 宏的使用一般是通过窗体、报表中的_____实现的。

11. 当宏与宏组创建完成后，只有运行_____，才能产生宏操作。

12. 直接运行宏组时，只执行_____所包含的所有宏命令。

13. 经常使用的宏的运行方法是：将宏赋予某一窗体或报表控件的_____，通过触发事件运行宏或宏组。

14. 在"宏"编辑窗口，打开"操作"栏所对应的_____，将列出 Access 中的所有宏命令。

三、简答题

1. 简述 Access 宏的定义。

2. 宏可执行的主要任务有哪些？

3. 独立宏与嵌入宏的区别是什么？

4. 什么是条件宏？

5. 宏的运行方式有哪几种？

四、操作题

试在"图书管理系统"数据库中完成以下操作。

1. 设计制作如图 6-17 所示的"主界面"窗体，并创建一个名为"主界面"的宏组，其中包含 9 个子宏，各子宏中的操作分别与"主界面"窗体中的 9 个按钮所要完成的功能相对应。例如，"借书"子宏中包括打开"借书"窗体和关闭"主界面"窗体的操作。最后，将"主界面"窗体中 9 个按钮的单击事件绑定相关的子宏，实现各按钮的预期功能。

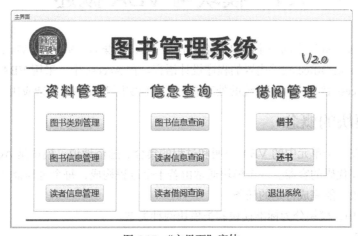

图 6-17 "主界面"窗体

2. 设计制作如图 6-18 所示的"欢迎"窗体，并为"进入"按钮的单击事件创建嵌入宏，实现单击按钮后关闭"欢迎"窗体，并打开"主界面"窗体。

图 6-18 "欢迎"窗体

第7章
模块与 VBA 程序设计

在 Access 数据库系统中，使用宏可以实现事件的响应处理，完成一些简单的操作任务，但宏的功能有一定的局限性。如果要对数据库对象进行更复杂、更灵活的控制，就需要通过编写程序代码来完成。在 Access 2010 中，编程是通过在模块中使用 VBA（Visual Basic for Application）语言实现的。利用模块可以将数据库中的各种对象联接起来，构成一个完整的数据库应用系统。

7.1 模块与 VBA 概述

模块是 Access 数据库中的一个重要对象，是程序代码的集合。VBA 是 Visual Basic 语言的一个子集，是 Microsoft Office 软件内置的程序设计语言。在 Access 中，采用 VBA 编写程序代码，可以大大提高 Access 数据库应用系统的处理能力，实现实际开发中的复杂应用。

7.1.1 模块的概念

模块是存储在一个单元中的 VBA 声明和过程的集合。通俗地说，模块是 Access 数据库中用于保存 VBA 程序代码的容器。一个模块通常由若干个过程构成，每个过程都是一个功能上相对独立的程序代码段，能完成特定的任务。

Access 2010 中，模块分为标准模块和类模块两种类型。

1. 标准模块

标准模块是指与窗体、报表等对象无关的程序模块，在 Access 数据库中是一个独立的模块对象。在标准模块中，放置的是可供整个数据库的其他过程使用的公共过程，这些过程不与某个具体的对象关联。如果想使设计的 VBA 代码具有在多个地方使用的通用性，就把它放在标准模块中。

在标准模块中定义的公共变量和公共过程具有全局特性，其作用范围是整个应用程序，也就是说能作用到所在的数据库应用程序中的所有模块中；其生命周期是伴随着应用程序的运行而开始、关闭而结束。在各个标准模块内部也可以定义私有变量和私有过程供本模块内部使用。

每个标准模块都有唯一的名称。在 Access 导航窗格的"模块"对象中，可以查看数据库中的标准模块。

2. 类模块

类模块是指包含新对象定义的模块，用户每次创建一个新对象，就会新建一个类模块。类模块包括窗体模块、报表模块和自定义模块。

窗体模块和报表模块从属于各自的窗体和报表，通常都含有事件过程，可以使用事件过程来控制窗体或报表的行为，以及它们对用户操作的响应。在事件过程中添加程序代码，可使得当窗体、报表或其上的控件发生相应的事件时，运行这些程序代码。窗体模块和报表模块中的过程可以调用标准模块中已经定义好的公共过程。

窗体模块和报表模块具有局部特性，其作用范围局限在所属窗体或报表内部，而生命周期则伴随着窗体或报表的打开而开始、关闭而结束。

自定义模块也称为独立的类模块，它不依附于任何窗体和报表，允许用户自定义所需的对象、属性和方法。

7.1.2　VBA 的编程环境

VBA 的编程环境也称 VBE（Visual Basic Editor），如图 7-1 所示，它以 Visual Basic 集成开发环境为基础，在其中可以编辑、调试和运行 VBA 程序。VBE 由标题栏、菜单栏、工具栏、工程窗口、代码窗口和属性窗口组成，此外还有立即窗口、本地窗口和监视窗口等，可以通过"视图"菜单中的相应命令来显示或关闭这些窗口。

图 7-1　VBA 的编程环境

1. 工具栏

默认情况下，VBE 中显示的工具栏为标准工具栏。选择"视图"|"工具栏"菜单中的相应命令，可以显示其他工具栏。在设计标准模块时，常用的工具栏按钮及其功能如表 7-1 所示。

表 7-1　常用按钮及其功能

图　标	名　称	功　能
▶	运行子过程/用户窗体	运行当前过程或当前窗体
❚❚	中断	中断正在运行的程序
■	重新设置	结束正在运行的程序
▧	工程资源管理器	显示工程窗口
▨	属性窗口	显示属性窗口

2. 工程窗口

工程窗口也称为工程资源管理器，一个数据库应用系统即为一个工程。在工程窗口中，以树形目录的形式列出了当前应用系统中的所有类模块和标准模块，双击列表中的某个模块对象，就可以打开其代码窗口。在默认情况下，该工程的名称与当前数据库的名称相同。

3. 属性窗口

属性窗口列出了所选对象的所有属性，并允许用户对属性值进行修改。

4. 代码窗口

代码窗口用于输入和编辑 VBA 代码。该窗口的上部有两个组合框，分别是"对象"组合框和"过程"组合框。"对象"组合框中列出了当前模块中的所有对象，设计时可在其中选择一个作为当前对象。"过程"组合框中显示当前过程，对于窗体模块和报表模块，"过程"组合框列出了当前对象能响应的所有事件以及用户编写的通用过程；而对于标准模块，"过程"组合框列出了当前模块中已编写的所有过程。

7.1.3 模块的创建

模块的结构可以分成两个部分，即通用声明段和若干个过程。通用声明段位于模块的最顶部，处在所有过程的外部，主要用于对模块的参数进行说明，以及定义模块级变量和全局变量。过程由 VBA 代码构成，用于实现某些特定的功能。

模块的创建有以下几种方法。

① 在 Access 中创建一个窗体或报表，Access 都会自动创建一个对应的窗体模块或报表模块。

② 在 Access 中，单击"创建"选项卡，在"宏与代码"命令组中单击"模块"或"类模块"命令按钮，即可打开 VBE 窗口并建立一个新的模块。

③ 在 VBE 窗口中，选择"插入"|"模块"菜单命令可以创建新的标准模块，选择"插入"|"类模块"菜单命令可以创建新的类模块；也可以单击标准工具栏中"插入模块"按钮右侧的向下箭头，从下拉列表中选择"模块"选项或"类模块"选项。

【例 7-1】 在"图书管理系统"数据库中创建一个名为"模块入门"的标准模块，并在其中添加一个简单的过程。

具体的操作步骤如下。

① 在 Access 中打开"图书管理系统"数据库，选择"创建"选项卡，单击"宏与代码"命令组中的"模块"按钮，进入 VBE 环境。

② 在代码窗口中输入"Sub Hello"后，按下键盘上的<Enter>键，系统将自动生成完整的过程框架，即表示过程开始与结束的"Sub Hello()"和"End Sub"两行代码。

③ 在上述两行代码之间编写过程代码，输入以下语句。

```
MsgBox "Hello,VBA!"
```

④ 单击 VBE 窗口工具栏中的"保存"按钮，在弹出的"另存为"对话框中将模块的名称改为"模块入门"，单击"确定"按钮将模块存盘，这样一个标准模块就建好了。

⑤ 在过程代码上单击，将光标置于"Hello"过程内部，再单击工具栏中的"运行子过程/用户窗体"按钮，或从"运行"

图 7-2　"Hello"过程的运行结果

菜单中选择相应命令来运行该过程，随后可以看到该过程的运行结果如图 7-2 所示。单击"确定"按钮可以结束运行。

7.1.4　面向对象程序设计的概念

结构化程序设计是所有程序语言设计的基础，它主要反映了程序语言中语句执行的有序性。然而，基于图形化界面的现代软件设计比较复杂，人们在结构化程序设计的基础上引入了描述简洁、可重用性高、错误处理便利的面向对象程序设计方法。

基于面向对象的系统观认为，一个系统是由若干个对象和这些对象之间的交互构造而成的。面向对象程序设计是一种以对象为基础，以事件来驱动对象的程序设计方法。在进行面向对象的程序设计时，程序设计人员不再是单纯地从代码的第一行一直编到最后一行，而是考虑如何创建对象，利用对象来简化程序设计，提高代码的可重用性。

VBA 是面向对象的程序设计语言。用 VBA 设计与开发各种数据库应用程序，实际上是与一组标准对象进行交互的过程。在 Access 中，表、查询、窗体、报表、宏和模块等是对象，字段、控件（如标签、文本框、组合框、按钮等）也是对象。

1．对象和类

对象是现实或抽象世界中具有明确含义或边界的事物。对象可以是具体的事物，也可以指某些概念，如一本书、一个命令按钮、一门课程等都可以作为对象。面向对象的观点认为对象由属性和方法（或事件）构成，即对象是属性和方法（或事件）的封装体。每个对象都有名称，称为对象名。

类是客观对象的归纳和抽象。在面向对象的系统和程序中，一般用类来描述具有相同结构和功能的对象，并把一个特定对象称为其所属类的实例。简单地说，类描述的是具有相同属性和方法（或事件）的一组对象。

类定义了一个抽象模型，类实例化后就称为对象。换言之，将对象的共同特征抽取出来就是类，类是模板，而对象是以类为模板创建出来的具体的实例。类与对象就像模具与产品之间的关系，一个模具就是一个类，而由它生产出来的每一个产品，就是属于该类的一个对象。又如，一个学校的每一个学生都是一个对象，将这个学校的所有学生抽象化，就形成学生类，而每个学生就是学生类的实例。

Access 数据库是由各种对象组成的，数据库是对象，表是对象，窗体和窗体上的各种控件也是对象。在 Access 中，一个窗体是一个对象，它是 Form 类的实例；一个报表是一个对象，它是 Report 类的实例；一个文本框是一个对象，它是 TextBox 类的实例。事实上，放在窗体上的一个具体的控件就是其控件类所对应的实例。

2．属性和方法

每个对象都有一组特征，它们是描述对象的数据，这组特征称为属性。属性用来描述和规定对象的性质和状态，如窗体的 Name（名称）属性、Caption（标题）属性等。

对象为了达到某种目的所必须执行的操作就是对象的方法。方法用来描述对象的行为，如窗体对象有 Refresh 方法，Debug 对象有 Print 方法等。

同一类的对象具有相同的属性和方法，但属于同一类的不同对象的属性取值以及所对应的行为结果可以不同。例如，命令按钮控件对象都有名称、标题、宽度和高度等属性，但两个不同的命令按钮的标题就可能一个是"计算"，另一个是"退出"。

　　　在 VBA 程序设计中，经常要引用对象的属性或方法。属性和方法不能单独使用，必须和对应的对象一起使用。引用时，要在属性名或方法名的前面加上对象名，并用点操作符"."连接，表示属性或方法是属于该对象的。

通过代码来设置某个对象的属性值的格式为：对象名.属性名=属性值。例如，将名称为 Command1 的命令按钮的标题属性设置为"计算"的代码为：Command1.Caption="计算"。

对象的方法一般通过代码来实现，引用对象方法的语句格式如下。

对象名.方法名 [参数 1][, 参数 2][, …][, 参数 n]

方括号内的参数是可选的，如果引用的方法没有参数，则可以省略。

例如，将光标插入点定位于 Text1 文本框内，则要引用 SetFocus 方法，其语句如下。

```
Text1.SetFocus
```

在 Access 中，当需要通过多重对象来确定一个对象时，就要使用运算符"!"。例如，要确定在 MyForm 窗体对象上的一个命令按钮控件 Command1，其语句如下。

```
MyForm! Command1
```

对于当前对象，可以省略对象名，也可以使用关键字 Me 来代替当前对象名。

当引用对象的多个属性时，可以使用 With…End With 结构，而不需要重复指出对象的名称。例如，如果要给命令按钮 Command1 的多个属性赋值，可表示如下。

```
With Command1
.Caption = "计算"
.Height = 600
.Width = 2000
End With
```

Access 中提供了一个重要的对象——DoCmd 对象，它的主要功能是通过调用包含在内部的方法实现相关的操作。例如，利用 DoCmd 对象的 OpenReport 方法打开"读者信息"报表的语句如下。

```
DoCmd.OpenReport "读者信息"
```

DoCmd 对象的方法大多具有参数，有些参数是必需的，有些参数是可选的，被忽略的参数取默认值。例如，OpenReport 方法有 4 个参数，引用该方法的语句格式如下。

```
DoCmd.OpenReport ReportName[,View][,FilterName][,WhereCondition]
```

在这些参数中，只有 ReportName（报表名称）参数是必需的，其他参数均可省略。View 表示报表的输出形式，可以是系统常量 acViewNormal（默认值，以打印机形式输出）、acViewDesign（以报表设计视图形式输出）、acViewPreView（以打印预览形式输出）。FilterName 与 WhereCondition 两个参数用于对报表的数据进行过滤和筛选。

DoCmd 对象还有 OpenTable、OpenForm、OpenQuery、OpenModule、RunMacro、Close 和 Quit 等方法，可以通过 Access 的帮助文件查询它们的使用方法。

3. 事件和事件过程

事件是 Access 窗体或报表及其控件等对象可以识别的动作，如单击（Click）、双击（DblClick）

事件等。系统为每个对象预先定义了一系列的事件，不同的对象能够识别不同的事件。程序运行时，如果单击了某个按钮，则触发了该按钮的 Click 事件。事件可以由用户引发（如 Click 事件），也可由系统引发（如窗体的 Timer 事件）。

如果要了解不同的对象有哪些事件，可以在窗体或报表的设计视图下打开属性对话框，在对象组合框中选择某个对象，再选择事件选项卡，就能看到该对象的事件名称。当把光标定位在某个事件右侧的输入框时，在数据库窗口的状态栏会显示该事件在什么时候发生，也可以在此时按<F1>键查看帮助文件。图 7-3 显示了按钮控件对象所具有的事件。

图 7-3　通过属性对话框认识按钮控件的事件

Access 中的事件主要有键盘事件、鼠标事件、窗口事件、对象事件和操作事件等，如表 7-2 所示。

表 7-2　Access 中的常见事件

事件分类	事件名称	事件触发时机
键盘事件	KeyPress	当按下并释放一个键时发生
	KeyDown	当按下某个键时发生
	KeyUp	当释放某个键时发生
鼠标事件	Click	当单击一次鼠标时发生
	DblClick	当双击一次鼠标时发生
	MouseMove	当鼠标指针移动时发生
	MouseUp	当释放任意鼠标键时发生
	MouseDown	当按下任意鼠标键时发生
窗口事件	Open	当打开一个窗体或报表时发生
	Close	当关闭一个窗体或报表时发生
	Activate	当一个窗体或报表成为活动窗口时发生
	Load	当一个窗体或报表被加载时发生

续表

事 件 分 类	事 件 名 称	事 件 触 发 时 机
对象事件	GotFocus	当非激活或有效的控件获得焦点时发生
	LostFocus	当控件失去焦点时发生
	BeforeUpdate	在控件中改变的数据被更新到数据表之前发生
	AfterUpdate	在控件中改变的数据被更新到数据表之后发生
	Change	当文本框或组合框的内容改变时发生
操作事件	Delete	当一条记录被删除但未确认和执行删除时发生
	BeforeInsert	在新记录中输入第一个字符但记录未添加到数据表时发生
	AfterInsert	在新记录被添加到数据表之后发生

　　Windows 程序是由事件驱动的。当在对象上发生了事件后，应用程序就要处理这个事件，而处理步骤的集合就构成了事件过程。换言之，响应某个事件所执行的程序代码称之为事件过程。因此，想让系统响应某个事件并实现某个功能，就要将响应事件所要执行的代码写入响应的事件过程中。如果某个对象的事件过程里没有代码，则该事件起不到任何作用。VBA 编程的一个重要任务就是在这些事件过程里编写代码。

　　事件过程的一般格式如下。

```
{private|Public} Sub 对象名_事件名（[参数表]）
    [事件过程 VBA 代码]
End Sub
```

　　【例 7-2】　在 Access 数据库中创建如图 7-4 所示的窗体，窗体中包含两个文本框和相应的标签及两个命令按钮。要求在第一个文本框中输入任意文本（如"Access 2010"）后，单击"显示"按钮，可以将第一个文本框中的内容显示到第二个文本框中；单击"关闭"按钮可以关闭该窗体。

　　具体的操作步骤如下。

　　① 根据图 7-4 所示，在 Access 数据库中创建窗体并添加相关控件。

图 7-4　窗体运行界面

　　本例窗体中，第一个和第二个文本框的"名称"属性分别为"Text2"和"Text4"，"显示"和"关闭"按钮的"名称"属性分别为"Command0"和"Command1"。

　　② 右键单击"显示"按钮，选择"代码生成器"菜单命令，打开"选择生成器"对话框，选中"代码生成器"选项，如图 7-5 所示，单击"确定"按钮，进入 VBE 环境。

　　③ 在代码窗口中输入"显示"按钮的单击事件代码：Me.Text4.Value = Me.Text2.Value。

　　④ 用相同方法为"关闭"按钮添加单击事件代码：DoCmd.Close。完成输入后的代码窗口如图 7-6 所示。

　　⑤ 保存窗体后，可以切换到窗体视图运行测试。

图 7-5 "选择生成器"对话框

图 7-6 代码窗口

7.2 VBA 程序设计基础

任何一个由高级语言编写的应用程序所表达的内容均有两个重要的方面,一是数据,二是程序控制。数据是程序的处理对象,程序控制则是对数据进行处理的算法。程序可以抽象地表示为:程序=算法+数据结构。

一个好的数据库应用系统离不开模块,而要设计一个好的模块,又离不开 VBA 程序设计。VBA 编程涉及程序设计基本知识,包括数据类型、常量、变量、内部函数、运算符和表达式等内容。

7.2.1 数据类型

在编写程序代码时,首先必须了解数据类型。不同类型的数据有不同的操作方式和不同的取值范围。对于一个给定数据类型(type)的数据,其以下 3 个方面是确定的:具有的运算确定;数据取值范围确定;数据在计算机内的表示方式确定。

VBA 作为一门高级语言,有丰富的数据类型,为用户编程提供了便利。VBA 支持的数据类型如表 7-3 所示。

表 7-3 VBA 的基本数据类型

数 据 类 型	类型符	存 储 空 间	取 值 范 围
Byte(字节型)	无	1 字节	$0 \sim 255$
Integer(整型)	%	2 字节	$-32768 \sim 32767$
Long(长整型)	&	4 字节	$-2147483648 \sim 2147483647$
Single(单精度型)	!	4 字节	负值:$-3.402823E38 \sim -1.401298E-45$ 正值:$1.401298E-45 \sim 3.402823E38$
Double(双精度型)	#	8 字节	负值:$-1.79769313486232E308 \sim -4.94065645841247E-324$ 正值:$4.94065645841247E-324 \sim 1.79769313486232E308$
Currency(货币型)	@	8 字节	$-922337203685477.5808 \sim 922337203685477.5807$
String(字符型)	$	字符串长	$0 \sim 65400$ 个字符
Date(日期型)	无	8 字节	100 年 1 月 1 日 ~ 9999 年 12 月 31 日
Boolean(布尔型)	无	2 字节	True 或 False
Object(对象)	无	4 字节	任何引用的对象
Variant(变体型)	无	不定	由最终的数据类型决定

Variant 数据类型是一种特殊数据类型，具有很大的灵活性，可以表示多种数据类型，其最终的数据类型由赋予它的值来确定。在 VBA 编程中，如果没有特别定义变量的数据类型，系统一律将其默认为 Variant 型。

7.2.2 常量与变量

1. 常量

常量是指在程序运行期间其值始终不变的量。常量的使用可以提高程序代码的可读性，并能使程序代码更易于维护。VBA 中的常量有 3 种，即直接常量、符号常量和系统常量。

（1）直接常量

用数据本身表示的常量称为直接常量。根据数据类型的不同，可以将直接常量分为数值型常量、字符型常量、日期型常量和布尔型常量 4 种类型。

① 数值型常量

数值型常量直接用数值本身表示，例如 12、3.14、−0.56 等。对于绝对值较大或较小的数，可以用浮点数表示，例如 0.45E−12、−12.34E+123 等。

② 字符型常量

字符型常量用于表示一个字符串，必须放在一对双引号("")内。例如"VBA"、"Access 数据库"、"江西财经大学"等。

空字符串""表示不包含任何字符的字符串，简称空串。

③ 日期型常量

日期型常量用于表示日期和时间值，而且必须放在一对"#"内，如#3/17/2015#、#2016-3-15 10:20:35 AM#、#8:30:14 PM#等。

日期的输入顺序可以是"年月日"或"月日年"，分隔符可以用"/""-"或"，"，但不能使用汉字"年""月""日"来表示。日期型常量在输入后，VBA 会自动将其转换成"mm/dd/yyyy"的形式。另外，时间必须用英文冒号隔开，顺序为时、分、秒。

④ 布尔型常量

布尔型常量有 True 和 False 两个值。

（2）符号常量

符号常量是指用标识符来表示一个具体的常量值。用户一旦定义了符号常量，在后续的程序代码中不能用赋值语句来改变它们的值。对于较复杂的数据，使用符号常量可以简化输入，并且便于代码的修改。符号常量必须先声明（即定义）后使用。

在 VBA 中声明常量的语句格式如下。

```
Const 常量名 [As 数据类型|类型符] = 表达式
```

常量用标识符命名，通常用大写形式，以与变量名区分。"As 数据类型|类型符"用来说明常量的数据类型，可以是常量名后接"As 数据类型"，也可在常量名后直接添加类型符，参见表 7-3。若省略该项，则由系统根据表达式的运算结果来确定最合适的数据类型。表达式由参与运算的数据及运算符组成，也可以包含前面定义过的符号常量。

例如，

```
Const PI As Single = 3.14159
Const COUNTRY$ = "CHINA"
Const IDATE = #12/31/2015#
Const NDATE = IDATE + 5
```

（3）系统常量

系统常量是指 VBA 预先定义好的有专用名称和用途的常量，用户可以直接使用。例如，表示颜色的常量 vbRed、vbBlue，表示消息框返回值的常量 vbYes、vbNo，表示<Enter>键的 vbKeyReturn 等。

在 VBE 窗口中选择"视图"|"对象浏览器"菜单命令，打开如图 7-7 所示的"对象浏览器"窗口，在其中可以查看 VBA 以及 Access 提供的各种常量。

图 7-7　"对象浏览器"窗口

2. 变量

变量是指在程序运行期间其值可以改变的量。变量的三要素是变量名、变量值和数据类型。在程序中可以使用变量临时存储数据。程序运行时，变量可看作是计算机内存中被命名的一个存储单元，其大小取决于变量的数据类型，可通过变量名来引用变量值。

（1）变量的命名

变量的命名规则如下。

① 第一个字符必须使用英文字母（或汉字）。

② 不能在变量名中使用空格、句点（.）、感叹号（!）以及@、&、$、#等字符。

③ 变量名的长度不能超过 255 个字符。

④ 变量命名不能使用 VBA 内在的函数、过程、语句及方法的名称，且不能使用 VBA 的关键字（如 For、Next、If、While 等）。

（2）变量的声明

变量先声明后使用是一个很好的编程习惯。声明变量有两个作用，一是指定变量的数据类型，二是指定变量的作用范围。变量的声明有两种方法，即显式声明和隐式声明。

① 显式声明

显式声明变量的语句格式如下。

Dim 变量名 [As 数据类型|类型符]

说明　变量的类型（As 子句）可以省略。在省略 As 子句时，系统默认的数据类型是 Variant 型。为了简化输入，也可以在变量名后直接加上类型符来代替 As 子句。在一个 Dim 语句中可以定义多个变量，每个变量分别定义各自的数据类型，不同变量之间用逗号隔开。

例如，

```
Dim d1 As Date
Dim i As Integer, j As Long, k As Single
Dim score%, grade$
```

② 隐式声明

隐式声明是指不通过 Dim 语句显式声明，而借助将一个值赋给变量名的方式来建立变量。当在变量名后没有附加类型符来指明数据类型时，默认为 Variant 型。

例如，

```
m = 3.5      '该语句隐式声明了一个 Variant 型变量 m，其值为 3.5
k% = 10      '该语句隐式声明了一个整型变量 k，其值为 10
```

③ 强制声明

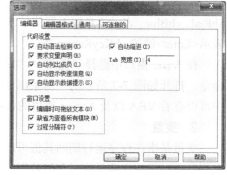

在默认情况下，变量可以使用显式声明，也可以使用隐式声明，还可以不声明直接使用。

对于未经声明直接使用的变量，系统默认为是 Variant 型，但是变量最好先声明后使用。

在模块的通用声明段加入 "Option Explicit" 语句，可以强制要求对当前模块中的所有变量进行显式声明。否则，运行时系统会提示 "变量未定义" 的错误信息。

在 VBE 窗口中选择 "工具" | "选项" 菜单命令，弹出 "选项" 对话框，在 "编辑器" 选项卡中选择 "要

图 7-8 "选项" 对话框

求变量声明" 复选框，如图 7-8 所示。然后单击 "确定" 按钮，则在以后新建模块的通用声明段中都会自动出现 "Option Explicit" 语句，要求变量必须显式声明。

（3）变量的赋值

声明了变量后，变量就指向了内存中的某个单元。在程序的执行过程中，可以向这个内存单元写入数据，这就是变量的赋值。给变量赋值的语句格式如下。

变量名 = 表达式

赋值号（=）右边可以是常量、变量，或者是有确定运算结果的表达式。在程序代码中可以随时通过赋值语句改变变量的值。

例如，

```
Dim x As Integer
x = 3
x = x + 2
```

赋值号右边的数据类型不一定和变量的类型一致，赋值时，VBA 会自动将其转换为变量的类型。转换规则如下。

① 当把其他类型数据赋给字符型变量时，系统会自动将其转换为相应的字符串。当把字符型数据赋给其他类型变量时，若字符串的内容是合法的数值、日期值或逻辑值，则能转换为相应的变量类型，否则系统会提示 "类型不匹配" 的错误信息。

② 当把布尔型数据赋给数值型变量时，False 转换为 0，True 转换为-1。当把数值型数据赋给布尔型变量时，0 转换为 False，非 0 转换为 True。

③ 当把日期型数据赋给数值型变量时，#1899-12-31#转换为 1，#1900-1-1#转换为 2，依此类推，反之亦然。

④ 当把小数赋给整数时，系统会自动对小数部分四舍五入。当小数部分恰好为 0.5 时，将舍入到接近的偶数。

（4）变量的初始值

变量声明完成以后，在使用赋值语句赋值之前，系统会自动为该变量赋一个初始值。所有数值型变量的初始值均为 0，字符型变量的初始值为空字符串，布尔型变量的初始值为 False。

7.2.3 内部函数

函数用来完成某些特定的运算或实现某种特定的功能，其实质是预先编写好的过程。

内部函数又称系统函数或标准函数，是 VBA 系统为用户提供的标准过程，能完成许多常见运算。从用户使用的角度来看，用户不关心内部函数的功能是如何实现的，只关心函数功能的使用，即函数调用。

根据内部函数的功能，可将其分为数学函数、字符串函数、日期与时间函数、类型转换函数、测试函数、输入与输出函数等。

1. 数学函数

数学函数用于实现数学计算，其参数和返回值均为数值。常用的数学函数如表 7-4 所示。

表 7-4　　　　　　　　　　常用的数学函数

函 数 名	功 能 说 明	举 例	结 果
Abs(x)	返回 x 的绝对值	Abs(-10)	10
Sin(x)	返回 x 的正弦值，x 为弧度	Sin(0)	0
Cos(x)	返回 x 的余弦值，x 为弧度	Cos(0)	1
Tan(x)	返回 x 的正切值，x 为弧度	Tan(0)	0
Atn(x)	返回 x 的反正切值，x 为弧度	Atn(0)	0
Exp(x)	返回以 e 为底的指数（e^x）	Exp(1)	2.71828182845905
Log(x)	返回 x 的自然对数（lnx）	Log(1)	0
Int(x)	返回不大于 x 的最大整数	Int(3.6)、Int(-3.6)	分别为 3、-4
Fix(x)	返回 x 的整数部分	Fix(3.6)、Fix(-3.6)	分别为 3、-3
Rnd([x])	产生一个(0, 1)区间的随机数	Rnd(1)	0～1 的随机数，如 0.79048
Sgn(x)	返回 x 的符号（1、0、−1）	Sgn(2)、Sgn(0)、Sgn(-2)	分别为 1、0、-1
Sqr(x)	返回 x 的平方根	Sqr(25)	5

表 7-4 中的 x 可以是数值型常量、数值型变量、数学函数或算术表达式，其返回值仍然是数值型。随机数函数 Rnd 一般使用不带参数的形式，Rnd(0)表示本次产生的随机数与上次产生的随机数一样。为了获得某个范围[a,b]（a、b 为整数，且 a＜b）内的随机整数，假定 y 为已定义好的整型变量，可用表达式 y=Int((b-a+1)*Rnd)+a 来实现。在实际操作时，先要使用无参数的 Randomize 语句初始化随机数生成器，以产生不同的随机数序列，每次调用 Rnd 即可得到这个随机数序列中的一个。

2. 字符串函数

字符串函数用于对字符型数据进行处理，其参数和返回值大多为字符型。常用的字符串函数如表 7-5 所示。

表 7-5 常用的字符串函数

函 数 名	功 能 说 明	举 例	结 果
InStr(S1,S2)	在字符串 S1 中查找 S2 的位置	InStr("ABCD", "CD")	3
Lcase(S)	将字符串 S 中的字母转换为小写	Lcase("ABCD")	"abcd"
Ucase(S)	将字符串 S 中的字母转换为大写	Ucase("vba")	"VBA"
Left(S,N)	从字符串 S 左侧取 N 个字符	Left("数据库应用", 3)	"数据库"
Right(S,N)	从字符串 S 右侧取 N 个字符	Right("数据库应用", 2)	"应用"
Len(S)	计算字符串 S 的长度	Len("VBA 语言")	5
LTrim(S)	删除字符串 S 最左边的空格	LTrim(" AB CD ")	"AB CD "
Trim(S)	删除字符串 S 两端的空格	Trim(" AB CD ")	"AB CD"
RTrim(S)	删除字符串 S 最右边的空格	RTrim(" AB CD ")	" AB CD"
Mid(S,M,N)	从字符串 S 的第 M 个字符起，连续取 N 个字符	Mid("ABCDEFG",3,4)	"CDEF"
Space(N)	生成由 N 个空格构成的字符串	Space(3)	" "

说明　　表 7-5 中的 S 可以是字符型常量、字符型变量、值为字符串的函数和字符串表达式，M 和 N 为数值型的常量、变量、函数或表达式。

3. 日期与时间函数

日期与时间函数用于对日期和时间进行处理，其参数或返回值为日期/时间型数据。常用的日期与时间函数如表 7-6 所示。

假设表 7-6 中举例的参数 DT 是一个已定义的日期型常量，其定义如下。

```
Const DT = #1/17/2015 10:25:36 AM#
```

已知这一天为星期六。

表 7-6 常用的日期与时间函数

函 数 名	功 能 说 明	举 例	结 果
Date[()]	返回系统的当前日期	Date	（当前日期）
Now[()]	返回系统的当前日期和时间	Now	（当前日期时间）
Time[()]	返回系统的当前时间	Time	（当前时间）
Year(D)	返回 D 中的年份	Year(DT)	2015
Month(D)	返回 D 中的月份	Month(DT)	1
Day(D)	返回 D 中的日	Day(DT)	17
Hour(D)	返回 D 中的小时	Hour(DT)	10
Minute(D)	返回 D 中的分钟	Minute(DT)	25
Second(D)	返回 D 中的秒	Second(DT)	36
Weekday(D)	返回 D 是一个星期中的第几天，默认星期日为 1	Weekday(DT)	7

表 7-6 中的 D 可以是日期型常量、日期型变量或日期表达式。Date、Now 和 Time 等 3 个函数不带参数，函数名后的括号可以省略。

4. 类型转换函数

类型转换函数用于实现不同类型数据之间的转换，其中，字符型和数值型之间的转换较为常用，如表 7-7 所示。

表 7-7　　　　　　　　　　　　　　常用的类型转换函数

函 数 名	功 能 说 明	举 例	结 果
Asc(S)	返回字符串 S 中首字符的 ASCII 码值	Asc("ABC")	65
Chr(N)	返回数值 N 对应的 ASCII 码字符	Chr(67)	"C"
Val(S)	将字符串 S 转换为数值	Val("10.1")	10.1
Str(N)	将数值 N 转换成字符串	Str(100)	" 100"
CStr(N)	将数值 N 转换成字符串，不包含前导空格	CStr(100)	"100"

在使用 Str 函数将数值转换为字符串时，系统会在数值前面保留正/负号的位置，所以，正数转换后将会有一个前导空格。若不需要前导空格，可使用 CStr 函数。

5. 测试函数

测试函数主要用于判断数据的类型。常用的测试函数如表 7-8 所示。

表 7-8　　　　　　　　　　　　　　常用的测试函数

函 数 名	功 能 说 明	举 例	结 果
IsArray(A)	测试 A 是否为数组	Dim A(10) IsArray(A)	True
IsDate(A)	测试 A 是否为日期型	IsDate(Date)	True
IsNumeric(A)	测试 A 是否为数值型	Dim dh As Date IsNumeric(dh)	False
IsNull(A)	测试 A 是否为空值	IsNull(Null) IsNull(ABC)	True False
IsEmpty(A)	测试 A 是否已经被初始化	Dim nsum IsEmpty(nsum)	True

6. 输入与输出函数

为了便于应用程序和用户之间进行交互，需要使用特定的语句实现在程序运行时接收用户输入的数据，或将结果信息显示给用户。常用的输入/输出方法有 InputBox 函数和 MsgBox 函数。

（1）InputBox 函数

InputBox 函数的作用是弹出一个标准的输入对话框，等待用户在文本框中输入内容或选择一个按钮；当用户输入完毕，单击"确定"按钮或按下<Enter>键时，函数的返回值为文本框中的内容。

InputBox 函数的语法格式如下。

```
InputBox(prompt [, title] [, default] [, xpos] [, ypos])
```

InputBox 函数的各项参数说明如表 7-9 所示。

表 7-9　　　　　　　　　　　　　　　　InputBox 函数的参数说明

参　数	描　述
prompt	是一个字符串表达式，用于设置对话框中显示的提示信息，不能省略
title	是一个字符串表达式，用于设置对话框标题栏中显示的信息，省略此参数时显示的标题为"Microsoft Office Access"
default	用于为对话框提供一个默认值，即对话框刚打开时文本框中显示的内容。省略此参数，输入文本框为空
xpos	是一个数值表达式，用于指定对话框的左边与计算机屏幕左边的水平距离
ypos	是一个数值表达式，用于指定对话框的上边与计算机屏幕上边的水平距离

 省略 xpos 和 ypos 参数时，对话框位于屏幕中心。函数的返回值为 String 型。若接收返回值的变量不是 String 型，则系统自动转换为变量的数据类型后再赋值，若不能正确转换，将提示"类型不匹配"的错误信息。

【例 7-3】 通过输入对话框输入一个成绩值，默认值为 80，然后将返回值存入名称为 S 的字符型变量中，再将其转换为数值型后赋值给名称为 N 的整型变量。

程序代码如下。

```
Public Sub 例7_3()
    Dim S As String, N As Integer
    S = InputBox("请输入成绩值" + vbCrLf + "然后单击确定按钮", "成绩录入", 80)
    N = Val(S)
End Sub
```

 代码中的"vbCrLf"是 VBA 中的一个字符串常数，即"Chr(13) & Chr(10)"（回车符与换行符连接在一起），起到将前后两个字符串换行显示的作用。

本例的输入界面如图 7-9 所示。

（2）MsgBox 函数

MsgBox 函数的作用是弹出一个标准对话框来显示提示信息或运行结果，等待用户单击某个按钮，并返回一个整型数值，用于表示用户单击了哪个按钮。

图 7-9　输入对话框

MsgBox 函数的语法格式如下。

```
MsgBox(prompt [, buttons] [, title])
```

MsgBox 函数的各项参数说明如表 7-10 所示。

表 7-10　　　　　　　　　　　　　　　　MsgBox 函数的参数说明

参　数	描　述
prompt	是一个字符串表达式，用于设置对话框中显示的提示信息，不能省略
buttons	是一个整型表达式，用于设置输出对话框的外观，通常由 4 个以内的常数组合而成
title	是一个字符串表达式，用于设置对话框标题栏中显示的信息，省略此参数时显示的标题为"Microsoft Office Access"

表 7-10 中的 buttons（按钮）是可选参数，其指定了对话框显示按钮的数目及形式、使用的图标样式，以及默认按钮等。如果省略该参数，则默认值为 0。Buttons 的设置值如表 7-11 所示。

表 7-11　　　　　　　　　　　　　MsgBox 函数的 buttons 设置值

分　类	值	内部常量	描　　述
按钮类型与数目	0	vbOKOnly	只显示 OK 按钮
	1	vbOKCancel	显示 OK 及 Cancel 按钮
	2	vbAbortRetryIgnore	显示 Abort、Retry 及 Ignore 按钮
	3	vbYesNoCancel	显示 Yes、No 及 Cancel 按钮
	4	vbYesNo	显示 Yes 及 No 按钮
	5	vbRetryCancel	显示 Retry 及 Cancel 按钮
图标样式	16	vbCritical	显示 Critical Message 图标 ❌
	32	vbQuestion	显示 Warning Query 图标 ❓
	48	vbExclamation	显示 Warning Message 图标 ⚠
	64	vbInformation	显示 Information Message 图标 ⓘ
默认按钮	0	vbDefaultButton1	第一个按钮是默认值
	256	vbDefaultButton2	第二个按钮是默认值
	512	vbDefaultButton3	第三个按钮是默认值
	768	vbDefaultButton4	第四个按钮是默认值

　　MsgBox 函数的返回值是一个整型数值，用于表示用户单击了哪个按钮，各个按钮的取值如表 7-12 所示。

表 7-12　　　　　　　　　　　　　MsgBox 函数的返回值

返回值	内部常量	被选中按钮的名称	返回值	内部常量	被选中按钮的名称
1	vbOK	确定	5	vbIgnore	忽略
2	vbCancel	取消	6	vbYes	是
3	vbAbort	终止	7	vbNo	否
4	vbRetry	重试			

　　利用 MsgBox 过程也可以弹出一个标准对话框来显示提示信息或运行结果。MsgBox 函数与 MsgBox 过程的区别是：MsgBox 函数有返回值，调用时一般出现在赋值语句中；而 MsgBox 过程没有返回值，调用时以语句形式出现，且参数外没有括号。

　　MsgBox 过程的调用语句为：MsgBox prompt [, buttons] [, title]。

　　【例 7-4】使用 MsgBox 函数生成一个对话框，其提示信息为"确定保存数据吗？"，包含"是""否"和"取消"3 个按钮，默认按钮为"是"，对话框的图标为"警告"，对话框的标题为"MsgBox 示例"。

　　在 VBE 环境的立即窗口中输入如下语句后，按下<Enter>键，结果如图 7-10 所示。

图 7-10　例 7-4 的结果

? MsgBox（"确定保存数据吗?",VbYesNoCancel + VbExclamation + vbDefaultButton1, "MsgBox 示例"）

? MsgBox（"确定保存数据吗?",3 + 48 + 0,"MsgBox 示例"）语句也可实现相同结果。

当单击了对话框中的任一个按钮后，在立即窗口中会出现该按钮对应的返回值。

在 VBA 程序代码中，用 MsgBox 过程来实现例 7-4 要求的语句如下。

MsgBox "确定保存数据吗?", vbYesNoCancel + vbExclamation + vbDefaultButton1, "MsgBox 示例"

或

MsgBox "确定保存数据吗?",3 + 48 + 0,"MsgBox 示例"

7.2.4 运算符和表达式

1. 运算符

在 VBA 语言中，提供了许多运算符来完成各种形式的运算和处理。根据运算不同，运算符可分成 4 种类型：算术运算符、关系运算符、逻辑运算符和连接运算符。

（1）算术运算符

算术运算符用于算术运算，VBA 提供了 8 种基本的算术运算符，如表 7-13 所示。

表 7-13　　　　　　　　　　　　算术运算符及示例

算术运算符	名　　称	优　先　级	示　　例
^	乘幂	1	2^4 结果为 16
-	取负	2	–1 结果为–1，–(–7)结果为 7
*	乘	3	6*5 结果为 30
/	除	3	10/4 结果为 2.5
\	整除	4	10\4 结果为 2
Mod	求模运算	5	5 Mod 2 结果为 1，–12.8 Mod 5 结果为–3
+	加	6	3+17\3 结果为 8
−	减	6	2*5–2^3 结果为 2

整除（\）运算结果为整数，操作数一般为整数，若为小数则四舍五入取整后再运算，运算结果若为小数则舍去小数部分。求模运算的操作数若为小数则四舍五入取整后再运算，运算结果的符号与左操作数的符号相同。

（2）关系运算符

关系运算也称比较运算。关系运算符用于对两个表达式的值进行比较，运算结果为逻辑值。如果关系成立，结果为 True（真）；如果关系不成立，结果为 False（假）。关系运算符有 6 种，如表 7-14 所示。

表 7-14　　　　　　　　　　　　关系运算符及示例

关系运算符	名　　称	示　　例	示　例　结果
<	小于	2<3	True
<=	小于等于	5<=5	True

续表

关系运算符	名 称	示 例	示 例 结 果
>	大于	1>2	False
>=	大于等于	"ab">="aa"	True
=	等于	"ab"="a"	False
<>	不等于	3<>4	True

 字符型数据按其 ASCII 码值进行比较。在比较两个字符串时，首先比较两个字符串的第一个字符，其中 ASCII 码值较大的字符所在的字符串大。如果第一个字符相同，则比较第二个字符，以此类推，直到某一位置上的字符不同则字符串比较完毕。

（3）逻辑运算符

逻辑运算符用于对一个或两个逻辑量进行运算，并返回一个逻辑值(True 或 False)。常用的逻辑运算符有 3 个，按优先级高低顺序依次为 Not（非）、And（与）、Or（或），如表 7-15 所示。其中，And 和 Or 是对两个逻辑量进行运算，Not 是对一个逻辑量进行运算。

表 7-15　　　　　　　　　　　逻辑运算符及示例

逻辑运算符	名称	示 例	示例结果	说 明
And	与	(1>2)And(3<4)	False	两个表达式的值均为真，结果才为真，否则为假
Or	或	(1>2)Or(3<4)	True	两个表达式中只要有一个值为真，结果就为真；只有两个表达式的值均为假，结果才为假
Not	非	Not(2>1)	False	由真变假或由假变真，进行取反操作

逻辑运算真值表如表 7-16 所示。

表 7-16　　　　　　　　　　　逻辑运算真值表

A	B	A And B	A Or B	Not A
True	True	True	True	False
True	False	False	True	False
False	True	False	True	True
False	False	False	False	True

（4）连接运算符

连接运算用于将两个字符串连接生成一个新字符串。用来进行连接的运算符有 "+" 和 "&" 两种，如表 7-17 所示。

表 7-17　　　　　　　　　　　连接运算符及示例

连接运算符	功 能	示 例	示 例 结 果
+	将两个字符串连接成一个字符串	"ab" + "cd"	"abcd"
&	将两个任意类型的数据连接成一个字符串	"ab" & 123	"ab123"

当两个字符串进行连接时，"&" 和 "+" 的作用相同。当字符串和数值连接时，若用 "&" 运算符，会先把数值转化成字符串后再进行连接；若用 "+" 运算符，如果字符串是由合法数值构成的数字字符，则将字符串转换为数值后进行算术加，否则运行出错。

例如，

```
123 & 321          '结果为"123321"
123 + 321          '结果为444
"123" + "321"      '结果为"123321"
"123" + 321        '结果为444
"12a" + 321        '运行时错误：类型不匹配
```

2. 表达式

将常量、变量或函数等用运算符连接在一起构成的可以运算的式子就是表达式。每个表达式都应该有一个唯一确定的值（运算结果），其值的类型由操作数和运算符共同决定。表达式可分为算术表达式、关系表达式、逻辑表达式和字符串表达式。

在书写表达式时，应当注意如下一些规则。

① 每个符号占一格，所有符号必须一个一个地并排写在同一横线上，不能在符号的右上角或右下角写指数或下标。例如，X^3 要写成 X^3，X_1+X_2 要写成 X1+X2。

② 所有运算符都不能省略。例如，2X 必须写成 2*X。

③ 所有括号都用圆括号，要成对出现。例如，5[X+2(Y+Z)] 必须写成 5*(X+2*(Y+Z))。

④ 要把数学表达式中的某些符号，改成 VBA 可以表示的符号。

例如，数学式

$$\frac{-b+\sqrt{b^2-4ac}}{2a}$$

写成 VBA 表达式为：

$$(-b + Sqr(b \wedge 2 - 4 * a * c)) / (2 * a)$$

3. 表达式中运算符的优先级

当一个表达式由多种类型的运算符连接在一起时，进行运算的先后顺序是由运算符优先级决定的。优先级高的运算先进行，优先级相同的运算依照从左向右的顺序进行。VBA 中常用运算的优先级划分如表 7-18 所示。

表 7-18　　　　　　　　　　　　　运算符的优先级

优先级	高◄――――――――――――――――――――――――低			
高 ▲ ┃ 低	算术运算符	连接运算符	关系运算符	逻辑运算符
	乘幂（^）	字符串连接（+） 字符串连接（&）	等于（=） 不等于（<>） 小于（<） 大于（>） 小于等于（<=） 大于等于（>=）	Not And Or
	取负（–）			
	乘法和除法（*和/）			
	整除（\）			
	求模（Mod）			
	加法和减法（+和–）			

说明　　连接运算符"+"的优先级和算术加"+"相同。所有关系运算符的优先级相同。 括号优先级最高，可以用括号改变优先顺序，使表达式的某些部分优先运行。当一个表达式中出现了多种不同类型的运算符时，其优先级顺序如下。

括号 > 算术运算符 > 连接运算符 > 关系运算符 > 逻辑运算符

【例 7-5】 求算术表达式 5 + 2 * 4 ^ 2 Mod 21 \ 8 / 2 的值。

按运算符的优先级分成若干运算步骤，按乘幂 "^"、乘 "*"、除 "/"、整除 "\"、求模 "Mod"、加 "+" 次序进行运算，运算结果是 7。具体运算步骤如下。

"5 + 2 * 4 ^ 2 Mod 21 \ 8 / 2" → "5 + 2 * 16 Mod 21 \ 8 / 2" → "5 + 32 Mod 21 \ 4" → "5 + 32 Mod 5" → "5 + 2" → 7。

7.2.5　VBA 程序的书写规则

为了使 VBA 程序代码能被计算机正确识别和执行，并且具有较高的可读性，代码的书写应遵循以下规则与约定。

① VBA 代码不区分字母的大小写。例如，SUM 和 sum 是等同的。为方便输入，书写时可统一使用小写形式。对于关键字、内部函数名，VBA 都会自动将其转换成固定的大小写形式。对于用户自定义的变量名、过程名等，VBA 会自动将其转换为定义时采用的大小写形式。

② 通常每条语句占一行。如果要在同一行中书写多条语句，则每两条语句之间必须用英文的冒号(:)分隔。

例如，

```
s = 0 : i = i + 1
Dim MyStr As String : MyStr = "你好！"
```

③ 如果一条语句代码很长，出现代码不能完整编写在一行中的情况时，可以在前一行的末尾加上续行符（空格加下划线 "_"），分两行或多行书写。

例如，

```
MsgBox("尊敬的" & name & "先生/女士：您好！欢迎使用" & _
"Access 基础知识教学案例数据库——图书管理系统！")
```

④ 在编写代码时要注意代码的规范性，养成良好的代码书写习惯。必要的代码缩进，可以清晰地表达一段功能代码的开始和结束，提高程序的可读性。所谓代码缩进，是指在每一行代码的左端空出一部分长度，使读者可以从外观上看出程序的逻辑结构。

默认情况下，代码缩进一个 Tab 键（4 个字符）的位置。用户也可以自定义一个 Tab 键所占的字符数，具体设置方法如下。

选择 "工具" | "选项" 菜单命令，在弹出的 "选项" 对话框中选择 "编辑器" 选项卡，如图 7-11 所示，在 "Tab 宽度" 文本框中输入一个 Tab 键所占的字符数，单击 "确定" 按钮即可完成设置。

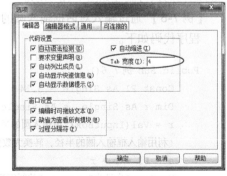

图 7-11　"选项" 对话框

在代码窗口中选中要缩进的代码，选择 VBE 窗口中的 "编辑" | "缩进" 菜单命令，或直接单击<Tab>键，即可将所选代码从当前位置缩进 4 个字符的位置。

⑤ 注释语句有利于程序的维护和调试。注释语句通常用于说明一个程序段或一个过程的作用，或说明自定义变量的含义等，在程序的调试和维护阶段有助于调试人员对程序代码的阅读和理解。默认情况下，代码窗口中的注释部分字体以绿色显示，在程序运行时注释部分不会被执行。

用户可以通过两种方式进行注释，即以 Rem 开头或由单引号(')引导。Rem 语句用于对整行注释。单引号可以出现在一行的任意位置，表示将单引号之后的内容进行注释。

例如，

```
Rem 以下声明两个字符型变量并赋值
Dim MyStr1 As String, MyStr2 As String
MyStr1 = "你好！" : Rem 为 MyStr1 赋值
MyStr2 = "谢谢！"    '为 MyStr2 赋值
```

当输入一行代码并按下<Enter>键后，如果该行代码以红色显示（有时会出现提示信息），则表示该行代码中存在语法错误，用户应查找并更正。

7.3　VBA 程序流程控制

程序的流程控制结构决定了程序中代码的执行顺序和执行流程。虽然 VBA 程序设计采用了事件驱动的编程机制，将一个程序分成几个较小的事件过程，但就某一个事件过程内的程序流程来看，仍然采用结构化的程序设计方法。VBA 程序有 3 种基本结构，即顺序结构、分支结构和循环结构。

7.3.1　顺序结构

顺序结构是程序设计过程中最基本、最简单的一种结构，程序的执行总是按照语句出现的先后次序，自顶向下地逐条执行，每一条语句都被执行一次，而且只能被执行一次。任何程序在整体上都是顺序执行的，只有遇到分支结构或循环结构时，才会暂时改变执行顺序。顺序结构的执行流程如图 7-12 所示。

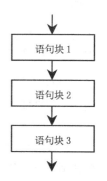

图 7-12　顺序结构的执行流程

【例 7-6】 通过输入对话框输入圆的半径，计算并显示圆的面积。程序代码如下。

```
Public Sub 例7_6()
    Const PI As Single = 3.14               '声明常量 PI
    Dim r As Single, s As Single            '声明变量 r、s
    r = Val(InputBox("请输入圆的半径值：", "输入半径", 0))
    '利用输入框输入圆的半径，转换为数值后赋给变量 r
    s = PI * r * r                  '计算圆面积，结果存放于变量 s 中
    MsgBox "半径为" & r & "的圆面积为：" & s  '利用信息框显示结果
End Sub
```

7.3.2　分支结构

在程序设计中，经常遇到条件判断的问题，需要根据不同的情况采取不同的解决问题的方法。分支结构也称为选择结构，是在程序运行时根据给定的条件是否成立来决定程序的执行流程，用来解决有选择、有转移的诸多问题。根据分支数的不同，分支结构又分为简单分支结构和多分支结构。

1．简单分支结构

简单分支结构是指对一个条件表达式进行判断，根据所得的结果（True 或 False）进行不同的操作。简单分支结构用 If 语句实现，其语句格式如下。

```
If 条件表达式 Then
    语句块 1
[Else
    语句块 2]
End If
```

　　条件表达式是一个关系表达式或逻辑表达式，其运算结果是布尔值 True 或 False。语句块可以是一条或多条 VBA 语句。

系统在执行 If 语句时，首先判断条件表达式的值，若为 True，则执行语句块 1，然后执行 End If 后的语句；若为 False，当存在 Else 部分时就执行语句块 2，然后执行 End If 后的语句，否则直接执行 End If 后的语句。对应的执行流程如图 7-13 所示。

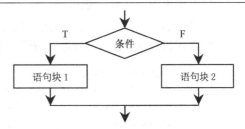

图 7-13　简单分支结构的执行流程

　　If(Else)和 End If 必须配对使用，且这三条子句应各占一行。由于"语句块 2"为可选项，如果没有"语句块 2"，则不需要 Else 部分。为增加程序的可读性，通常使用<Tab>键将"语句块 1"和"语句块 2"进行缩进。

如果"语句块 1"和"语句块 2"均只有一条语句，则可以采用如下的单行语句格式。

```
If 条件表达式 Then 语句块 1 [Else 语句块 2]
```

例如，使用 If 语句求 x 和 y 两个数中的较大数，可写成如下形式。

```
If x > y Then Max_Num = x Else Max_Num = y
```

【例 7-7】 通过输入对话框输入一个年份，判断该年是否为闰年。判断某年是否为闰年的规则是：如果该年份能被 400 整除，则是闰年；如果该年份能被 4 整除，但不能被 100 整除，则也是闰年。

在 Access 数据库的 VBE 环境中，新建一个标准模块，输入如下程序代码。

```
Public Sub 例7_7()
    Dim y As Integer
    y = Val(InputBox("请输入年份："))
    If y Mod 400 = 0 Or (y Mod 4 = 0 And y Mod 100 <> 0) Then
        MsgBox Str(y) & "年是闰年"
    Else
        MsgBox Str(y) & "年不是闰年"
    End If
End Sub
```

最后保存并运行程序，输入年份可验证结果。

【例 7-8】 设计一个如图 7-14 所示的用于判断某数是否为水仙花数的窗体，在文本框 1 中输入一个 3 位整数，然后单击"判断"按钮，结果显示在文本框 2 中。所谓水仙花数，是指一个正整数的各位数字的立方和等于该数本身，如 $153=1^3+5^3+3^3$。

图 7-14 判断水仙花数窗体的运行界面

具体的操作步骤如下。

① 根据图 7-14 所示，在 Access 数据库中创建窗体并添加相关控件。

 说明 本例窗体中，文本框 1 和文本框 2 的"名称"属性分别为"Text0"和"Text2"，"判断"按钮的"名称"属性为"Command4"。

② 右键单击"判断"按钮，选择"代码生成器"菜单命令，打开"选择生成器"对话框，选中"代码生成器"选项，单击"确定"按钮，进入 VBE 环境。

③ 在代码窗口中输入"判断"按钮的单击事件代码如下。

```
Private Sub Command4_Click()
    Dim x As Integer, a As Integer, b As Integer, c As Integer
    x = Val(Text0.Value)          '获取用户输入的数字
    a = Int(x / 100)              '求百位数字
    b = Int(x / 10) Mod 10        '求十位数字
    c = x Mod 10                  '求个位数字
    If x = a ^ 3 + b ^ 3 + c ^ 3 Then
        Text2.Value = Str(x) & "是水仙花数"
    Else
        Text2.Value = Str(x) & "不是水仙花数"
    End If
End Sub
```

④ 保存程序代码后，可以切换到窗体视图进行实际运行测试。

【例 7-9】 在"图书管理系统"数据库中，设计如图 7-15 所示的"系统登录"窗体，利用 VBA 程序代码对输入的用户名和密码进行验证，触发并执行这些代码的事件是单击窗体中的"登录"按钮。

具体的操作步骤如下。

① 打开"图书管理系统"数据库，根据图 7-15 所示的界面，在数据库中创建窗体并添加相关控件。

图 7-15 "系统登录"窗体

 说明 本例窗体中，"用户名"文本框和"密码"文本框的"名称"属性分别为"Text0"和"Text2"，其中"密码"文本框的"输入掩码"属性设置为"密码"；"登录"按钮和"退出"按钮的"名称"属性为"Command4"和"Command5"。

② 右键单击"登录"按钮，选择"代码生成器"菜单命令，打开"选择生成器"对话框，选中"代码生成器"选项，单击"确定"按钮，进入 VBE 环境。

③ 在代码窗口中输入"登录"按钮的单击事件代码如下。

```
Private Sub Command4_Click()
    If Text0.Value = "user" And Text2.Value = "pass" Then
```

```
            '如果用户名和密码正确，则显示信息框，运行"主界面"窗体
            MsgBox("登录成功！")
            DoCmd.Close                        '关闭"系统登录"窗体
            DoCmd.OpenForm "主界面", acNormal   '打开"主界面"窗体
        Else
            MsgBox("用户名或密码错误，请重新输入！")
            Text0.Value = ""                   '清空文本框
            Text2.Value = ""
            Text0.SetFocus          '使 Text0 获得焦点，准备重新输入
        End If
End Sub
```

④ 用相同方法为"退出"按钮添加如下的单击事件代码。

```
Private Sub Command5_Click()
    DoCmd.Quit                '退出 Access 系统
End Sub
```

⑤ 将该窗体保存为"系统登录"，切换到窗体视图进行实际运行测试。

2. 多分支结构

超过两个分支的情况可以用多分支实现。VBA 提供了两种语句实现多分支结构，即 If…Then…ElseIf 语句和 Select Case 语句。

（1）If…Then…ElseIf 语句

多分支 If…Then…ElseIf 语句的格式如下。

```
If 条件表达式 1 Then
    语句块 1
ElseIf 条件表达式 2 Then
    语句块 2
…
ElseIf 条件表达式 n Then
    语句块 n
[Else
    语句块 n+1]
End If
```

系统在执行 If…Then…ElseIf 语句时，首先判断条件表达式 1 的值，若为 True，则执行语句块 1，然后执行 End If 后的语句；若为 False，则判断条件表达式 2 的值，若条件表达式 2 的值为 True，则执行语句块 2，然后执行 End If 后的语句；若条件表达式 2 的值为 False，则判断条件表达式 3 的值，依此类推，直到条件表达式 n。如果条件表达式 1 到条件表达式 n 的值均为 False，则执行语句块 n+1。其对应的执行流程如图 7-16 所示。

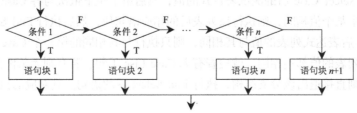

图 7-16　多分支 If…Then…ElseIf 语句的执行流程

【**例7-10**】用户通过输入对话框输入一个百分制的成绩分数，程序根据成绩分数来判断并输出其对应的等级。转换规则为：90≤成绩分数≤100 为优；80≤成绩分数＜90 为良；60≤成绩分数＜80 为中；成绩分数＜60 为差；其他为非法输入。

使用 If...Then...ElseIf 语句编写程序如下。

```
Public Sub 例7_10()
    Dim grade As Integer
    grade = Val(InputBox("请输入成绩分数"))
    If grade <= 100 And grade >= 90 Then
        Debug.Print Str(grade) & "的等级为:优"
    ElseIf grade < 90 And grade >= 80 Then
        Debug.Print Str(grade) & "的等级为:良"
    ElseIf grade < 80 And grade >= 60 Then
        Debug.Print Str(grade) & "的等级为:中"
    ElseIf grade < 60 And grade > 0 Then
        Debug.Print Str(grade) & "的等级为:差"
    Else
        Debug.Print "你输入的成绩不对!"
    End If
End Sub
```

使用 MsgBox 函数或 MsgBox 过程可以输出简单的信息，但对于数据量较大的输出结果，使用 Debug 窗口的 Print 方法更加方便。Debug 窗口也称为立即窗口，它是 VBA 用来输出程序结果的一个窗口，选择"视图"|"立即窗口"菜单命令即可打开。若 Debug.Print 之后没有任何内容，则表示换行。

（2）Select Case 语句

多分支 Select Case 语句的格式如下。

```
Select Case 测试表达式
    Case 表达式列表1
        语句块1
    [Case 表达式列表2
        语句块2]
    …
    [Case 表达式列表n
        语句块n]
    [Case Else
        语句块n+1]
End Select
```

系统先计算 Select Case 后的测试表达式的值，然后由上至下依次与各 Case 后列表中的值进行比较，若与其中某个值相同，则执行该列表后的相应语句块，然后执行 End Select 后的语句。如果有多个 Case 后表达式列表的值与其相同，则只执行与其相同的第一个 Case 后的语句块。如果与所有表达式列表的值都不相同，就检查有无 Case Else 子句，若有则无条件执行 Case Else 后的语句块；若无则直接退出该分支结构，执行 End Select 后的语句。其对应的执行流程如图 7-17 所示。

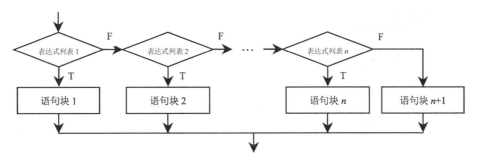

图 7-17　多分支 Select Case 语句的执行流程

　　　　语句格式中的测试表达式可以是任意类型的表达式，但必须和每个 Case 子句之后的表达式列表的类型一致。每个 Case 子句之后的表达式列表可以由一个或多个测试项构成，不同测试项之间用逗号分隔。每个表达式列表均可采用以下形式。

　　　　① 一个常量或用逗号分隔的多个常量，如"Case 1，3，5"。

　　　　② 用 To 表示一个闭合区间，如"Case 90 To 100"。

　　　　③ 用 Is 代表测试表达式的值，后跟关系运算符和比较的值，如"Case Is < 60"。

　　　　④ 综合应用上述 3 种形式，并用逗号分隔，如"Case 1，3，5 To 8，Is > 10"。

【例 7-11】　使用 Select Case 语句实现例 7-10。

使用 Select Case 语句编写的程序代码如下。

```
Public Sub 例7_11()
    Dim grade As Integer
    grade = Val(InputBox("请输入成绩分数"))
    Select Case grade
        Case 90 To 100
            MsgBox(Str(grade) & "的成绩为:优")
        Case 80 To 90
            MsgBox(Str(grade) & "的成绩为:良")
        Case 60 To 80
            MsgBox(Str(grade) & "的成绩为:中")
        Case 0 To 60
            MsgBox(Str(grade) & "的成绩为:差")
        Case Else
            MsgBox("你输入的成绩不对!")
    End Select
End Sub
```

【例 7-12】　通过输入对话框输入一个日期，判断并输出这一天是星期几。

程序代码如下。

```
Public Sub 例7_12()
    Dim d As Date, w As String
    d = InputBox("请输入一个日期", , Date)
    Select Case Weekday(d)      'Weekday(d)返回d是一个星期中的第几天
        Case 1                  '星期日为1,星期一为2,…,星期六为7
            w = "日"
```

```
        Case 2
            w = "一"
        Case 3
            w = "二"
        Case 4
            w = "三"
        Case 5
            w = "四"
        Case 6
            w = "五"
        Case 7
            w = "六"
    End Select
    MsgBox d & "是星期" & w
End Sub
```

7.3.3　循环结构

循环结构是指在循环条件满足的情况下有规律地重复执行某一程序代码段的结构，被反复执行的程序代码段称为循环体。VBA 提供了 For…Next、Do…Loop 和 While…Wend 3 种循环语句。

1. For…Next 循环语句

For…Next 循环一般用于循环次数已知的情况，通过设置循环变量的初值、终值和步长值，可以控制循环的执行次数。For…Next 循环语句的格式如下。

```
For 循环变量 = 初值 To 终值 [Step 步长]
    循环体
Next [循环变量]
```

系统在执行 For…Next 循环语句时，首先将初值赋给循环变量，然后判断循环变量的值是否超过终值。若超过则跳出循环，执行 Next 后面的语句；否则执行循环体内的语句块。当遇到 Next 子句时，返回 For 语句，并将循环变量的值加上步长值后再一次与终值比较。如此重复执行，直到循环变量的值超过终值。其对应的执行流程如图 7-18 所示。

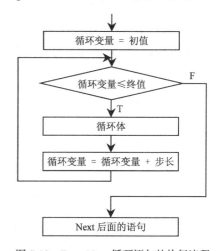

图 7-18　For…Next 循环语句的执行流程

　循环变量必须是数值型变量。步长可正、可负、可省略。当步长为正数时，初值小于终值；当步长为负数时，初值大于终值；当省略时，步长为 1。For…Next 循环的正常退出条件是循环变量超出终值，也可以使用 Exit For 语句强行退出循环，Exit For 语句一般与选择结构结合使用。

【例 7-13】　求 100 以内的所有奇数之和。

程序代码如下。

```
Public Sub 例7_13()
    Dim i As Integer, s As Integer
    For i = 1 To 100 Step 2        '步长为2
```

```
        s = s + i
    Next i
    MsgBox "100 以内的奇数和为: " & s
End Sub
```

【例 7-14】　求 100 以内既非 3 的倍数也非 5 的倍数的所有奇数之和。

程序代码如下。

```
Public Sub 例7_14()
    Dim i As Integer, s As Integer
    For i = 1 To 100 Step 2
        If i Mod 3 <> 0 And i Mod 5 <> 0 Then
        s = s + i
        End If
    Next i
    MsgBox "100 以内既非 3 的倍数也非 5 的倍数的所有奇数之和为: " & s
End Sub
```

【例 7-15】　通过输入对话框输入一个自然数，判断其是否为素数。素数又称质数，是指大于 1，且只能被 1 和它本身整除的自然数。

分析：设输入的数据为 x，如果用从 2 到 x-1 的每一个数依次去除 x，只要发现有一个数能整除 x，就能说明 x 不是素数。如果从 2 到 x-1 都不能整除 x，则 x 是素数。当然，根据相关的数学知识可知，只需用从 2 到 Int(x/2)的每个数依次去除 x 即可完成判断。

程序代码如下。

```
Public Sub 例7_15()
    Dim x As Integer, i As Integer
    x = Val(InputBox("请输入一个大于 1 的自然数: "))
    For i = 2 To x - 1
        If x Mod i = 0 Then Exit For
    Next
    '循环结束后，根据循环变量的值判断 x 是否为素数
    If i = x Then        '循环因超出终值而退出，即从 2 到 x-1 都不能整除 x
        MsgBox x & "是素数"
    Else                 '循环因执行 Exit For 而退出，即至少有一个数能整除 x
        MsgBox x & "不是素数"
    End If
End Sub
```

2．Do…Loop 循环语句

有些循环问题事先不能确定循环次数，只能通过给定的条件来判断是否继续循环，这时可以使用 Do…Loop 语句来实现。Do…Loop 语句根据循环条件是否成立来决定是否执行相应的循环体，它有以下几种格式。

（1）Do While…Loop 语句

语句格式如下。

```
Do While 条件表达式
    循环体
Loop
```

系统在执行该语句时，先判断"条件表达式"的值；若为真，则执行 Do While 和 Loop 之间的"循环体"；当"条件表达式"的值为假时结束循环，执行 Loop 后面的语句。其对应的执行流程如图 7-19（a）所示。

（2）Do Until...Loop 语句

语句格式如下。

```
Do Until 条件表达式
    循环体
Loop
```

系统在执行该语句时，先判断"条件表达式"的值；若为假，则执行 Do Until 和 Loop 之间的"循环体"，直到"条件表达式"的值为真时结束循环，执行 Loop 后面的语句。其对应的执行流程如图 7-19（b）所示。

【例 7-16】 试分析下面两段程序中循环执行的次数。

程序段 1 如下。

```
k = 0
Do While k <= 10
    k = k + 1
Loop
```

程序段 2 如下。

```
k = 0
Do Until k <= 10
    k = k + 1
Loop
```

对于程序段 1，循环变量 k 从 0 变化到 10 时，条件表达式的值均为真，循环执行 11 次。对于程序段 2，k 为 0 时，条件表达式的值即为真，循环执行 0 次。

（3）Do...Loop While 语句

语句格式如下。

```
Do
    循环体
Loop While 条件表达式
```

系统执行该语句时，首先执行一次"循环体"，遇到 Loop While 时，判断"条件表达式"的值；若为真，就继续执行 Do 和 Loop While 之间的"循环体"，否则结束循环，执行 Loop While 后面的语句。其对应的执行流程如图 7-19（c）所示。

（4）Do...Loop Until 语句

语句格式如下。

```
Do
    循环体
Loop Until 条件表达式
```

系统执行该语句时，首先执行一次"循环体"，遇到 Loop Until 时，判断"条件表达式"的值；

若为假，就继续执行 Do 和 Loop Until 之间的"循环体"，否则结束循环，执行 Loop Until 后面的语句。其对应的执行流程如图 7-19（d）所示。

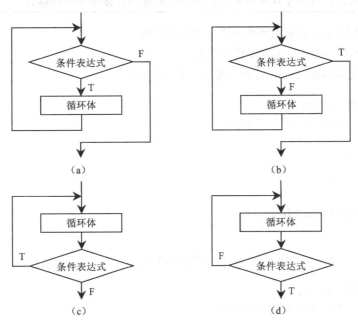

图 7-19　Do...Loop 循环的执行流程

【例 7-17】 试分析下面两段程序的运行结果。

程序段 1 如下。

```
num = 0
Do
    num = num + 1
    Debug.Print num
Loop While num > 2
```

程序段 2 如下。

```
num = 0
Do
    num = num + 1
    Debug.Print num
Loop Until num > 2
```

对于程序段 1，首先执行一次 Do 和 Loop While 之间的循环体，变量 num 的值变为 1，并在立即窗口中显示 num 的值，然后判断条件表达式"num > 2"是否成立；可以看到，此时该条件表达式的值为假，立即退出循环，程序运行结果是在立即窗口仅显示 1。

对于程序段 2，首先执行一次 Do 和 Loop Until 之间的循环体，变量 num 的值变为 1，并在立即窗口中显示 num 的值，然后判断条件表达式"num > 2"是否成立；此时该条件表达式的值为假，又执行一次循环体，变量 num 的值变为 2 并在立即窗口中显示，再判断条件表达式"num > 2"的值还为假，再一次执行循环体，变量 num 的值变为 3 并在立即窗口中显示；此时，条件表达式"num > 2"的值为真，退出循环。程序运行结果是在立即窗口分别显示 1，2，3。

Do...Loop 循环在达到条件时可正常退出，也可以使用 Exit Do 语句强行退出循环，Exit Do 一般与选择结构结合使用。另外，同一问题可以通过一种或多种格式来实现，在实际编程时，用户可以根据表达条件的需要选择最合适的一种格式。

【例 7-18】 用 Do...Loop 循环求 100 以内的奇数和。

下面用 3 种不同的方式来实现本例的要求。

方式 1：用 Do While...Loop 语句实现，程序代码如下。

```
Public Sub 例7_18_1()
    Dim i As Integer, s As Integer
    i = 1
    Do While i <= 100
        s = s + i
        i = i + 2
    Loop
    MsgBox "100以内的奇数和为: " & s
End Sub
```

方式 2：用 Do...Loop Until 语句实现，程序代码如下。

```
Public Sub 例7_18_2()
    Dim i As Integer, s As Integer
    i = 1
    Do
        s = s + i
        i = i + 2
    Loop Until i > 100
    MsgBox "100以内的奇数和为: " & s
End Sub
```

方式 3：用不带条件的 Do...Loop 语句实现，程序代码如下。

```
Public Sub 例7_18_3()
    Dim i As Integer, s As Integer
    i = 1
    Do
        s = s + i
        i = i + 2
        If i > 100 Then Exit Do
    Loop
    MsgBox "100以内的奇数和为: " & s
End Sub
```

不带条件的 Do...Loop 语句是一种无限循环，在循环体内必须有 Exit Do 语句强行退出循环，否则循环将不断执行下去，成为死循环。

【例 7-19】 随机产生一个 1 到 100 之间的整数，让用户通过输入对话框来猜这个数的大小。当用户输入的数值错误时给出"太大"或"太小"的提示信息，并要求重猜，直到用户输入正确的数值为止。

程序代码如下。

```
Public Sub 例 7_19()
    Dim x As Integer, y As Integer
    x = Int(Rnd * 100) + 1
    y = Val(InputBox("猜一猜？"))
    Do Until y = x
        If y > x Then
            y = Val(InputBox("太大了，请重猜！"))
        Else
            y = Val(InputBox("太小了，请重猜！"))
        End If
    Loop
    MsgBox "你猜对了！这个数是" & y
End Sub
```

3. While…Wend 循环语句

While…Wend 语句又称"当"型循环控制语句，它与 Do While…Loop 语句的结构类似，但不能在 While…Wend 语句中间使用 Exit Do 语句。While…Wend 循环语句的格式如下。

```
While 条件表达式
    循环体
Wend
```

系统在执行 While…Wend 循环语句时，先判断"条件表达式"的值；若为真，则执行 While 和 Wend 之间的"循环体"，遇到 Wend 语句后，返回判断条件表达式的值是否为真；若为真，就再次执行循环体；若为假，则结束循环，执行 Wend 后面的语句。其对应的执行流程与图 7-19（a）相同。

【例 7-20】　求 10 的阶乘。

程序代码如下。

```
Public Sub 例 7_20()
    Dim i As Integer, p As Single   '阶乘值一般较大，变量 p 声明为 Single 型
    i = 1: p = 1                     '两条语句写在一行中，要用冒号分隔
    While i <= 10
        p = p * i
        i = i + 1
    Wend
    MsgBox "10 的阶乘是：" & p
End Sub
```

4. 循环嵌套

循环嵌套是指在一个循环的循环体内包含了另一个循环，嵌套的层次可以很多，这里只介绍嵌套一次的情况，即双重循环。在 VBA 中，For…Next 循环和 Do…Loop 循环都可以相互嵌套，嵌套时需要注意以下几点。

① 内层循环和外层循环的循环变量不能同名。

② 内层循环必须完全包含在外层循环之中，不能交叉。

③ 循环嵌套执行时，对于外层的每一次循环，内层循环必须执行完所有的循环次数才能进入到外层的下一次循环。

④ 对于一个外层有 m 次、内层有 n 次的双重循环，其核心循环体（即内层循环的循环体）将重复执行 $m \times n$ 次。

【例 7-21】 编程计算 1! +2! +3! + … +10! 的和。

程序代码如下。

```
Public Sub 例7_21()
    Dim i As Integer, j As Integer, s As Single, p As Single
    s = 0
    For i = 1 To 10                      '外层循环求累加
        p = 1
        For j = 1 To i                   '内层循环求每一个 i 的阶乘
            p = p * j
        Next j
        s = s + p
    Next i
    MsgBox "1!+2!+3!+...+10!=" & s
End Sub
```

【例 7-22】编程实现在立即窗口中输出如图 7-20 所示的九九乘法表。

程序代码如下。

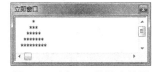

图 7-20 九九乘法表

```
Public Sub 例7_22()
    Dim i As Integer, j As Integer
    For i = 1 To 9
        For j = 1 To i
            '在输出每一个乘法式子之前，先用 Tab 函数固定输出位置
            Debug.Print Tab((j - 1) * 8); j & "*" & i & "=" & i * j;
        Next j
        Debug.Print                '换行
    Next i
End Sub
```

【例 7-23】 编程实现在立即窗口中输出如图 7-21 所示的图形。

程序代码如下。

图 7-21 例 7-23 的输出结果

```
Public Sub 例7_23()
    Dim i As Integer, j As Integer
    For i = 1 To 5
        Debug.Print Space(5 - i);    '第 i 行输出*之前，先输出 5-i 个空格
        For j = 1 To 2 * i - 1       '第 i 行输出*的个数为 2*i-1
            Debug.Print "*";
        Next j
        Debug.Print                  '换行
    Next i
End Sub
```

7.4 数　　组

在程序设计中，有时需要对大量相同类型的数据进行存储和处理。例如，存储 100 个学生某门课程的考试成绩，找出其中的最高分和最低分，并按照分数从高到低进行排名。此时，如果定

义 100 个简单变量来存储和处理这些数据就很困难，而定义一个可以存放 100 个数值型数据的数组就可以很好地解决这个问题。

7.4.1　数组的概念及定义

数组是由一组具有相同数据类型的变量构成的集合，其中的每个变量称为一个数组元素。每个数组有一个作为标识的名字称为数组名，数组中元素的顺序号称为下标。同一数组中的每个元素具有相同的变量名，但各自的下标不同，且按一定顺序排列。例如，一维数组 a 包含数组元素：a(1)、a(2)和 a(3)，数组名及其不同的下标值表示了不同的数组元素。通过改变下标即可引用不同的数组元素，这为数据处理提供了方便。

在同一数组中，每个元素的数据类型相同，占用相同大小的存储空间。各个元素在内存中连续存放，通过下标值可以确定元素在数组中的位置。下标为整数，其取值范围在定义数组时给出。

数组必须先定义后使用，数组的定义与变量的定义相似。根据下标的个数，数组可分为一维数组、二维数组和多维数组等，下面简要介绍一维数组和二维数组。

1.　一维数组

一维数组用一个下标访问数组元素，各元素呈线性排列。一维数组的定义格式如下。

```
Dim 数组名([下界 To] 上界)[As 数据类型]
```

说明

数组的命名规则与简单变量的命名规则相同。下界和上界给出了数组下标的取值范围，也确定了数组中可以存放的元素个数，即数组大小。当省略下界时，默认下界为 0。如果省略 As 子句，则数组的类型为 Variant 型。在一个 Dim 语句中可以定义多个数组，也可以同时定义数组和简单变量，数组之间、变量之间用逗号隔开。

例如，

```
'定义一个有 11 个元素的整型数组 a，数组元素分别为 a(0)、a(1)、…、a(10)
Dim a(10) as Integer
'定义一个有 10 个元素的单精度型数组 b，数组元素分别为 b(1)、b(2)、…、b(10)
Dim b(1 To 10) as Single
'定义一个有 6 个元素的字符型数组 c 和一个整型变量 i
Dim c(5) As String, i As Integer
```

访问单个数组元素可以通过数组名和下标值来实现，如果要依次访问一维数组中的每一个元素，可以使用 For…Next 循环语句。循环变量的初值和终值可以分别设置为数组下标的下界和上界。在访问数组元素时，要注意下标不能超过下界和上界，否则程序执行时会提示"下标越界"的错误信息。

【例 7-24】定义一个数组名为 score、下界为 1、上界为 5 的整型数组，依次为数组中的每个元素赋予"元素下标值 ＊ 10"的值，并在立即窗口中输出显示。

程序代码如下。

```
Public Sub 例7_24()
    Dim score(1 To 5) As Integer, i As Integer
    For i = 1 To 5      '依次为 score(1)～score(5)赋值
        score(i) = i * 10
```

```
    Next i
    For i = 1 To 5        '在同一行上依次输出 score(1) ~ score(5)
        Debug.Print "score(" & i & ")=" & score(i),
    Next i
End Sub
```

程序运行结果如图 7-22 所示。

图 7-22　例 7-24 的输出结果

2. 二维数组

二维数组需要用两个下标值来定位一个数组元素。在二维数组中，数据呈平面状排列，可用于保存一个二维表的信息。二维数组的定义格式如下。

Dim 数组名([下界 1 To] 上界 1, [下界 2 To] 上界 2)[As 数据类型]

在定义二维数组时，需要说明每一维下标的下界和上界。当省略下界时，默认下界为 0。第一维的下标也称为行下标，第二维的下标也称为列下标。每一维的大小为"上界-下界+1"。整个数组的大小为每一维大小的乘积。

例如，

```
'定义一个有 3 行 4 列共 12 个元素的单精度型数组 d
Dim d(1 To 3, 1 To 4) As Single
```

数组 d 中的 12 个元素排列如表 7-19 所示。

表 7-19　　　　　　　　　　　二维数组 d 的元素排列

d(1, 1)	d(1, 2)	d(1, 3)	d(1, 4)
d(2, 1)	d(2, 2)	d(2, 3)	d(2, 4)
d(3, 1)	d(3, 2)	d(3, 3)	d(3, 4)

二维数组配合双重的 For…Next 循环，可以实现对数组中每一个元素的访问。外层循环的循环变量的初值和终值可分别设置为行下标的下界和上界；内层循环的循环变量的初值和终值可分别设置为列下标的下界和上界。在访问二维数组时，每一维的下标值都不能越界。

【例 7-25】定义一个 2 行 3 列的数组，为每个数组元素赋值如下，并在立即窗口中输出每个数组元素的值。

$$\begin{bmatrix} 11 & 12 & 13 \\ 21 & 22 & 23 \end{bmatrix}$$

程序代码如下。

```
Public Sub 例7_25()
    Dim a(1 To 2, 1 To 3) As Integer, i As Integer, j As Integer
    For i = 1 To 2            '为每个数组元素赋值（行下标*10+列下标）
        For j = 1 To 3
            a(i, j) = i * 10 + j
        Next j
    Next i
    For i = 1 To 2            '按行输出每个数组元素的值
        For j = 1 To 3
            Debug.Print "a(" & i & "," & j & ")=" & a(i, j),
```

```
        Next j
        Debug.Print
    Next i
End Sub
```

程序运行结果如图 7-23 所示。

图 7-23　例 7-25 的输出结果

7.4.2　数组的应用

定义了数组后，就可以用前面介绍的处理变量的方法来处理数组，并且可以用循环语句来简化程序的编写，提高程序的可读性。

【例 7-26】　随机产生 10 个两位正整数，求其平均值，并将大于平均值的数输出。

程序代码如下。

```
Public Sub 例7_26()
    Dim a(1 To 10) As Integer, i As Integer, sum As Integer, avg As Single
    '依次为每个数组元素赋值并输出显示
    For i = 1 To 10
        a(i) = 10 + Rnd * 89
        Debug.Print a(i);
    Next i
    Debug.Print
    '数组元素求和
    For i = 1 To 10
        sum = sum + a(i)
    Next i
    avg = sum / 10
    Debug.Print "平均值为："; avg
    '输出大于平均值的数组元素
    For i = 1 To 10
        If a(i) > avg Then Debug.Print a(i);
    Next i
    Debug.Print
End Sub
```

【例 7-27】　随机产生 20 个两位正整数，求其中的最大值及最大值的位置。

程序代码如下。

```
Public Sub 例7_27()
    '变量max存放最大值，变量k存放最大值的位置，即最大元素对应的下标值
    Dim a(1 To 20) As Integer, i As Integer, max As Integer, k As Integer
    '依次为每个数组元素赋值并输出显示
    For i = 1 To 20
        a(i) = 10 + Rnd * 89
        Debug.Print a(i);
    Next i
    Debug.Print
    '假设第一个数组元素最大
    max = a(1): k = 1
    '将a(2)~a(20)与max比较，若比max大，则将其赋值给max，并记下位置i
    For i = 2 To 20
        If a(i) > max Then
```

```
            max = a(i)
            k = i
        End If
    Next i
    '比较完毕，max 中存放的是所有数组元素中的最大值
    Debug.Print "最大值为："; max
    Debug.Print "最大值的位置为："; k
End Sub
```

【例 7-28】 定义一个 3 行 4 列的数字矩阵，并将其转置输出。

原始矩阵和转置后的矩阵分别如下。

$$
\begin{bmatrix} 21 & 22 & 23 & 24 \\ 41 & 42 & 43 & 44 \\ 61 & 62 & 63 & 64 \end{bmatrix} \longrightarrow \begin{bmatrix} 21 & 41 & 61 \\ 22 & 42 & 62 \\ 23 & 43 & 63 \\ 24 & 44 & 64 \end{bmatrix}
$$

程序代码如下。

```
Public Sub 例7_28()
    Dim a(1 To 3, 1 To 4) As Integer, i As Integer, j As Integer
    '为每个数组元素赋值并输出
    For i = 1 To 3
        For j = 1 To 4
            a(i, j) = i * 20 + j
            Debug.Print a(i, j);
        Next j
        Debug.Print
    Next i
    Debug.Print
    '输出转置形式，即把原来的列作为行输出
    For j = 1 To 4
        For i = 1 To 3
            Debug.Print a(i, j);
        Next i
        Debug.Print
    Next j
End Sub
```

7.5 过　　程

　　过程是一个可执行的程序代码段，它包含一系列的 VBA 语句和方法，用于完成特定的功能。在实际应用中，一个规模较大的应用程序通常包含很多过程，过程之间可以相互调用，通过参数传递实现协同工作，完成一个较为复杂的任务。过程可以实现一次编写、多次调用的目标，从而简化程序设计。

　　VBA 模块中的过程主要有 Sub 子过程和 Function 函数过程，其主要区别是 Sub 子过程没有返回值，而 Function 函数过程有返回值。过程必须先声明后调用，不同的过程有不同的结构形式和调用格式。

7.5.1　Sub 子过程

Sub 子过程是一系列由 Sub 和 End Sub 语句包含起来的 VBA 语句。使用 Sub 子过程可以执行动作、计算数值及更新、修改对象属性的设置，但不能返回一个值。

1．Sub 子过程的定义

Sub 子过程的定义格式如下。

```
[Public|Private][Static] Sub 过程名([形式参数列表])
    [局部常量或变量的定义]
    [语句块]
    [Exit Sub]
    [语句块]
End Sub
```

说明

过程名是用户自定义的名称，必须遵循标识符的命名规则，且不能与同级别的变量同名。过程定义时的参数称为形式参数，简称形参。形参列表的格式如下。

[ByRef|ByVal] 参数名 [As 数据类型][,[ByRef|ByVal] 参数名 [As 数据类型] …]

形参列表中的 ByRef 和 ByVal 用于说明参数传递的方式，见 7.5.3 节，省略时默认为 ByRef。"As 数据类型"省略时默认为 Variant 型。如果子过程没有形式参数，则过程名后必须跟一对空的圆括号。

不带参数的过程不涉及参数传递，可以直接运行，也可以被其他过程调用，只能完成一些特定的操作。带有参数的过程不能直接运行，必须在被其他过程调用时接收到传递过来的参数值后才能运行。可以使用 Exit Sub 语句强行退出当前过程。

2．Sub 子过程的创建

在 VBE 的工程资源管理器窗口中，双击需要创建过程的某个模块，打开该模块，然后选择"插入"|"过程"菜单命令，打开"添加过程"对话框，在"名称"文本框中输入过程名 swap，从"类型"组中选择"子程序"（Sub）选项，从"范围"组中选择"公共的"（Public），如图 7-24 所示。单击"确定"按钮后，VBE 自动在模块代码窗口中添加如下代码。

```
Public Sub swap()
End Sub
```

此时光标在两条语句的中间闪烁，等待用户输入过程代码，如图 7-25 所示。

图 7-24　"添加过程"对话框

图 7-25　添加过程后的代码窗口

直接在窗体模块、报表模块或标准模块的代码窗口中，输入"Sub 过程名"，然后按<Enter>键，系统也会自动生成过程的起始语句和结束语句。

【例 7-29】 创建一个 Sub 子过程，用于交换两个变量的值。

程序代码如下。

```
Public Sub swap(x As Integer, y As Integer)
    Dim t As Integer
    t = x: x = y: y = t
End Sub
```

3. Sub 子过程的调用

对于 Public 公共过程，一旦创建就可以在模块的其他地方调用该过程。子过程的调用有两种方式，一种是利用 Call 语句来调用，另一种是把过程名作为一个语句来直接调用，具体格式如下。

格式 1：

```
Call 过程名([实际参数列表])
```

格式 2：

```
过程名 [实际参数列表]
```

过程调用语句中的参数称为实际参数，简称实参。调用过程时应注意实参和形参必须个数相等，位置一致，且数据类型相同或兼容。实参可以是常量、变量或表达式，且在调用前应该有确定的值。

书写时要注意，在使用格式 1 时，实参要放在一对括号内，且左括号和过程名之间不能有空格，没有参数的过程可省略括号；在使用格式 2 时，实参不能加括号，且第一个实参和过程名之间要有空格。

【例 7-30】 创建一个 Sub 子过程，用输入对话框输入 2 个整数，分别存放于变量 m 和 n 中，再调用例 7-29 中定义的子过程 swap，将变量 m 和 n 中的值互换，并在立即窗口中显示互换前后的值。

程序代码如下。

```
Public Sub 例7_30()
    Dim m As Integer, n As Integer
    m = Val(InputBox("请输入m: "))
    n = Val(InputBox("请输入n: "))
    Debug.Print m, n
    Call swap(m, n)        '或用: swap m, n
    Debug.Print m, n
End Sub
```

图 7-26　swap 过程调用前后 m 和 n 的值

运行该过程，并输入 m 和 n 的值，然后就可以在立即窗口中看到 swap 过程调用前后 m 和 n 的值，如图 7-26 所示。

7.5.2　Function 函数过程

Function 函数过程是一系列由 Function 和 End Function 语句包含起来的 VBA 语句。函数过程和子过程类似，也有过程名（一般称为函数名）和形参列表，不同的是函数过程可以返回一个值。

1. Function 函数过程的定义

Function 函数过程的定义格式如下。

```
[Public|Private][Static] Function 函数名([形式参数列表])[As 类型]
    [局部常量或变量的定义]
    [语句块]
    [Exit Function]
    [语句块]
    函数名 = 表达式
End Function
```

　　Function 函数过程的定义与 Sub 子过程相似，由于 Function 函数过程具有返回值，定义格式中的"[As 类型]"用于指定函数的返回值类型，省略时默认为 Variant 型。在函数中可以使用 Exit Function 语句强行退出函数，直接返回调用点。

　　Function 函数通过函数名带回返回值。一般情况下，在函数体内至少有一个"函数名=表达式"的赋值语句，表示将赋值符号右侧表达式的值作为函数的返回值；若函数过程中没有为函数名赋值的语句，则 Function 函数返回对应类型的默认值，即函数的返回值类型为数值型，则函数的返回值为 0；若为字符型，则返回空字符串。

2. Function 函数过程的创建

Function 函数过程的创建方法与 Sub 子过程的创建方法相似，只是在图 7-24 所示的"添加过程"对话框中选择"函数"选项，也可以在代码窗口直接创建函数过程。

3. Function 函数过程的调用

Function 函数的调用方式和内部函数相同，具体格式如下。

函数名 [实际参数列表]

　　若要使用函数的返回值，一般将上述调用格式作为赋值语句的赋值成分赋予某个变量，如，变量 = 函数名 [实际参数列表]。

【例 7-31】 在标准模块中创建一个求阶乘的函数过程，再创建一个子过程，在子过程中调用该阶乘函数计算 3! +5! +7! 的值。

程序代码如下。

```
Public Function jc(n As Integer) As Long      '函数的返回值为 Long 型
    Dim i As Integer, s As Long
    s = 1
    For i = 1 To n
        s = s * i
    Next i
    jc = s                                     '将阶乘值作为函数的返回值
End Function
Public Sub 例7_31()
    Dim k As Long
    k = jc(3) + jc(5) + jc(7)                  '调用函数求 3!、5!、7!，将和赋给变量 k
    Debug.Print "3!+5!+7!="; k                 '在立即窗口输出结果
End Sub
```

【例 7-32】 在立即窗口中输出 100 以内的所有素数，要求用 Function 函数过程判断一个数是否为素数。

程序代码如下。

```
Public Function IsPrime(x As Integer) As Boolean
    '判断结果只有两种情况，所以函数返回值为 Boolean 型
    Dim i As Integer
    For i = 2 To x - 1
        If x Mod i = 0 Then    '不是质数
            IsPrime = False    '返回 False
            Exit Function       '强行退出 Function 过程
        End If
    Next i
    IsPrime = True             '是质数，返回 True
End Function
Public Sub 例7_32()
    Dim i As Integer
    For i = 2 To 100
        If IsPrime(i) Then Debug.Print i;
    Next i
    Debug.Print
End Sub
```

程序运行结果如图 7-27 所示。

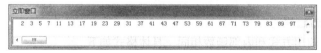

图 7-27　例 7-32 的输出结果

7.5.3　过程参数传递

在调用带有参数的过程（包括 Sub 子过程和 Function 函数过程）时，需要将主调过程中的实参传递给被调过程中的形参，这样才能开始执行被调过程。参数传递的方式有两种，即按地址传递和按值传递，系统默认的方式是按地址传递。

1. 按地址传递

若形参前加关键字 "ByRef" 或不加任何内容，则表示参数传递的方式为按地址传递。在按地址传递时，将实参的地址传给形参，即实参和形参使用相同的内存单元。如果在被调过程中修改了形参的值，则主调过程中实参的值也会做相同的变化。

【例 7-33】 按地址传递参数示例，分析程序的输出结果。

程序代码如下。

```
Public Sub First()                    '主调过程
    Dim x As Integer, y As Integer
    x = 3: y = 7
    Debug.Print "调用之前: ", "x="; x, "y="; y
    Call Second(x, y)
    Debug.Print "调用之后: ", "x="; x, "y="; y
End Sub
```

```
Public Sub Second(ByRef m As Integer, ByRef n As Integer)    '被调过程
    m = m + 2
    n = m + n
    Debug.Print "形参的值: ", "m="; m, "n="; n
End Sub
```

运行主调过程 First，结果如图 7-28 所示。

图 7-28　按地址传递的运行结果

2．按值传递

若形参前加关键字"ByVal"，则表示参数传递的方式为按值传递。在按值传递时，实参和形参占用不同的内存单元，相当于把实参的值复制后传给被调过程的形参，实参和形参不再相关。如果在被调过程中修改了形参的值，不会影响到主调过程中的实参。

【例 7-34】 将例 7-33 中的过程 Second 的参数传递方式改为按值传递，分析程序的输出结果。过程 Second 的程序代码如下。

```
Public Sub Second(ByVal m As Integer, ByVal n As Integer)    '被调过程
    m = m + 2
    n = m + n
    Debug.Print "形参的值: ", "m="; m, "n="; n
End Sub
```

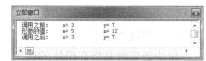

重新运行主调过程 First，结果如图 7-29 所示。

图 7-29　按值传递的运行结果

Function 函数过程也可以通过 Sub 子过程实现。虽然 Sub 子过程没有返回值，但使用按地址传递的形参也可以将被调过程的运行结果传递回主调过程。只有当实参是变量时才能进行按地址传递，若实参为常量或表达式，参数传递的方式只能是按值传递，而不管形参前有没有加 ByVal。

7.5.4　变量和过程的作用域

在 VBA 编程中，由于变量声明的位置和方式不同，变量可被访问的范围也有所不同。变量可被访问的范围称为变量的作用域。与变量相似，过程也有作用域。过程的作用域决定了其他过程访问该过程的能力，即其他过程能否调用该过程。

1．变量的作用域

根据作用域不同，可将变量分为 3 类，分别为过程级变量、模块级变量和全局变量。变量的作用域和变量声明语句的位置与声明变量时的关键字有关。

（1）过程级变量

过程级变量也称为局部变量，是指在某一过程内部用 Dim 或 Static 关键字声明的变量，或者不进行声明直接使用的变量，其作用域是局部的，只能在声明它的过程内部使用。同一模块的不同过程中可以声明同名的变量，它们彼此互不相关。

使用关键字 Dim 和 Static 的不同之处在于变量在内存中的存续期间。使用 Dim 声明的变量称为动态变量。动态变量只在过程的一次执行期间存在，过程每一次执行完毕，动态变量都要从内存中消失。在下一次执行该过程时，都要重新对动态变量进行初始化。使用 Static 声明的变量称为静态变量。静态变量在过程执行完之后可以保留其中的值，即每次执行过程时，静态变量可以继续使用上一次执行后的值。

【例 7-35】 静态变量与动态变量示例，分析程序的输出结果。

程序代码如下。

```
Public Sub 例7_35()
    Static k As Integer    '声明为静态变量
    k = k + 1
    Debug.Print "本过程已经执行了"; k; "次! "
End Sub
```

连续运行该过程 5 次，立即窗口中的输出结果如图 7-30 所示。如果把过程中的 Static 改为 Dim，即将 k 声明为动态变量，则运行结果如图 7-31 所示。

图 7-30　静态变量的运行结果　　　　　　　图 7-31　动态变量的运行结果

（2）模块级变量

模块级变量是指在模块的通用声明段中用 Dim 或 Private 关键字声明的变量。模块级变量可以在声明它的模块内部的所有过程中使用，但不能被其他模块访问。

【例 7-36】 创建一个标准模块，在其中输入以下代码，分析程序的输出结果。

```
Dim k As Integer           '声明模块级变量 k
Public Sub 例7_36_1()
    k = 2
    MsgBox k
End Sub
Public Sub 例7_36_2()
    k = k + 3
    MsgBox k
End Sub
```

本例中，两个 Sub 子过程使用的 k 是同一个变量。首先运行例 7_36_1 过程，在输出信息框中显示的 k 值为 2；再运行例 7_36_2 过程，输出显示的 k 值为 5。

（3）全局变量

全局变量是指在模块的通用声明段中使用 Public 关键字声明的变量。全局变量在声明变量的数据库应用系统的所有模块中都可以使用。

综上所述，3 种变量的声明方式、声明位置及其作用域如表 7-20 所示。

表 7-20　　　　　　　　　　　　　　变量的作用域

变 量 类 型	声明关键字	声明语句的位置	能否被本模块的 其他过程访问	能否被其他模块中 的过程访问
过程级变量	Dim、Static	过程内部	不能	不能
模块级变量	Dim、Private	模块的通用声明段	能	不能
全局变量	Public	模块的通用声明段	能	能

2. 过程的作用域

过程的作用域有两种，即全局级过程和模块级过程，它们通过定义过程时在 Sub 或 Function 之前加关键字 Public 或 Private 来区分。其中，默认值是 Public，表示全局级过程，或称公用过程，能够被当前数据库应用系统中的所有模块访问；Private 表示模块级过程，或称私有过程，只能在定义过程的模块内部访问。

两种过程的声明方式、作用域如表 7-21 所示。

表 7-21　　　　　　　　　　　　　　　　　过程的作用域

过 程 类 型	定义关键字	能否被本模块中的过程调用	能否被其他模块中的过程调用
模块级过程	Private	能	不能
全局级过程	Public 或省略	能	能

7.6　VBA 数据库编程

在前面章节的内容中，当涉及操作数据库中的数据时，都是借助于窗体向导、控件向导或者通过设计视图中的"属性表"窗格设置窗体和控件的数据源，达到显示、输入和编辑数据库中数据的目的。但在 Access 数据库应用系统的开发中，如果用户希望实现更复杂的功能、更快速有效地处理数据库中的数据，还需要借助数据库访问接口，通过 VBA 编程实现对数据库中数据的查询和操作。

7.6.1　数据库访问接口

早期的程序员在程序中连接数据库是非常困难的，每种 DBMS 产生的数据库文件的格式都不一样，程序员要对他们访问的 DBMS 的底层应用程序编程接口（Application Programming Interface，API）有相当程度的了解，通过 API 来访问特定的 DBMS。数据库访问接口技术可以简化这一过程，通过编写相对简单的程序即可实现很复杂的任务，并为不同类别的数据库提供统一的接口。常用的数据库访问接口有 ODBC、DAO 和 ADO 等。

1. ODBC

开放式数据库互联（Open Database Connectivity，ODBC）是微软公司开发的一套实现应用程序和关系数据库之间通信的接口标准，它提供了一种对数据库访问的通用接口。在此标准支持下，一个应用程序可以通过一组通用的代码实现对各种不同数据库系统的访问。

一个基于 ODBC 的应用程序对数据库的操作不依赖任何 DBMS，应用程序调用的是标准的 ODBC 函数和 SQL 语句，数据库底层操作由各个数据库的驱动程序完成。无论是 Access、Visual FoxPro，还是 SQL Server、Oracle 数据库，均可用 ODBC API 进行访问。因此，应用程序有很好的适应性和可移植性。

在 Access 应用中，直接使用 ODBC API 需要比较烦琐的编程，因此在实际编程中很少直接进行 ODBC API 的访问。

2. DAO

数据访问对象（Data Access Objects，DAO）是微软公司的第一个面向对象的数据库接口。利用其中定义的一系列数据访问对象（如 Database、Recordset 等），可以实现对数据库的各种操作。这是 Office 早期版本提供的编程模型，最初为 Access 开发人员的专用数据访问方法，可以直接连接到 Access 数据表，还可以访问其他的 SQL 数据库。

DAO 最适合于单系统应用程序或小范围的本地分布使用，其内部已经对数据库的访问进行了加速优化，使用也很方便。所以，如果数据库是 Access 数据库并且是本地使用，可以使用这种访问方式。

3. ADO

ActiveX 数据对象(ActiveX Data Objects，ADO)是微软公司开发的基于组件的数据库编程接口，是一个和编程语言无关的组件对象模型系统。ADO 扩展了 DAO 所使用的对象模型，包含较少的对象，更多的属性、方法、事件，大幅度减少了数据库访问的工作量，提供了一个更易于操作、更友好的接口。ADO 已经成为当前数据库开发的主流。

采用 ADO 实现对数据库的访问类似于编写数据库应用程序。ADO 将绝大部分的数据库操作功能封装在 9 个对象及有关的数据集合之中，通过在应用程序中调用这些对象和数据集合来执行相应的数据库操作。ADO 支持用于建立客户端/服务器和基于 Web 的应用程序。

7.6.2 利用 DAO 访问数据库

1. DAO 的对象

DAO 模型是层次模型，其包含了集合对象和单个对象，提供了管理关系数据库系统操作对象的属性和方法，能够实现创建数据库、定义表、定义字段和索引、建立表之间的关系、定位指针和查询数据等功能。

DAO 模型提供的不同对象分别对应被访问数据库的不同部分。例如，DBEngine 对象表示数据库引擎，包含并控制模型中的其他对象；Workspace 对象表示工作区；Database 对象表示操作的数据库对象；Recordset 对象表示数据操作返回的记录集，可以来自于表、查询或 SQL 语句的

运行结果；Field 对象表示字段，即记录集中的一列；Error 对象包含使用 DAO 对象产生的错误信息。

如果要在 VBA 程序设计中使用 DAO 的各个对象，必须先添加对 DAO 库的引用。例如，在"图书管理系统"数据库中，DAO 库的引用设置方法如下。

① 打开"图书管理系统"数据库，进入 VBE 编程环境。

② 选择"工具"|"引用"菜单命令，打开"引用"对话框，如图 7-32 所示。

③ 在"可使用的引用"列表框中，选中"Microsoft

图 7-32 DAO、ADO 对象"引用"对话框

Office 14.0 Access database engine Object Library"选项，单击"确定"按钮即可。

　　在 Windows 7 环境下，默认该项引用是选中的。只有将该选项选中，VBA 才能识别
DAO 的各个对象，实现 DAO 数据库编程。

如果要在程序中通过 DAO 访问数据库，首先应声明对象变量，然后再初始化对象变量，通过对象变量的方法和属性实现对数据库的各种访问。

2. Database 对象和 Recordset 对象的使用

（1）声明与初始化 Database 对象

Database 对象代表数据库。同普通变量的声明一样，声明对象变量的关键字可以使用 Dim、Private 和 Public 等。对象变量必须通过 Set 命令来赋值。

声明 Database 对象变量的语句格式如下。

```
Dim 对象变量名 As Database
```

例如,

```
Dim db As Database      '声明 db 为数据库对象变量
```

Set 赋值语句格式如下。

```
Set 对象变量名称 = 对象指定声明
```

例如,

```
Set db = CurrentDb    '初始化 db 为 CurrentDb, 即当前数据库
```

【例 7-37】 通过 DAO 编程, 显示当前打开的数据库的名称。

程序代码如下。

```
Private Sub 例7_37()
    Dim db As Database       '声明 Database 类型的对象变量 db
    Set db = CurrentDb       '初始化 db 为 CurrentDb
    MsgBox db.Name           'Name 是 Database 对象变量的名称属性
End Sub
```

（2）声明与打开 Recordset 对象

Recordset 对象代表一个表或查询中的所有记录, 它提供了对记录的添加、删除和修改等操作的支持。

声明 Recordset 对象变量的语句格式如下。

```
Dim 对象变量名 As Recordset
```

例如,

```
Dim db As Database
Dim rs As Recordset            '声明 rs 为记录集对象变量
Set db = CurrentDb
Set rs = db.OpenRecordset("读者", dbOpenDynaset)
```

上面的代码先用 Dim 语句声明了一个 Database 类型的对象变量 db 和一个 Recordset 类型的对象变量 rs, 然后用 Set 命令将 db 初始化为当前数据库, 再将当前数据库中名称为 "读者" 的表生成记录集并赋值给 rs。dbOpenDynaset 是指打开动态集类型的记录集。

Recordset 对象的常用属性如表 7-22 所示。

表 7-22　　　　　　　　　　　Recordset 对象的常用属性

属　　性	说　　明
Bof	若为 True, 记录指针指向记录集的第一个记录之前
Eof	若为 True, 记录指针指向记录集的最后一个记录之后
Filter	设置筛选条件过滤出满足条件的记录
RecordCount	返回记录集对象中的记录个数
NoMatch	使用 Find 方法时, 如果没有匹配的记录, 则为 True, 否则为 False

Recordset 对象的常用方法如表 7-23 所示。

表 7-23　　　　　　　　　　　　　　　Recordset 对象的常用方法

方　　法	说　　　明	方　　法	说　　　明
AddNew	添加新记录	FindFirst	查找第一个满足条件的记录
Delete	删除当前记录	FindLast	查找最后一个满足条件的记录
Edit	编辑当前记录	FindNext	查找下一个满足条件的记录
Update	更新当前记录	FindPrevious	查找前一个满足条件的记录
MoveFirst	移动记录指针到第一个记录	MoveNext	移动记录指针到下一个记录
MoveLast	移动记录指针到最后一个记录	MovePrevious	移动记录指针到前一个记录

（3）关闭 Database 对象和 Recordset 对象

在记录集使用完毕后，应该执行 Database 对象和 Recordset 对象的 Close 方法关闭对象，并将对象设置为 Nothing，以释放所占用的内存空间。具体设置方法如下。

```
rs.Close
db.Close
Set rs = Nothing
Set db = Nothing
```

说明　如果省略以上语句，Access 应用程序终止运行时，系统会自动关闭并清除 Database 和 Recordset 对象。

【例 7-38】 在"图书管理系统"数据库中设计如图 7-33 所示的窗体，实现读者信息查询的功能。要求单击窗体中的"读者编号"组合框右侧的下拉按钮选择一个读者的编号，或直接在该组合框中输入读者编号并按下<Enter>键后，该读者的姓名、性别、工作单位、电话、照片等信息会出现在窗体中相应位置。窗体中各控件的名称属性如表 7-24 所示。

图 7-33　"读者信息查询"窗体

表 7-24　　　　　　　　　　　"读者信息查询"窗体中各控件的名称属性

控 件 对 象	名称属性值	控 件 对 象	名称属性值
"读者编号"组合框	Combo0	"姓名"文本框	Text2
"工作单位"文本框	Text6	"性别"文本框	Text4
"照片"绑定对象框	OLEBound11	"电话"文本框	Text9
"返回"按钮	Command15		

具体操作步骤如下。

① 打开"图书管理系统"数据库，选择"创建"选项卡，单击"窗体"组中的"窗体设计"按钮，打开窗体设计视图。

② 添加所需的各种控件，参照图 7-33 所示界面进行属性设置和布局。其中，"读者编号"

组合框的"行来源类型"属性为"表/查询","行来源"属性为"SELECT [读者].[读者编号] FROM 读者;"。

③ 打开代码窗口,在"对象"组合框中选择"读者编号"组合框对象 Combo0,在"过程"组合框中选择"AfterUpdate",则代码窗口中会自动生成 Combo0_AfterUpdate 事件过程框架。

④ 在过程框架内部输入如下程序代码。

```
Private Sub Combo0_AfterUpdate()
    Dim my_db As Database
    Dim my_tb As Recordset
    Set my_db = CurrentDb
    Set my_tb = my_db.OpenRecordset("读者", dbOpenDynaset)
    '使用 Find 方法查找记录需要使用动态集的方式打开数据表
    my_tb.FindFirst "[读者编号]='" + Combo0.Value + "'" '条件是一个 SQL 语句
    If my_tb.NoMatch Then
        MsgBox("没有找到该编号对应的记录!")
    Else     '将记录集中该编号记录所对应的字段内容赋给各个控件
        Text2.Value = my_tb.Fields(1)  '记录字段 1 赋给"姓名"文本框
        Text4.Value = my_tb.Fields(2)  '记录字段 2 赋给"性别"文本框
        Text6.Value = my_tb.Fields(3)  '记录字段 3 赋给"工作单位"文本框
        Text9.Value = my_tb.Fields(4)  '记录字段 4 赋给"电话"文本框
        OLEBound11.Value = my_tb.Fields(5) '字段 5 赋给"照片"绑定对象框
    End If
    my_tb.Close
    my_db.Close
    Set my_tb = Nothing
    Set my_db = Nothing
End Sub
```

⑤ 为"返回"按钮添加如下的单击事件代码。

```
Private Sub Command15_Click()
    DoCmd.Close                '关闭本窗体
    DoCmd.OpenForm "主界面"           '打开"主界面"窗体
End Sub
```

⑥ 将该窗体保存为"读者信息查询",切换到窗体视图进行实际运行测试。

7.6.3 利用 ADO 访问数据库

1. ADO 的对象

ADO 是目前微软公司通用的数据访问技术,以编程方式访问数据源。ADO 对象模型有 9 个对象,即 Connection、Recordset、Record、Command、Parameter、Field、Property、Stream 和 Error。下面简要介绍最常用的两个 ADO 对象,即 Connection 对象和 Recordset 对象。

Connection 对象是 ADO 对象模型中最高级的对象,用于实现应用程序与数据源的连接。Recordset 对象是最常用的对象,它表示的是来自表或命令执行结果的记录集,包括记录和字段,具有其特定的属性和方法,程序员利用这些属性和方法就可以编程处理数据库中的记录。与 DAO 模型中的 Recordset 对象类似,ADO 模型中记录集 Recordset 可执行的操作包括对表中的数据进行查询和统计，在表中添加、更新或删除记录。

如果要在程序中通过 ADO 访问数据库，需要经过以下几个步骤。

① 声明 Connection 对象，建立与数据源的连接。

② 声明 Recordset 对象，打开数据源对象。

③ 编程完成各种数据访问操作。

④ 关闭、回收 Recordset 对象和 Connection 对象。

Access 2010 提供了多个 ADO 对象库供用户使用，但第一次使用时需要用户自行添加，方法与添加对 DAO 库的引用相同，只是在图 7-32 所示的"引用"对话框中，选中"可使用的引用"列表框中的"Microsoft ActiveX Data Objects 6.1 Library"选项，单击"确定"按钮即可。

2. Connection 对象和 Recordset 对象的使用

（1）声明与初始化 Connection 对象

创建与数据源的连接，首先要声明并实例化一个 Connection 对象，然后再初始化 Connection 对象，以决定 Connection 对象与哪个数据库相连。具体设置如下。

```
Dim cn As ADODB.Connection        '声明一个 Connection 类型的对象变量 cn
Set cn = New ADODB.Connection     '实例化该对象,ADODB 是 ADO 类库名。
'也可将以上两行语句合并，写为: Dim cn As New ADODB.Connection
'将其初始化为 CurrentProject, 即与当前数据库连接
Set cn = CurrentProject.Connection
```

（2）声明与打开 Recordset 对象

在连接到数据源后，需要声明并实例化一个新的 Recordset 对象，然后打开该对象，从数据源获取的数据就存放在 Recordset 对象中。使用 Recordset 对象的方法就可以查询、编辑和删除记录集中的数据，这些数据是从打开的表或查询对象中返回的。具体设置如下。

```
Dim rs As ADODB.Recordset        '声明一个 Recordset 类型的对象变量 rs
Set rs = New ADODB.Recordset     '实例化该对象
'也可将以上两行语句合并，写为: Dim rs As New ADODB.Recordset
rs.Open "读者", cn, , ,adCmdTable
```

上面代码的第 3 条语句使用 Recordset 对象的 Open 方法打开当前数据库中的"读者"表，其中，"读者"是指要打开的表的名称，cn 是 Connection 对象变量的名称，参数 adCmdTable 说明打开的是表对象。

实际上，Recordset 对象的 Open 方法有 5 个参数，其完整的语法格式如下。

```
Recordset.open Source, ActiveConnection, CursorType, LockType, Options
```

各参数的含义如下。

① Source。该参数通常为 SQL 语句或表名。

② ActiveConnection。该参数可以是一个已打开的连接，一般为有效的 Connection 对象变量名。

③ CursorType，该参数表示打开 Recordset 时使用的游标类型（游标即记录指针），用于指向

要操作的某条记录，其具体含义如表 7-25 所示。

表 7-25   CursorType 参数的值及其含义

值	常 量	说 明
0	adOpenForwardOnly	只能在 Recordset 的记录中向前移动，但速度最快
1	adOpenKeyset	可以在 Recordset 中任意移动，其他用户所做的记录修改可见，但其他用户添加的记录不可见，删除的记录字段值不能被使用
2	adOpenDynamic	可以在 Recordset 中任意移动，其他用户的增加、删除、修改记录都可见，但速度最慢
3	adOpenStatic	可以在 Recordset 中任意移动，其他用户的增加、删除、修改记录都不可见

④ LockType。该参数表示打开 Recordset 时使用的锁定（并发）类型，其具体含义如表 7-26 所示。

表 7-26   LockType 参数的值及其含义

值	常 量	说 明
0	adLockReadOnly	只读，Recordset 的记录为只读，数据不能被改变
1	adLockPessimistic	保守式锁定，只要保持 Recordset 打开，别人就无法编辑该记录集中的记录，直到数据编辑完成才释放
2	adOpenDynamic	开放式锁定，即编辑数据时不锁定，只在调用 Update 方法提交 Recordset 中的记录时将记录加锁
3	adLockBatchOptimistic	开放式更新，以批模式更新记录时加锁

⑤ Options。该参数指定 Source 传递命令的类型，其具体含义如表 7-27 所示。

表 7-27   Options 参数的值及其含义

值	常 量	说 明
1	adCmdText	SQL 语句
2	adCmdTable	表
4	adCmdStoredProc	存储过程
8	adCmdUnknown	未知类型

（3）关闭 Recordset 和 Connection 对象

在记录集使用完毕之后，应该执行 Recordset 对象和 Connection 对象的 Close 方法关闭对象，并将对象设置为 Nothing，以释放所占用的内存空间。具体设置方法如下。

```
rs.Close
cn.Close
Set rs = Nothing
Set cn = Nothing
```

3. 浏览和编辑记录集中的数据

在从数据源获取数据后，就可以对记录集中的数据进行浏览、插入、删除和更新等操作。对记录集的任何访问都是针对当前记录进行的，打开记录集时默认的当前记录为第一条记录。

Recordset 对象提供了 Bof 属性、Eof 属性以及 Move 方法移动记录指针来访问记录集中的其他记录，AddNew 方法用于添加新记录，Update 方法用于保存新添加或修改后的记录，Delete 方法用于删除记录，这些都与 DAO 模型中的 Recordset 对象类似，不再复述。

【例 7-39】修改例 7-9，要求在"图书管理系统"数据库中建立一张"用户"表，用于存放用户登录信息；在"系统登录"窗体中，用户输入用户名和密码后，单击"登录"按钮，将输入的用户名、密码和"用户"表中的数据进行比对，如果找到相同的记录，说明该用户合法，则关闭当前窗体，打开"主界面"窗体；否则弹出消息对话框提示"用户名或密码错误，请重新输入!"，并清空文本框中的内容，将光标定位于用户名后的文本框，等待用户重新输入。单击"退出"按钮，则退出 Access 系统。

本例和例 7-9 一样，都是实现用户登录，区别是用户名和密码存放在"用户"表中，需要通过编程访问表中的数据。本例采用 ADO 实现对"用户"表的访问。

具体操作步骤如下。

① 在"图书管理系统"数据库中建立"用户"表并添加部分用户记录，如表 7-28 所示。

表 7-28　　　　　　　　　　　　　　"用户"表

ID	用 户 名	密 码
1	tom	123123
2	access	079101

"用户"表中，"ID"字段的数据类型为自动编号，字段大小为长整型；"用户名"和"密码"字段的数据类型均为文本，字段大小分别为 8 和 6。

② 在设计视图下打开"系统登录"窗体，再打开代码窗口，修改"登录"按钮 Command4 的 Click 事件代码如下。

```
Private Sub Command4_Click()
    Dim cn As New ADODB.Connection
    Dim rs As New ADODB.Recordset
    Set cn = CurrentProject.Connection
    Dim SQL As String
    SQL = "SELECT * FROM 用户 WHERE 用户名 = '" & Text0.Value & "'AND 密码 = '" &
Text2.Value & "'"
    '在"用户"表中查询和文本框中的用户名和密码相等的记录
    rs.Open SQL, cn, adOpenDynamic, adLockOptimistic, adCmdText
    If Not rs.EOF Then
        '如果用户名和密码正确，则显示信息框，运行"主界面"窗体
        MsgBox("登录成功! ")
        DoCmd.Close                              '关闭"系统登录"窗体
        DoCmd.OpenForm "主界面", acNormal     '打开"主界面"窗体
    Else
        MsgBox("用户名或密码错误，请重新输入! ")
        Text0.Value = ""                    '清空文本框
        Text2.Value = ""
```

```
        Text0.SetFocus              '使 Text0 获得焦点，准备重新输入
    End If
End Sub
```

③ 保存窗体，切换到窗体视图进行实际运行测试。

【例 7-40】 在"图书管理系统"数据库中设计
如图 7-34 所示的窗体，实现图书类别管理的功能。
要求窗体打开时显示"图书类别"表的第一条记录
的信息；当单击"上一条记录"按钮时，文本框中
显示上一条记录的信息；单击"下一条记录"按钮
时，文本框中显示下一条记录的信息；单击"添加
分类"按钮时，清空两个文本框，等待用户输入内
容；单击"保存分类"按钮时，保存新添加或修改
后的记录到"图书分类"表中；单击"删除分类"

图 7-34　"图书类别管理"窗体

按钮时，从"图书分类"表中删除当前记录；单击"返回"按钮则关闭窗体。窗体中各控件的名
称属性如表 7-29 所示。

表 7-29　　　　　　　　　　　"图书类别管理"窗体中各控件的名称属性

控 件 对 象	名称属性值	控 件 对 象	名称属性值
"分类号"文本框	Text2	"上一条记录"按钮	Command6
"分类名称"文本框	Text4	"下一条记录"按钮	Command7
"添加分类"按钮	Command8	"保存分类"按钮	Command9
"删除分类"按钮	Command10	"返回"按钮	Command13

具体操作步骤如下。

① 打开"图书管理系统"数据库，选择"创建"选项卡，单击"窗体"组中的"窗体设计"
按钮，打开窗体设计视图。

② 添加所需的各种控件，参照图 7-34 所示界面进行属性设置和布局。

③ 通过 ADO 连接数据库。因为本例中要对多个命令按钮的 Click 事件编写代码，为了避免
重复，在代码窗口的通用声明段定义 Connection 对象
和 Recordset 对象，在 Form_Load 事件中完成数据库
连接的操作和打开表的操作，并在 2 个文本框中分别
显示第一个图书分类的分类号和分类名称。具体代码
如图 7-35 所示。

④ 为"上一条记录"按钮的 Click 事件编写代码
如下。

图 7-35　通过 ADO 连接数据源的代码

```
Private Sub Command6_Click()      '"上一条记录"按钮单击事件代码
    rs.MovePrevious          '将记录指针向上移动一条记录
    If rs.BOF Then           '判断记录指针是否指向第一条记录之前
        rs.MoveFirst         '将记录指针定位到第一条记录
    End If
    Text2.Value = rs.Fields("分类号")
```

```
        Text4.Value = rs.Fields("分类名称")
End Sub
```

⑤ 为"下一条记录"按钮的 Click 事件编写代码如下。

```
Private Sub Command7_Click()    '"下一条记录"按钮单击事件代码
    rs.MoveNext              '将记录指针向下移动一条记录
    If rs.EOF Then           '判断记录指针是否指向最后一条记录之后
        rs.MoveLast          '将记录指针定位到最后一条记录
    End If
    Text2.Value = rs.Fields("分类号")
    Text4.Value = rs.Fields("分类名称")
End Sub
```

⑥ 为"添加分类"按钮的 Click 事件编写代码如下。

```
Private Sub Command8_Click()    '"添加分类"按钮单击事件代码
    Text2.Value = ""            '清空文本框
    Text4.Value = ""
    Text2.SetFocus             ' "分类号"文本框获得焦点
    rs.AddNew                  '添加新记录
    Command6.Enabled = False    '在保存成功前停用以下按钮
    Command7.Enabled = False
    Command8.Enabled = False
    Command10.Enabled = False
End Sub
```

　　　　按下"添加分类"按钮后，两个文本框被清空，由"rs.AddNew"语句在记录集中添加一条空的记录，如果此时就单击"上一条记录""下一条记录""删除分类"按钮，或者再次单击"添加分类"按钮，由于新记录中主键字段为空，将出现运行错误。因此，按下"添加分类"按钮后就利用代码将几个按钮设置为不可用，等信息保存成功后再启用。

⑦ 为"保存分类"按钮的 Click 事件编写代码如下。

```
Private Sub Command9_Click()        '"保存分类"按钮单击事件代码
    If Text2.Value = "" Or Text4.Value = "" Then
    MsgBox "图书类别信息输入不完整！"
    Exit Sub                        '信息不完整时不允许保存
    End If
    rs.Fields(0) = Text2.Value      '将文本框中的数据输入记录集
    rs.Fields(1) = Text4.Value
    rs.Update                       '保存数据至数据库
    MsgBox "保存成功！"
    Command6.Enabled = True         '保存成功后启用以下按钮
    Command7.Enabled = True
    Command8.Enabled = True
    Command10.Enabled = True
    rs.MoveFirst                    '重新指向第一条记录
    Text2.Value = rs.Fields("分类号")
```

```
        Text4.Value = rs.Fields("分类名称")
End Sub
```

⑧ 为"删除分类"按钮的 Click 事件编写代码如下。

```
Private Sub Command10_Click()          ' "删除分类"按钮单击事件代码
    rs.Delete                          '删除记录集中的当前记录
    MsgBox "删除成功！"
    rs.MoveNext                        '使被删除记录的下一条记录成为当前记录
    If rs.EOF Then
        rs.MoveLast
    End If
    Text2.Value = rs.Fields("分类号")    '显示当前记录信息
    Text4.Value = rs.Fields("分类名称")
End Sub
```

⑨ 为"返回"按钮的 Click 事件编写代码如下。

```
Private Sub Command13_Click()
    DoCmd.Close                        '关闭本窗体
End Sub
```

⑩ 将该窗体保存为"图书类别管理"，切换到窗体视图进行实际运行测试。

7.7　VBA 程序的调试与错误处理

通常，编写的 VBA 程序会存在一些语法错误或逻辑错误，要使程序能够运行并得到正确的结果，必须进行程序调试。程序调试是查找和解决 VBA 程序代码错误的过程。为了避免不必要的错误，应该保持良好的编程风格。通常应遵循以下几条原则。

① 模块化。除了一些定义全局变量的语句以及其他的注释语句之外，其他代码都要尽量地放在 Sub 过程或 Function 过程中，并清晰明了地按功能来划分模块。

② 多注释。编写代码时要加上必要的注释，以便以后或其他用户能够清楚地了解程序的功能。如在模块开始处加入注释来描述模块功能。

③ 变量显式声明。在程序模块的开头加入 Option Explicit 语句，强制要求模块中的所有变量必须显式声明，并尽量使用确定的对象类型或数据类型。

④ 良好的命名格式。为了更好地使用变量，变量的命名应采用统一的格式，尽量做到"顾名思义"。

7.7.1　VBA 程序的错误类型

VBA 编程时可能产生的错误有 4 种：语法错误、编译错误、运行错误和逻辑错误。

1. 语法错误

语法错误是指输入代码时产生的不符合 VBA 语法要求的错误，初学者经常发生此类错误。例如，标点符号丢失、括号不匹配、使用了全角符号、使用了对象不存在的属性或方法、If 和 End If 不匹配等。

如果在输入程序时发生了此类错误，编辑器会随时指出，并将出现错误的语句用红色显示。

编程者只要根据给出的出错信息，就可以及时改正错误。

2. 编译错误

编译错误是指在程序编译过程中发现的错误。例如，在要求显式声明变量时输入了一个未声明的变量。对于这类错误，编译器往往会在程序运行初期的编译阶段发现并指出，并将出错的行用高亮显示，同时停止编译并进入中断状态。

3. 运行错误

运行错误是指在 VBE 环境中程序运行时发现的错误。例如，出现除数为 0 的情况，或者试图打开一个不存在的文件等，系统会给出运行时错误的提示信息并告知错误的类型。

对于上面的两种错误，都会在程序运行过程中由计算机识别出来。编程者这时可以修改程序中的错误，然后选择"运行"|"继续"菜单命令，继续运行程序；也可以选择"运行"|"重新设置"菜单命令退出中断状态。

4. 逻辑错误

逻辑错误是指程序编译没有报错，但程序运行结果与所期望的结果不同。产生逻辑错误的原因有多种。例如，在书写表达式时忽视了运算符的优先级，造成表达式的运算顺序有问题；将排序的算法写错，不能得到正确的排序结果；程序的分支条件或循环条件没有设置正确；程序设计存在算法错误等。逻辑错误不能由计算机自动识别，需要编程者认真阅读、分析程序，通过程序调试发现问题所在。

7.7.2 调试工具

VBE 环境中提供了"调试"菜单和"调试"工具栏。选择"视图"|"工具栏"|"调试"菜单命令，即可弹出如图 7-36 所示的"调试"工具栏。

图 7-36 "调试"工具栏

"调试"工具栏上各个按钮的功能说明如表 7-30 所示。

表 7-30　　　　　　　　　　　"调试"工具栏命令按钮说明

命 令 按 钮	按 钮 名 称	功 能 说 明
	设计模式	打开或关闭设计模式
	运行子过程/用户窗体	如果光标在过程中则运行当前过程，如果用户窗体处于激活状态，则运行用户窗体。否则将运行宏
	中断	终止程序的执行，并切换到中断模式
	重新设置	清除执行堆栈和模块级变量并重新设置工程
	切换断点	在当前行设置或取消断点
	逐语句	一次执行一句代码
	逐过程	在代码窗口中一次执行一个过程或一句代码
	跳出	结束执行当前执行点处的过程的其余行
	本地窗口	显示"本地窗口"
	立即窗口	显示"立即窗口"
	监视窗口	显示"监视窗口"
	快速监视	显示所选表达式的当前值的"快速监视"对话框
	调用堆栈	显示"调用堆栈"对话框，列出当前活动过程调用

7.7.3　VBA 程序的调试方法

VBA 编程有设计、运行和中断 3 种工作模式，在中断模式下可以进行调试。

1. 设置断点

断点是指在过程的某个特定语句上设置一个位置点以中断程序的执行。断点的设置和使用贯穿程序调试运行的整个过程。

断点的设置和取消有以下 4 种方法。

① 选择语句行，单击"调试"工具栏中的"切换断点"按钮。

② 选择语句行，单击"调试"菜单中的"切换断点"命令。

③ 选择语句行，按下键盘上的<F9>键。

④ 选择语句行，鼠标光标移至行首单击。

此时进入调试模式，如图 7-37 所示。在代码窗口中，设置好的"断点"行以"酱色"亮红显示，待执行的代码行以黄色高亮显示。将鼠标悬停在此过程内的变量上面，能够看到它的当前值。

图 7-37　调试模式

设置断点后，当程序运行到设置了断点的语句时，会自动暂停运行并进入中断状态。接下来可以按键盘上的<F8>键逐语句执行代码并检查各个变量的值，也可以选择"调试"|"逐过程"菜单命令（<Shift>+<F8>），或者"运行到光标处"命令（<Ctrl>+<F8>）。当重新打开数据库时，<F9>键设置的断点会被全部清除。

Stop 语句也可以设置断点，与<F9>键设置的断点不同的是，Stop 语句只有被删除或转换为注释语句时才会失效。所以，当程序调试完成后需要把所有的 Stop 语句删除掉。

2. 代码的执行

（1）逐语句

逐语句执行方式就是每执行一条语句后都进入中断状态。在遇到调用过程语句时，会跟踪到被调用过程内部去执行。按下<F8>键或选择"调试"|"逐语句"菜单命令就可以启动逐语句执行方式。通过逐语句单步执行，可以及时、准确地跟踪变量的值，从而发现错误。逐语句方式虽然调试精细，但效率不高，不能大范围使用。

（2）逐过程

逐过程与逐语句基本相同，但逐过程执行遇到调用过程语句时，不会跟踪到被调用过程内部，而是在本过程内单步执行，将被调用过程按照一条可执行语句的方式执行。在有子过程或函数被调用，并且子过程和函数已经通过调试的情况下，可以按下<Shift>+<F8>组合键或选择"调试"|"逐过程"菜单命令。

（3）跳出

跳出用于被调用过程内部正在调试运行的程序提前结束被调过程代码的调试，返回到调用过程调用语句的下一条语句行。如果希望提前结束当前过程，可以按下<Ctrl>+<Shift>+ <F8>组合键或选择"调试"|"跳出"菜单命令。

（4）运行到光标处

运行到光标处，相当于在光标处设置了程序断点，即程序运行到光标处时，程序处于挂起状态。调试人员可以在立即窗口中输入"? 变量名"来查看变量运行到光标处时的值。当用户可确定某一范围的语句正确，而不能保证后面语句的正确性时，可用运行到光标处方式运行程序到某

条语句，再在该语句后采用逐语句方式来调试。按下<Ctrl>+<F8>组合键或选择"调试"|"运行到光标处"菜单命令，程序就会运行到当前光标处。

可见，代码执行的 4 种方式有不同的应用场合，在程序调试中，要结合实际要求，选择不同的执行方式。

3. 查看变量值

（1）在代码窗口中查看数据

在调试程序时，希望随时查看程序中的变量和常量的值，这时只要将光标指向要查看的变量和常量，就会直接在屏幕上显示当前值。

（2）在本地窗口中查看数据

单击工具条上的"本地窗口"按钮可打开本地窗口。本地窗口有 3 个列表，分别显示"表达式"、表达式的"值"和表达式的"类型"。有些变量可包含级别信息，如用户自定义类型、数组和对象等，其名称左边有一个加号按钮，可通过它控制级别信息的显示。

（3）在监视窗口查看变量和表达式

监视窗口可以在代码运行时查看变量或属性的取值情况，以在调试时帮助分析程序可能发生的错误。选择"调试"|"添加监视"菜单命令，打开"添加监视"窗口，在"表达式"文本框里修改或添加需要监视的变量或表达式。监视窗口里变量或表达式的值会随着代码的执行不断更新。

（4）在立即窗口查看数据

在中断模式下，立即窗口中可以设置一些调试语句来查看数据。如在立即窗口中输入"? 变量名"可以查看变量的值。

7.7.4　VBA 程序的错误处理

程序运行中一旦出现错误，将造成程序崩溃，无法继续执行。因此，必须对可能发生的运行时错误加以处理，也就是在系统发出警告之前，截获该错误，在错误处理程序中提示用户采取行动，是解决问题还是取消操作。如果用户解决了问题，程序就能够继续执行；如果用户选择取消操作，就可以跳出这段程序，继续执行后面的程序。这就是处理运行时错误的方法，这个过程称为错误捕获。

1. 激活错误捕获

在捕获运行时错误之前，首先要激活错误捕获功能。此功能由 On Error 语句实现，On Error 语句有以下 3 种形式。

（1）On Error GoTo 标号

此语句的功能是激活错误捕获，并将错误处理程序指定为从标号位置开始的程序段，即在发生运行时错误后，直接跳转到标号位置，执行错误处理代码。

（2）On Error Rusume Next

此语句的功能是忽略错误行，继续执行下面的语句。它激活错误捕获功能，但并不指定错误处理程序。当发生错误时，不进行任何处理，直接执行产生错误的下一行语句。

（3）On Error GoTo 0

此语句用来强制取消错误捕获功能，不使用错误处理程序。

2. 编写错误处理程序

在捕获到运行时错误后，将进入错误处理程序，对错误进行相应的处理，如判断错误的类型及提示用户出错并向用户提供解决的方法，然后根据用户的选择将程序流程返回到指定位置继续执行等。

在编写错误处理程序时，常用到 Err 对象。Err 对象是 VBA 中的预定对象，用于发现和处理错误。Number 属性是 Err 对象的重要属性之一，它返回或设置错误代码；另一个重要属性为 Description，是对错误号的描述。

【例 7-41】 使用数组时，如果数组下标超出所定义的范围，则产生运行时错误，编写程序对相应错误进行处理。

程序代码如下。

```
Public Sub 例7_41()
    On Error GoTo Errl           '打开错误处理程序
    Dim a(10) As Integer
    a(11) = 30                   '产生运行时错误
    a(10) = 15                   '下面这3行语句不会被执行
    Debug.Print a(10)
    Exit Sub                     '退出Sub过程
Errl:                            '错误处理程序
    Debug.Print "检查错误代号: " & Err.Number    '输出检查错误代号
    MsgBox "数组下标越界"
End Sub
```

　　如果将上例中的 "a(11)＝30" 语句注释掉或删除，再次运行程序，则不会执行错误处理程序，而在立即窗口中输出 a(10) 的值 "15"，之后退出 Sub 过程。

习 题 7

一、选择题

1. 下列数据类型中，不属于 VBA 的是（　　　）。

　　A. 长整型　　　　　　B. 布尔型　　　　　　C. 变体型　　　　　　D. 指针型

2. 以下 VBA 的常量命名中正确的是（　　　）。

　　A. 4NAME　　　　　　B. CL.5D　　　　　　C. IF　　　　　　D. VBAD

3. 在 VBA 中，用来表示字符串的类型符是（　　　）。

　　A. #　　　　　　　　B. %　　　　　　　　C. &　　　　　　　　D. $

4. 变量声明语句 Dim a，表示变量 a 是（　　　）。

　　A. 整型　　　　　　　B. 双精度型　　　　　C. 字符型　　　　　　D. 变体型

5. 模块是存储代码的容器，其中窗体就是一种（　　　）。

　　A. 类模块　　　　　　B. 标准模块　　　　　C. 子过程　　　　　　D. 函数过程

6. 在 VBA 中，连接式"2+3" & "=" & (2+3)的运算结果为（　　　）。

　　A. 2+3=2+3　　　　　B. 2+3=5　　　　　　C. 5=5　　　　　　D. 5=2+3

7. VBA 表达式 chr(65)返回的值是（　　　）。

　　A. A　　　　　　　　B. 97　　　　　　　　C. a　　　　　　　　D. 65

8. 以下关于在 VBA 中运算优先级的比较，叙述正确的是（　　　）。

　　A. 算术运算符>逻辑运算符>关系运算符

　　B. 逻辑运算符>关系运算符>算术运算符

C. 算术运算符>关系运算符>逻辑运算符

D. 以上均不正确

9. 表达式(12 Mod 5)返回的值是（　　）。

   A. 1　　　　　　　　B. 2　　　　　　　　C. 3　　　　　　　　D. 4

10. VBA 表达式(12 Mod -5)返回的值为（　　）。

   A. 0　　　　　　　　B. 1　　　　　　　　C. 2　　　　　　　　D. -2

11. 表达式 "10.2\5" 返回的值是（　　）。

   A. 0　　　　　　　　B. 1　　　　　　　　C. 2　　　　　　　　D. 2.04

12. VBA 中定义局部变量可以用关键字（　　）。

   A. Const　　　　　　B. Dim　　　　　　　C. Public　　　　　　D. Static

13. 在 VBA 中，定义了二维数组 A(2 to 5，5)，则该数组的元素个数为（　　）。

   A. 25　　　　　　　B. 36　　　　　　　　C. 20　　　　　　　　D. 24

14. 在 VBA 中，表达式（"周"<"刘"）返回的值是（　　）。

   A. False　　　　　　B. True　　　　　　　C. -1　　　　　　　　D. 1

15. 在 VBA 中，下列表达式正确的是（　　）。

   A. Fix(2.8)=3　　　　　　　　　　　B. Fix(−2.8)=-3

   C. Fix(-2.8)=-2　　　　　　　　　　D. 以上均正确

16. 函数 Len("Access 数据库")的值是（　　）。

   A. 9　　　　　　　　B. 12　　　　　　　　C. 15　　　　　　　　D. 18

17. 函数 Right(Left(Mid("Access_DataBase",10,3),2),1)的值是（　　）。

   A. a　　　　　　　　B. B　　　　　　　　C. t　　　　　　　　D. 空格

18. 语句 Dim NewArray(10) As Integer 的含义是（　　）。

   A. 定义了一个整型变量且初值为10　　B. 定义了10 个整数构成的数组

   C. 定义了11 个整数构成的数组　　　　D. 将数组的第 10 个元素设置为整型

19. 下列数组声明语句中，正确的是（　　）。

   A. Dim A[3,4] As Integer　　　　　　B. Dim A(3,4) As Integer

   C. Dim A[3;4] As Integer　　　　　　D. Dim A(3;4) As Integer

20. VBA 程序中，可以实现代码注释功能的是（　　）。

   A. 方括号([])　　　B. 单引号(')　　　　C. 双引号(")　　　　D. 冒号(:)

21. 在窗体中有一个命令按钮（名称为 Command8），对应的事件代码如下。

```
Private Sub Command8_Click()
    sum = 0
    For i = 10 To 1 Step -2
      sum = sum + i
    Next i
    MsgBox sum
End Sub
```

运行以上事件代码，程序的输出结果是（　　）。

   A. 10　　　　　　　B. 30　　　　　　　　C. 55　　　　　　　　D. 其他结果

22. 由 "For i＝1 To 9 Step -3" 决定的循环结构，其循环体将被执行（　　）。

   A. 0次　　　　　　　B. 1次　　　　　　　C. 4次　　　　　　　D. 5次

23. 程序段如下，该循环执行的次数为（　　　）。

```
For S = 5 To 10
    S = 2 * S
Next S
```

　　　A. 1　　　　　　　　B. 2　　　　　　　　C. 3　　　　　　　　D. 4

24. 执行下列 VBA 语句后，变量 n 的值是（　　）。

```
n = 0
For k = 8 To 0 step -3
    n = n + 1
Next k
```

　　　A. 1　　　　　　　　B. 2　　　　　　　　C. 3　　　　　　　　D. 8

25. 下面过程运行之后，变量 J 的值为（　　）。

```
Private Sub Func1()
    Dim J As Integer
    J = 2
    Do
        J = J * 3
    Loop While J < 15
End Sub
```

　　　A. 2　　　　　　　　B. 6　　　　　　　　C. 15　　　　　　　　D. 18

26. 下面过程运行之后，变量 J 的值为（　　）。

```
Private Sub Func2()
    Dim J As Integer
    J = 5
    Do
        J = J + 2
    Loop While J > 10
End Sub
```

　　　A. 5　　　　　　　　B. 7　　　　　　　　C. 9　　　　　　　　D. 11

27. 在代码中定义一个子过程如下。

```
Sub P(a,b)
…
End Sub
```

下列调用该过程的形式中，正确的是（　　　）。
　　　A. Call P　　　　B. Call P(10,20)　　　C. P(10,20)　　　D. Call P 10,20

28. 在过程定义中有语句：Private Sub GetData(ByRef f As Integer)。其中"ByRef"的含义是（　　）。
　　　A. 传值调用　　　　B. 传址调用　　　　C. 形式参数　　　　D. 实际参数

29. 要在过程 Proc 调用后返回形参 n 和 m 的变化结果，下列定义语句中正确的是（　　　）。
　　　A. Sub Proc(n,m)　　　　　　　　B. Sub Proc(ByVal n,m)
　　　C. Sub Proc(n,ByVal m)　　　　　D. Sub Proc(ByVal n,ByVal m)

30. 在 Access 中，如果变量定义在模块的过程内部，当过程代码执行时才可见，则这种变量的作用域为（　　）。
　　　A. 程序范围　　　　B. 全局范围　　　　C. 模块范围　　　　D. 局部范围

31. 不属于 VBA 提供的程序运行错误处理的语句结构是（　　）。
    A. On Error Then 标号　　　　　　　　B. On Error Resume Next
    C. On Error Goto 标号　　　　　　　　D. On Error Goto 0

32. 要显示当前过程中的所有变量及对象的取值，可以利用的调试窗口是（　　）。
    A. 监视窗口　　　　B. 调用堆栈　　　　C. 立即窗口　　　　D. 本地窗口

33. 在代码调试时，使用 Debug.Print 语句显示指定变量结果的窗口是（　　）。
    A. 属性窗口　　　　B. 本地窗口　　　　C. 立即窗口　　　　D. 监视窗口

34. 程序调试的目的在于（　　）。
    A. 验证程序代码的正确性　　　　　　　B. 执行程序代码
    C. 查看程序代码的变量　　　　　　　　D. 查找和解决程序代码的错误

35. 下列不属于鼠标事件的是（　　）。
    A. Click　　　　　B. DbClick　　　　C. Open　　　　D. MouseMove

36. 在 VBA 中要打开名为"读者信息管理"的窗体，应使用的语句是（　　）。
    A. DoCmd.OpenForm "读者信息管理"　　　B. OpenForm "读者信息管理"
    C. DoCmd.OpenWindow "读者信息管理"　　D. OpenWindow "读者信息管理"

二、填空题

1. VBA 的英文全称是_____。

2. 模块是由 VBA 声明和_____组成的单元。

3. 定义了数组 A(2,4)，则该数组的元素个数为_____。

4. 在 VBA 中，要得到[15,75]区间的随机整数，可以用表达式_____来表示。

5. VBA 中变量作用域分为 3 个层次，对应的变量是_____、_____和_____。

6. 在模块的说明区域中，用_____关键字说明的变量是模块范围的变量，而全局范围的变量用_____或_____关键字来说明。

7. VBA 语言中，函数 InputBox 的功能是_____；_____函数的功能是显示信息。

8. VBA 的 3 种流程控制结构是_____、_____和_____。

9. VBA 的有参过程定义，形参用_____说明，表明该形参为传值调用；形参用 ByRef 说明，表明该形参为_____。

10. 在 VBA 的 For 语句中，程序没有执行到终值就退出了 For 语句，并执行 For 语句后面的语句，说明 For 语句中包含_____语句。

11. 判断记录集对象 rs 是否已到文件尾的条件表达式为_____。

12. RecordSet 对象的_____方法可以用来新建记录。

13. 调用连接对象的_____方法，并使用_____语句，可以关闭连接并彻底释放所占用的系统资源。

14. 若要删除记录，可通过记录集对象的_____方法来实现。

15. 程序代码如下。

```
x = 1
Do
    x = x + 2
Loop Until _____
```

运行程序，要求循环体执行 3 次后结束循环，在横线处填入适当语句。

16. 有如下 VBA 代码，运行结束后，变量 n 的值是＿＿＿＿＿，变量 i 的值是＿＿＿＿＿。

```
n = 0
For i = 1 To 3
    For j = -4 To -1
        n = n + 1
    Next j
Next i
```

17. 设有窗体单击事件过程如下。

```
Private Sub Form_Click()
    a = 1
    For i = 1 To 3
        Select Case i
            Case 1,3
                a = a + 1
            Case 2,4
                a = a + 2
        End Select
    Next i
    MsgBox a
End Sub
```

窗体运行后，单击窗体，信息框中显示的内容是＿＿＿＿＿。

18. 调用子过程 GetAbs 后，信息框中显示的内容为＿＿＿＿＿。

```
Sub GetAbs()
    Dim x
    x = -5
    If x > 0 Then
        x = x
    Else
        x = -x
    End If
    MsgBox x
End Sub
```

三、简答题

1. 什么是 VBA？什么是 VBE？

2. 举例说明在立即窗口中测试表达式的方法。

3. 写出利用 VBA 计算两个数的乘积的编程过程。

4. 简述以下概念：类、对象、属性、方法和事件过程。

5. 模块分为哪几类？窗体模块属于哪一类？

6. 什么是变量？如何定义变量？如何设置显式声明？

7. 举例说明变量的作用域。

8. If 多分支结构和 Select Case 多分支结构有什么区别？举例说明。

9. Sub 过程和 Function 过程有何区别？举例说明。

10. 传值调用和传址调用有什么区别？举例说明。

11. VBA 程序运行错误处理有几种方式？

12. 简述在 VBA 中利用 ADO 访问数据库的基本步骤。

四、编程题

1. 编写程序，求一元二次方程 $Ax^2+Bx+C=0$ 的解，系数 A、B 和 C 通过输入得到。

2. 编写程序，完成求和 $S=1+(1+2)+(1+2+3)+\cdots+(1+2+\cdots+10)$。

3. 编程求 100 ~ 200 之间既能被 3 整除又能被 5 整除的正整数的个数，并显示这些数。

4. 编程求 2 ~ 100 之间的所有素数，并求它们的和。

5. 使用循环嵌套语句编程，要求输出 0 ~ 999 范围内的水仙花数（即其值等于该数中各位数字的立方和）。

6. 使用数组输入 10 个评委的评分，要求去掉最高分、最低分，输出其余分数的平均分。

7. 编程完成下列图形在立即窗口中的输出，其中第一个*所在列为第 10 行、第 20 列。

8. 输入两个正整数 m 和 n，求其最大公约数和最小公倍数。

9. 使用 Select Case 语句将一年中的 12 个月份，分成 4 个季节输出。

10. 编写程序，要求让用户输入一个 3 位的整数，将其反向输出显示。例如，输入 123，输出为 321。

11. 火车站行李费的收费标准是 50kg 以内（含 50kg）每公斤 0.2 元，超过部分每公斤 0.5 元。编写程序，要求根据输入的任意重量值，计算出应付的行李费。

12. 在 Access 数据库中设计如图 7-38 所示的窗体，并编写 VBA 代码，实现求解鸡兔同笼问题的功能。当用户在"鸡兔总只数"和"鸡兔总脚数"两个文本框中分别输入笼中共有几只鸡兔、共有几只脚后，单击"计算"按钮，即可在"鸡"和"兔"两个文本框中分别显示鸡有几只，兔有几只。单击"退出"按钮可以关闭此窗体。

13. 在"图书管理系统"数据库中，设计如图 7-39 所示的窗体，并编写 VBA 代码，实现图书信息管理的功能。要求窗体打开时显示"图书"表的第一条记录的信息；当单击"上一本图书"按钮时，各文本框中显示上一本图书的信息；单击"下一本图书"按钮时，各文本框中显示下一本图书的信息；单击"添加图书"按钮时，清空所有文本框，等待用户输入内容；单击"保存图书"按钮时，保存新添加或修改后的记录到"图书"表中；单击"删除图书"按钮时，从"图书"表中删除当前记录；单击"返回"按钮则关闭此窗体。

图 7-38　鸡兔同笼计算器窗体

图 7-39　图书信息管理窗体

第8章
数据库应用系统开发实例

数据库应用系统是在数据库管理系统（DBMS）支持下建立的以数据库为基础和核心的计算机应用系统。通过前面各章对 Access 数据库 6 种对象功能和使用方法的学习，大家已经具备了一定的应用程序设计基础。本章以一个简单的图书管理系统为例，介绍数据库应用系统的开发过程。

8.1　系统需求分析

开发数据库应用系统是一个复杂的过程，从分析用户需求开始到投入运行使用需要经过需求分析、系统设计、系统实现、系统测试与维护等几个阶段。其中，需求分析面向用户具体的应用需求，是建立数据库最基本、最重要的步骤。在这一阶段，数据库设计人员要和数据库的最终用户进行充分的交流，明确用户的各项需求和完成任务所依据的数据及其联系，确定系统目标和软件开发的总体构思。

图书管理系统的主要任务包括建立详细的图书分类、图书、读者和图书借阅等基础数据，能进行借书和还书登记操作，并可以查询图书信息、读者信息以及借阅情况等。

下面以图书为例说明如何进行分析。

在图书馆里，图书是最基本的操作对象。图书作为一个实体，应该包括图书名称、作者、出版社和定价等基本属性；为便于管理还应有图书编号、分类号、入库时间和是否在馆等辅助属性。这些信息首先要存储到数据库中。作为一个实用的系统，应当具有图书数据录入、修改与删除功能，并能根据不同属性进行图书信息查询，根据不同管理需要进行报表输出。在图书借阅过程中，需要有借书记录和还书记录，而这就要有读者，读者又是一个实体，所以读者与图书应该建立一种关系。通过这样分析就能明确图书实体要存储哪些数据，要完成什么功能，和其他实体建立怎样的关系。

总体来说，需求分析就是从用户的需求中提取出软件系统的功能，明确系统要"做什么"，帮助用户解决实际业务问题。本系统以创建一个简单、够用的 Access 数据库应用系统教学案例为出发点，通过对图书馆业务问题的分析，确定本系统实现的各项功能如下。

- 管理基本信息——图书、图书分类、读者等基本信息的录入、修改、删除等操作。
- 管理借阅信息——对图书借出和归还的记录操作。
- 信息查询功能——对图书、读者、借阅等信息的查询操作。

8.2 系 统 设 计

在了解用户的需求后，接下来就要考虑"怎样做"，即如何实现软件的开发目标。这个阶段的任务是设计系统的模块层次结构，设计数据库的结构以及设计模块的控制流程。在规划和设计时要考虑以下问题。

① 设计工具和系统支撑环境的选择，如数据库和开发工具的选择、支撑目标系统运行的软硬件环境等。

② 怎样组织数据，也就是数据库的设计，即设计表的结构、表间约束关系等。

③ 系统界面的设计，如窗体、菜单和报表等。

④ 系统功能模块的设计，也就是确定系统需要哪些功能模块并进行组织，以实现系统数据的处理工作。对于一些较为复杂的功能，还应利用程序设计流程图进行算法设计。

系统设计完成后，要撰写系统设计报告，以表格的形式详细列出目标系统的数据模型，并给出系统功能模块图、系统主要界面图，以及相应的算法说明等。本节主要介绍图书管理系统的功能设计和数据库设计。

8.2.1 系统功能设计

图书管理系统主要由资料管理、借阅管理和信息查询 3 个功能模块构成，功能模块图如图 8-1 所示。

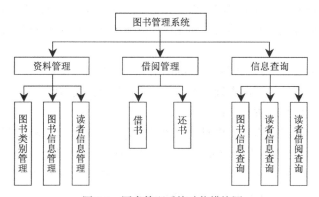

图 8-1　图书管理系统功能模块图

1. 资料管理

① 图书类别管理：可实现对图书类别资料的新增、修改和删除。

② 图书信息管理：可实现对图书信息资料的新增、修改和删除。

③ 读者信息管理：可实现对读者信息资料的新增、修改和删除。

2. 借阅管理

① 借书：可实现图书借出操作的信息记录。

② 还书：可实现图书归还操作的信息记录。

3. 信息查询

① 图书信息查询：可实现所有图书、在馆图书以及在借图书的分类查询。

② 读者信息查询：可实现根据读者编号查询读者信息。

③ 读者借阅查询：可实现所有借阅、个人在借以及借阅超期的分类查询。

需要说明的是，以上各功能模块的设计与组织仅适用于教学，并不能完全体现实际图书管理中要实现的操作，目的仅在于以一个简单明了的案例让读者了解数据库应用系统的设计过程，并对本书的知识学习进行一次综合应用和训练，形成一个整体的认识，提高实践应用能力。根据不同需求，对上述功能进行适当的调整，就可以应用到实际系统中去。

8.2.2　数据库设计

开发数据库应用系统的基础是数据库和数据表的设计。下面简要介绍"图书管理系统"数据库的设计与实现。

1. 数据库概念结构设计

在概念设计阶段，经常采用 E-R 图来表达系统中的数据及其联系。图书管理所涉及的数据有图书信息、图书分类信息和读者信息等实体，这在本书第 1 章中已经介绍过，不再赘述。完整的"图书管理系统"数据库的 E-R 图如图 8-2 所示。

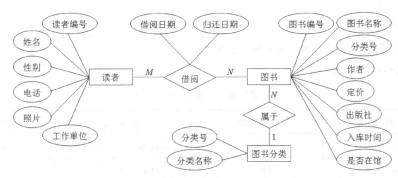

图 8-2　"图书管理系统"数据库的 E-R 图

2. 数据库逻辑结构设计

数据库的逻辑结构设计就是把概念结构设计阶段设计好的 E-R 图转换为 Access 2010 数据库系统所支持的实际数据模型，也就是数据库的逻辑结构。在实体的基础上，创建所需的表与字段，这在本书第 1 章中也已经介绍过，不再赘述。

3. 数据库的创建

根据数据库的逻辑设计，就可以创建数据库。首先在 Access 2010 中创建空白数据库，然后建立各个数据表以及各表之间的关系。具体的过程和操作方法详见本书第 2 章，这里不再赘述。

数据库一旦建好，在数据库应用系统开发过程中，除非有特殊情况，一般不要修改数据库。根据应用系统的需要，可以先建立常用的查询，在后面模块功能实现的过程中，根据实际编程的需要，再进行增加新的查询和修改查询等操作。本系统需要建立"所有图书""在馆图书""在借图书""所有借阅""个人在借"和"借阅超期"等查询，具体的查询设计步骤参见本书第 3 章的内容。

8.3　功能模块设计与实现

在确定系统的功能模块后，就要对每个模块进行设计，实现各项功能。在数据库应用系统的开发过程中，VBA 程序设计方法以及 VBA 数据库编程非常重要。

"图书管理系统"数据库中的"欢迎""系统登录""主界面""图书类别管理""图书信息查询"和"读者信息查询"等功能模块的设计与实现方法已经在本书前面相关章节进行了详细介绍，下面主要介绍系统中其余各个功能模块的设计与实现。

8.3.1 借书模块设计

借书模块用于完成借出图书的操作。在"借书"窗体中，选择借阅图书的编号后可以显示图书的基本信息，选择读者编号后可以显示读者的基本信息。当单击"借出图书"按钮后，系统会弹出"借出图书操作成功！"的提示，并在"图书"表中将该图书标记为不在馆，将读者编号、图书编号和系统当前日期等借阅信息保存到"借阅"表中。单击"返回"按钮，关闭"借书"窗体，返回"主界面"窗体。

图 8-3 "借书"窗体

1. 窗体设计

"借书"窗体的窗体视图如图 8-3 所示，窗体中各控件的名称属性如表 8-1 所示。

表 8-1　　　　　　　　　　"借书"窗体中各控件的名称属性

控 件 对 象	名称属性值	控 件 对 象	名称属性值
"图书编号"组合框	Combo2	"读者编号"组合框	Combo11
"图书名称"文本框	Text4	"姓名"文本框	Text13
"作者"文本框	Text6	"性别"文本框	Text15
"出版社"文本框	Text8	"工作单位"文本框	Text17
"今天是"文本框	Text24	"照片"绑定对象框	OLEBound19
"借出图书"按钮	Command22	"返回"按钮	Command23

2. 事件过程代码设计

"借书"窗体中各有关控件的事件过程代码如下。

```
Option Compare Database
Dim db As Database
Dim rs As Recordset
Private Sub Form_Load()          '窗体载入事件过程代码
    Set db = CurrentDb           '使用当前数据库
    Text24.Value = Date          '在文本框中显示系统日期
    Text4.Value = ""             '清空
    Text6.Value = "": Text8.Value = "": Text13.Value = ""
    Text15.Value = "": Text17.Value = "": OLEBound19.Value = ""
    Combo2.Value = "": Combo11.Value = ""
End Sub
Private Sub Combo2_AfterUpdate()   ' "图书编号"组合框更新事件过程代码
```

```
        '使用 Find 方法查找记录需要使用动态集的方式打开数据表
    Set rs = db.OpenRecordset("图书", dbOpenDynaset)
    rs.FindFirst "[图书编号]='" + Combo2.Value + "'"  '条件是一个 SQL 语句
    If rs.NoMatch Then
        MsgBox "没有找到该编号对应的图书信息!"
    Else                        '将该编号所对应的图书信息赋给各文本框
        Text4.Value = rs.Fields(1)   '将记录字段 1 赋值给"图书名称"文本框
        Text6.Value = rs.Fields(3)
        Text8.Value = rs.Fields(4)
    End If
    rs.Close                     '关闭记录集
End Sub
Private Sub Combo11_AfterUpdate()   '"读者编号"组合框更新事件过程代码
    Set rs = db.OpenRecordset("读者", dbOpenDynaset)
    rs.FindFirst "[读者编号]='" + Combo11.Value + "'"
    If rs.NoMatch Then
        MsgBox "没有找到该编号对应的读者信息!"
    Else
        Text13.Value = rs.Fields(1)   '将记录字段 1 赋值给"读者姓名"文本框
        Text15.Value = rs.Fields(2)
        Text17.Value = rs.Fields(3)
        OLEBound19.Value = rs.Fields(5)
    End If
    rs.Close                        '关闭记录集
End Sub
Private Sub Command22_Click()           '"借出图书"按钮单击事件代码
    Set rs = db.OpenRecordset("图书", dbOpenDynaset)
    rs.FindFirst "[图书编号]='" + Combo2.Value + "'"
    If rs("是否在馆") = True Then
        rs.Edit
        rs("是否在馆") = False
        rs.Update
        rs.Close
        Set rs = db.OpenRecordset("借阅")
        rs.AddNew
        rs("读者编号") = Combo11.Value
        rs("图书编号") = Combo2.Value
        rs("借阅日期") = Text24.Value
        rs.Update
        MsgBox "借出图书操作成功!"
        rs.Close
    Else
        MsgBox "该书已借出,请复核!"
    End If
    Text4.Value = ""            '清空
     Text6.Value = "": Text8.Value = "": Text13.Value = ""
    Text15.Value = "": Text17.Value = "": OLEBound19.Value = ""
    Combo2.Value = "": Combo11.Value = ""
    Combo2.SetFocus         '"图书编号"组合框获得焦点,准备下一次借书
End Sub
```

```
Private Sub Command23_Click()            '"返回"按钮单击事件代码
    DoCmd.Close                          '关闭本窗体
    DoCmd.OpenForm "主界面"               '打开"主界面"窗体
End Sub
```

8.3.2 还书模块设计

还书模块用于完成归还图书的操作。在"还书"窗体中，选择归还图书的编号后可以显示图书的基本信息。当单击"归还图书"按钮后，系统会弹出"归还图书操作成功！"的提示，并在"图书"表中将该图书标记为在馆，在"借阅"表中查找该图书的最近借阅记录，将系统当前日期保存到该记录的"归还日期"字段中。单击"返回"按钮，则关闭"还书"窗体，返回"主界面"窗体。

图 8-4 "还书"窗体

1. 窗体设计

"还书"窗体的窗体视图如图 8-4 所示，窗体中各控件的名称属性如表 8-2 所示。

表 8-2　　　　　　　　　　　　　"还书"窗体中各控件的名称属性

控 件 对 象	名称属性值	控 件 对 象	名称属性值
"图书编号"组合框	Combo4	"今天是"文本框	Text2
"图书名称"文本框	Text6	"归还图书"按钮	Command12
"作者"文本框	Text8	"返回"按钮	Command13
"出版社"文本框	Text10		

2. 事件过程代码设计

"还书"窗体中各有关控件的事件过程代码如下。

```
Option Compare Database
Dim db As Database
Dim rs As Recordset
Private Sub Form_Load()            '窗体载入事件过程代码
    Set db = CurrentDb             '使用当前数据库
    Text2.Value = Date: Text6.Value = "": Text8.Value = ""
    Text10.Value = "": Combo4.Value = "": Combo4.SetFocus
End Sub
Private Sub Combo4_AfterUpdate()            '"图书编号"组合框更新事件过程代码
    Set rs = db.OpenRecordset("图书", dbOpenDynaset)
    rs.FindFirst "[图书编号]='" + Combo4.Value + "'"
    If rs.NoMatch Then
        MsgBox ("没有找到该编号对应的图书!")
    Else
        Text6.Value = rs.Fields(1)     '将记录字段 1 赋值给"图书名称"文本框
        Text8.Value = rs.Fields(3)
        Text10.Value = rs.Fields(4)
    End If
    rs.Close
```

```
End Sub
Private Sub Command12_Click()          ' "归还图书"按钮单击事件过程代码
    Set rs = db.OpenRecordset("图书", dbOpenDynaset)   '打开图书表记录集
    rs.FindFirst "[图书编号]='" + Combo4.Value + "'"
    If rs("是否在馆") = False Then
        rs.Edit
        rs("是否在馆") = True
        rs.Update
        rs.Close
        Set rs = db.OpenRecordset("借阅", dbOpenDynaset)    '打开借阅表记录集
        rs.FindFirst "[图书编号]='" + Combo4.Value + "'"
        Do Until rs.EOF
            If rs("归还日期") <> "" Then         '查找该图书的最近借阅记录
                rs.FindNext "[图书编号]='" + Combo4.Value + "'"
            Else
                Exit Do
            End If
        Loop
        rs.Edit
        rs("归还日期") = Text2.Value
        rs.Update
        MsgBox "归还图书操作成功!"
        rs.Close
    Else
        MsgBox "该书并未借出,请复核!"
    End If
    Text6.Value = "": Text8.Value = ""
    Text10.Value = "": Combo4.Value = "": Combo4.SetFocus
End Sub
Private Sub Command13_Click()           ' "返回"按钮单击事件过程代码
    DoCmd.Close
    DoCmd.OpenForm "主界面"
End Sub
```

8.3.3　图书信息管理模块设计

图书信息管理模块用于完成图书信息的添加、修改和删除等操作。在"图书信息管理"窗体打开时显示"图书"表中的第一条记录的信息；当单击"上一本图书"按钮时，文本框中显示上一本图书的信息；单击"下一本图书"按钮时，文本框中显示下一本图书的信息；单击"添加图书"按钮时，清空各个文本框，等待用户输入内容；单击"保存图书"按钮时，保存新添加或修改后的记录到"图书"表中；单击"删除图书"按钮时，从"图书"表中删除当前记录；单击"返回"按钮则关闭窗体。

图 8-5　"图书信息管理"窗体

1.　窗体设计

"图书信息管理"窗体的窗体视图如图 8-5 所示，窗体中各控件的名称属性如表 8-3 所示。

表 8-3   "图书信息管理"窗体中各控件的名称属性

控 件 对 象	名称属性值	控 件 对 象	名称属性值
"图书编号"文本框	Text2	"分类号"文本框	Text14
"图书名称"文本框	Text4	"定价"文本框	Text20
"作者"文本框	Text16	"入库时间"文本框	Text22
"出版社"文本框	Text18	"是否在馆"复选框	Check26
"添加图书"按钮	Command8	"上一本图书"按钮	Command6
"保存图书"按钮	Command9	"下一本图书"按钮	Command7
"删除图书"按钮	Command10	"返回"按钮	Command13

2. 事件过程代码设计

"图书信息管理"窗体中各有关控件的事件过程代码如下。

```
Option Compare Database
Dim cn As ADODB.Connection
Dim rs As ADODB.Recordset
Private Sub Form_Load()              '窗体载入事件过程代码
    Set cn = CurrentProject.Connection
    Set rs = New ADODB.Recordset
    rs.Open "图书", cn, adOpenKeyset, adLockPessimistic, adCmdTable
    Text2.Value = rs.Fields("图书编号"): Text4.Value = rs.Fields("图书名称")
    Text14.Value = rs.Fields("分类号"): Text16.Value = rs.Fields("作者")
    Text18.Value = rs.Fields("出版社"): Text20.Value = rs.Fields("定价")
    Text22.Value = rs.Fields("入库时间")
    Check26.Value = rs.Fields("是否在馆")
End Sub
Private Sub Command6_Click()    ' "上一本图书"按钮单击事件代码
    rs.MovePrevious      '将记录指针向上移动一条记录
    If rs.BOF Then       '判断记录指针是否指向第一条记录之前
        rs.MoveFirst     '将记录指针定位到第一条记录
    End If
    Text2.Value = rs.Fields("图书编号"): Text4.Value = rs.Fields("图书名称")
    Text14.Value = rs.Fields("分类号"): Text16.Value = rs.Fields("作者")
    Text18.Value = rs.Fields("出版社"): Text20.Value = rs.Fields("定价")
    Text22.Value = rs.Fields("入库时间")
    Check26.Value = rs.Fields("是否在馆")
End Sub
Private Sub Command7_Click()    ' "下一本图书"按钮单击事件代码
    rs.MoveNext          '将记录指针向下移动一条记录
    If rs.EOF Then       '判断记录指针是否指向最后一条记录之后
        rs.MoveLast      '将记录指针定位到最后一条记录
    End If
    Text2.Value = rs.Fields("图书编号"): Text4.Value = rs.Fields("图书名称")
    Text14.Value = rs.Fields("分类号"): Text16.Value = rs.Fields("作者")
    Text18.Value = rs.Fields("出版社"): Text20.Value = rs.Fields("定价")
```

```
    Text22.Value = rs.Fields("入库时间")
    Check26.Value = rs.Fields("是否在馆")
End Sub
Private Sub Command8_Click()      '"添加图书"按钮单击事件代码
    Text2.Value = "": Text4.Value = "": Text14.Value = ""
    Text16.Value = "": Text18.Value = "": Text20.Value = ""
    Text22.Value = "": Check26.Value = True
    Text2.SetFocus                '"图书编号"文本框获得焦点
    rs.AddNew                     '添加新图书
    Command6.Enabled = False      '在添加成功前停用以下按钮
    Command7.Enabled = False
    Command8.Enabled = False
    Command10.Enabled = False
End Sub
Private Sub Command9_Click()      '"保存图书"按钮单击事件代码
    If Text2.Value = "" Or Text4.Value = "" Or Text14.Value = "" Or Text16.Value
= "" Or Text18.Value = "" Or Text20.Value = "" Or Text22.Value = "" Then
    MsgBox "图书信息输入不完整!"
    Exit Sub                      '信息不完整时不允许保存
    End If
    '将文本框中的数据输入记录集
    rs.Fields(0) = Text2.Value: rs.Fields(1) = Text4.Value
    rs.Fields(2) = Text14.Value: rs.Fields(3) = Text16.Value
    rs.Fields(4) = Text18.Value: rs.Fields(5) = Text20.Value
    rs.Fields(6) = Check26.Value: rs.Fields(7) = Text22.Value
    rs.Update                     '保存数据至数据库
    MsgBox "保存成功!"
    Command6.Enabled = True        '保存成功后启用以下按钮
    Command7.Enabled = True
    Command8.Enabled = True
    Command10.Enabled = True
    rs.MoveFirst                  '重新指向第一条记录
    Text2.Value = rs.Fields("图书编号"): Text4.Value = rs.Fields("图书名称")
    Text14.Value = rs.Fields("分类号"): Text16.Value = rs.Fields("作者")
    Text18.Value = rs.Fields("出版社"): Text20.Value = rs.Fields("定价")
    Text22.Value = rs.Fields("入库时间")
    Check26.Value = rs.Fields("是否在馆")
End Sub
Private Sub Command10_Click()     '"删除图书"按钮单击事件代码
    rs.Delete                     '删除记录集中的当前记录
    rs.MoveNext                   '使被删除记录的下一条记录成为当前记录
    If rs.EOF Then
        rs.MoveLast
    End If
    Text2.Value = rs.Fields("图书编号"): Text4.Value = rs.Fields("图书名称")
    Text14.Value = rs.Fields("分类号"): Text16.Value = rs.Fields("作者")
    Text18.Value = rs.Fields("出版社"): Text20.Value = rs.Fields("定价")
    Text22.Value = rs.Fields("入库时间")
    Check26.Value = rs.Fields("是否在馆")
End Sub
```

243

```
Private Sub Command13_Click()      '"返回"按钮单击事件过程代码
    DoCmd.Close                    '关闭本窗体
    DoCmd.OpenForm "主界面"         '打开"主界面"窗体
End Sub
```

8.3.4　读者信息管理模块设计

读者信息管理模块用于完成读者信息的添加、修改和删除等操作。在"读者信息管理"窗体打开时显示"读者"表中的第一条记录的信息；当单击"上一个读者"按钮时，文本框中显示上

一个读者的信息；单击"下一个读者"按钮时，文本框中显示下一个读者的信息；单击"添加读者"按钮时，清空各个文本框，等待用户输入内容；单击"保存读者"按钮时，保存新添加或修改后的记录到"读者"表中；单击"删除读者"按钮时，从"读者"表中删除当前记录；单击"返回"按钮则关闭窗体。

图 8-6　"读者信息管理"窗体

1. 窗体设计

"读者信息管理"窗体的窗体视图如图 8-6 所示，窗体中各控件的名称属性如表 8-4 所示。

表 8-4　　　　　　　　　　　"读者信息管理"窗体中各控件的名称属性

控件对象	名称属性值	控件对象	名称属性值
"读者编号"文本框	Text2	"上一个读者"按钮	Command6
"姓名"文本框	Text4	"下一个读者"按钮	Command7
"性别"文本框	Text14	"添加读者"按钮	Command8
"工作单位"文本框	Text16	"保存读者"按钮	Command9
"电话"文本框	Text18	"删除读者"按钮	Command10
"照片"绑定对象框	OLEBound30	"返回"按钮	Command13

2. 事件过程代码设计

"读者信息管理"窗体中各有关控件的事件过程代码如下。

```
Option Compare Database
Option Explicit
Dim db As Database              '本模块采用 DAO 方式访问数据库
Dim rs As Recordset
Dim flag As Boolean             '用于区分添加操作和修改操作，默认值为 False
Private Sub Form_Load()         '窗体载入事件过程代码
    Set db = CurrentDb
    Set rs = db.OpenRecordset("读者")
    Text2.Value = rs.Fields("读者编号")      '显示第一条记录
    Text4.Value = rs.Fields("姓名"): Text14.Value = rs.Fields("性别")
    Text16.Value = rs.Fields("工作单位"): Text18.Value = rs.Fields("电话")
    OLEBound30.Value = rs.Fields("照片")
```

```
    End Sub
    Private Sub Command6_Click()      ' "上一个读者" 按钮单击事件代码
        rs.MovePrevious              '将记录指针向上移动一条记录
        If rs.BOF Then               '判断记录指针是否指向第一条记录之前
            rs.MoveFirst             '将记录指针定位到第一条记录
        End If
        Text2.Value = rs.Fields("读者编号"): Text4.Value = rs.Fields("姓名")
        Text14.Value = rs.Fields("性别"): Text16.Value = rs.Fields("工作单位")
        Text18.Value = rs.Fields("电话"): OLEBound30.Value = rs.Fields("照片")
    End Sub
    Private Sub Command7_Click()      ' "下一个读者" 按钮单击事件代码
        rs.MoveNext                  '将记录指针向下移动一条记录
        If rs.EOF Then               '判断记录指针是否指向最后一条记录之后
            rs.MoveLast              '将记录指针定位到最后一条记录
        End If
        Text2.Value = rs.Fields("读者编号"): Text4.Value = rs.Fields("姓名")
        Text14.Value = rs.Fields("性别"): Text16.Value = rs.Fields("工作单位")
        Text18.Value = rs.Fields("电话"): OLEBound30.Value = rs.Fields("照片")
    End Sub
    Private Sub Command8_Click()      ' "添加读者" 按钮单击事件代码
        Text2.Value = "": Text4.Value = "": Text14.Value = ""
        Text16.Value = "": Text18.Value = "": OLEBound30.Value = ""
        Text2.SetFocus               ' "读者编号" 文本框获得焦点
        rs.AddNew                    '添加新读者
        Command6.Enabled = False     '在添加成功前停用以下按钮
        Command7.Enabled = False
        Command8.Enabled = False
        Command10.Enabled = False
        flag = True                  '表示现在是添加操作
    End Sub
    Private Sub Command9_Click()      ' "保存读者" 按钮单击事件代码
        If Text2.Value = "" Or Text4.Value = "" Or Text14.Value = "" Or Text16.Value
= "" Or Text18.Value = "" Then
        MsgBox "读者信息输入不完整！"
        Exit Sub                     '信息不完整时不允许保存
        End If
        If flag = False Then         '若 flag = False 则为修改操作
            rs.Edit                  '修改读者
        End If
        flag = False                 '置为初始值，为下次判断做准备
        rs.Fields(0) = Text2.Value   '将文本框中的数据输入记录集
        rs.Fields(1) = Text4.Value: rs.Fields(2) = Text14.Value
        rs.Fields(3) = Text16.Value: rs.Fields(4) = Text18.Value
        rs.Fields(5) = OLEBound30.Value
        rs.Update                    '保存数据至数据库
        MsgBox "保存成功！"
        Command6.Enabled = True      '保存成功后启用以下按钮
        Command7.Enabled = True
        Command8.Enabled = True
        Command10.Enabled = True
```

```
    rs.MoveFirst                          '重新指向第一条记录
    Text2.Value = rs.Fields("读者编号"): Text4.Value = rs.Fields("姓名")
    Text14.Value = rs.Fields("性别"): Text16.Value = rs.Fields("工作单位")
    Text18.Value = rs.Fields("电话"): OLEBound30.Value = rs.Fields("照片")
End Sub
Private Sub Command10_Click()   '"删除读者"按钮单击事件代码
    rs.Delete                             '删除记录集中的当前记录
    rs.MoveNext                           '使被删除记录的下一条记录成为当前记录
    If rs.EOF Then
        rs.MoveLast
    End If
    Text2.Value = rs.Fields("读者编号"): Text4.Value = rs.Fields("姓名")
    Text14.Value = rs.Fields("性别"): Text16.Value = rs.Fields("工作单位")
    Text18.Value = rs.Fields("电话"): OLEBound30.Value = rs.Fields("照片")
End Sub
Private Sub Command13_Click()   '"返回"按钮单击事件过程代码
    DoCmd.Close                           '关闭本窗体
    DoCmd.OpenForm "主界面"               '打开"主界面"窗体
End Sub
```

8.3.5　读者借阅查询模块设计

读者借阅查询模块用于实现所有借阅查询、个人在借查询和借阅超期查询等操作。由于本模块需要查询的内容较多，故在窗体设计中采用了选项卡控件和子窗体控件，这样既缩减了查询窗体的大小，又可将不同的查询置于一个窗体的不同选项卡中，便于用户操作。

1.　所有借阅查询

在"所有借阅查询"选项卡中，要实现显示所有图书借阅信息的功能。可以利用子窗体控件创建以"借阅"表作为数据来源的子窗体，也可以在系统中先创建一个名为"所有借阅"的查询，SQL 查询语句为"SELECT * FROM 借阅;"，再利用子窗体控件创建以"所有借阅"查询作为数据来源的子窗体。

图 8-7　"所有借阅查询"选项卡

"读者借阅查询"窗体中的"所有借阅查询"选项卡如图 8-7 所示。

2.　个人在借查询

在"个人在借查询"选项卡中，要实现根据所选读者编号来显示该读者目前在借图书信息的查询功能。此时，首先要在选项卡中放置一个用来选择读者编号的组合框控件。其数据来源是"读者"表中的"读者编号"字段，即行来源类型为"表/查询"，行来源为"SELECT [读者].[读者编号] FROM 读者;"。然后，在系统中创建一个名为"个人在借"的查询，SQL 查询语句如下。

SELECT 借阅.读者编号,读者.姓名,借阅.图书编号,图书.图书名称,借阅.借阅日期

FROM 图书 INNER JOIN (读者 INNER JOIN 借阅 ON 读者.读者编号=借阅.读者编号) ON 图书.图书编号=借阅.图书编号

WHERE 借阅.归还日期 Is Null And 借阅.读者编号 = Combo22.value;

说明

本选项卡中"读者编号"组合框的名称为"Combo22"，为其编写 Change 事件代码如下。

```
Private Sub Combo22_Change()
    Form.Refresh    '窗体刷新
End Sub
```

接着，再利用子窗体控件创建以"个人在借"查询作为数据来源的子窗体。"读者借阅查询"窗体中的"个人在借查询"选项卡如图 8-8 所示。

3. 借阅超期查询

在"借阅超期查询"选项卡中，要实现图书借阅超期的查询功能，显示图书借出距今超过 60 天还未归还的读者、图书以及借阅日期等借阅信息。此时，需要在系统中先创建一个名为"借阅超期"的查询，SQL 查询语句如下。

图 8-8 "个人在借查询"选项卡

```
SELECT 借阅.图书编号,图书.图书名称,借阅.借阅日期,借阅.读者编号,读者.姓名
FROM 图书 INNER JOIN (读者 INNER JOIN 借阅 ON 读者.读者编号=借阅.读者编号) ON 图书.图书编号=借阅.图书编号
WHERE 借阅.归还日期 Is Null And DateDiff("d",借阅.借阅日期,Now())>=60;
```

接着，利用子窗体控件创建以"借阅超期"查询作为数据来源的子窗体。

另外，为了便于浏览和打印图书借阅超期信息，可以先在系统中创建一个名为"借阅超期报表"的报表，然后在选项卡中放置一个名为"预览借阅超期报表"的按钮，单击该按钮来打开借阅超期报表。

"读者借阅查询"窗体中的"借阅超期查询"选项卡如图 8-9 所示，单击"预览借阅超期报表"按钮打开的报表如图 8-10 所示。

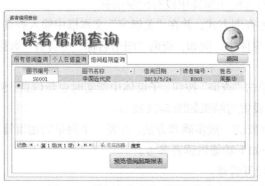
图 8-9 "借阅超期查询"选项卡

图 8-10 借阅超期报表

本选项卡中"预览借阅超期报表"按钮的名称为"Command13"，为其编写 Click 事件代码如下。

```
Private Sub Command13_Click()
    DoCmd.OpenReport "借阅超期报表", acViewPreview
End Sub
```

单击窗体中的"返回"按钮则关闭本窗体，打开"主界面"窗体。

经过前面的步骤，实现了数据库应用系统功能模块所需的各项功能，为了保证系统的正常运行，还需要进行测试。系统测试的任务就是验证系统能否稳定地运行，系统功能是否满足用户需求，找出与需求不符或存在错误的地方，进而调整和完善系统设计，经过调试将错误修正，确保系统运行的安全性和可靠性。最后，将系统生成 accde 格式的文件交付给用户使用，并进行日常管理和维护。

习 题 8

一、简答题

1. 如何建立一个完整的数据库应用系统？

2. 数据库应用系统开发过程中最重要的步骤是哪个？需要做哪些工作？

3. 能否通过直接编写 VBA 代码的方式实现"主界面"窗体到各个功能窗体的链接？

4. 如何设置系统运行时自动启动某个窗体？

5. 为什么要进行系统测试？如何进行系统测试？

6. 在交付数据库应用系统的时候，为什么要生成 accde 格式的文件？

二、设计题

1. 试查找资料，并结合本书所学知识，对"图书管理系统"数据库进行改进，在"图书信息查询"窗体中添加一个"图书资源查询"选项卡，实现按不同方式进行图书资源查询的功能，具体要求如下。

① 采用选项组控件，提供按"图书名称""作者"或"出版社"等不同类别的查询方式。

② 利用子窗体显示查询结果，本选项卡打开时子窗体中没有记录信息。

③ 在"图书搜索"选项组控件中选中某种查询方式，并在"关键字"文本框中输入查询关键字，单击"查询"按钮后，查询结果显示在子窗体中。例如，查询"图书名称"中含有"数据库"3 个字的界面设置与结果如图 8-11 所示。

④ 当改变查询方式和查询关键字后，再单击"查询"按钮，子窗体中能实时更新信息。例如，查询"出版社"中含有"人民"2 个字的界面设置与结果如图 8-12 所示。

2. 利用所学知识，按照数据库应用系统开发的一般步骤和方法，开发一个简单的超市管理系统，能够实现小型超市的一般业务管理，列举如下功能供读者参考。

① 系统管理：包括密码登录与用户权限设置管理。

② 资料管理：包括商品信息、会员信息和员工信息的管理。

图 8-11　"图书资源查询"选项卡 1

图 8-12　"图书资源查询"选项卡 2

③ 进货管理：包括商品进货与入账管理。

④ 销售管理：包括商品销售与查询管理。

⑤ 仓库管理：包括库存查询与商品调价管理。

⑥ 财务管理：包括交易汇总与员工工资管理。

根据系统功能的需要，适当划分各功能模块，自行创建数据库和表，并进行数据库应用系统的实现，最终提交 accde 格式的数据库应用系统以及开发过程中建立的各种文档。

3．利用所学知识，按照数据库应用系统开发的一般步骤和方法，开发一个简单的学生信息管理系统，能够实现学生基本信息与成绩信息的集中管理，列举如下功能供读者参考。

① 系统管理：包括密码登录与用户权限设置管理。

② 资料管理：包括学生信息、班级信息和课程信息的管理。

③ 成绩管理：包括学生所修课程成绩的录入、修改和删除等管理。

④ 信息查询：包括学生信息查询、成绩查询和课程信息查询等。

根据系统功能的需要，适当划分各功能模块，自行创建数据库和表，并进行数据库应用系统的实现，最终提交 accde 格式的数据库应用系统以及开发过程中建立的各种文档。

附录

附录 A　全国计算机等级考试（二级 Access）无纸化考试介绍

全国计算机等级考试二级 Access（以下简称 Access）无纸化考试测试考生在 Windows 环境下对 Microsoft Access 数据库软件的使用能力。

1. 考试环境

硬件环境

CPU：3GHz 或以上。

内存：2GB 或以上。

显示卡：支持 DirectX 9.0。

硬盘剩余空间：10GB 或以上。

软件环境：教育部考试中心提供考试系统软件。

操作系统：中文版 Windows 7。

应用软件：中文版 Microsoft Access 2010，Microsoft.NET Framework 3.5。

汉字输入软件：考点应具备全拼、双拼、五笔字型汉字输入法。其他输入法如表形码、郑码、钱码也可挂接。如考生有其他特殊要求，考点可挂接测试，如无异常应允许使用。

2. 考试时间

Access 无纸化考试时间定为 120 分钟。考试时间由考试系统自动进行计时，在结束前 5 分钟会自动提醒考生及时存盘；考试时间用完，考试系统将自动锁定计算机，考生将不能再继续考试。

3. 考试题型及分值

Access 无纸化考试试卷满分为 100 分，共有四种类型考题：选择题（40 分）、基本操作题（18 分）、简单应用题（24 分）、综合应用题（18 分）。

4. 系统登录

在系统启动后，出现登录界面。在登录界面中，考生需要输入自己的准考证号，并需要核对身份证号和姓名的一致性。登录信息确认无误后，系统会自动随机地为考生抽取试题。

当考试系统抽取试题成功后，在屏幕上会显示考生须知信息，考生必须先阅读该信息并同意，然后点击"开始考试并计时"按钮开始考试并计时。

如果出现需要密码登录信息，则根据具体情况由监考老师来输入密码。

5. 试题内容查阅

在系统登录完成以后，系统为考生抽取一套完整的试题。系统环境也有了一定的变化，考试系统将自动在屏幕中间生成装载试题内容查阅工具的考试窗口，并在屏幕顶部始终显示考生的准考证号、姓名、考试剩余时间以及可以随时显示或隐藏试题内容查阅工具和退出考试系统进行交卷的按钮的窗口，对于最左面的"显示窗口"字符表示屏幕中间的考试窗口正被隐藏着，当用鼠标点击"显示窗口"字符时，屏幕中间就会显示考试窗口，且"显示窗口"字符变成"隐藏窗口"。

在考试窗口中单击"选择题""基本操作题""简单应用题"和"综合应用题"按钮，可以分别查看各个题型的题目要求。

当试题内容查阅窗口中显示上下或左右滚动条时，表明该试题查阅窗口中试题内容不能完全显示，因此考生可按鼠标的左键移动滚动条，显示余下的试题内容，防止漏做试题而影响考试成绩。

6. 各种题型的测试方法

Access 无纸化考试系统提供了开放式的考试环境，考生可以在中文版 Windows 7 操作系统环境下自由地使用应用软件 Microsoft Access，它的主要功能是答题的执行、控制考试时间以及试题内容查阅。

下列测试题型需要在 Microsoft Access 应用软件环境中完成，考试界面也提供了测试入口。

① 选择题。当考生成功登录系统后，请在试题内容查阅窗口的"答题"菜单上选择"选择题"命令项，系统将自动进入作答选择题的界面，再根据要求进行答题。

作答选择题时键盘被封锁，使用键盘无效，考生须使用鼠标答题。选择题作答结束后考生不能再次进入。

② 基本操作题。当考生成功登录系统后，请在试题内容查阅窗口的"答题"菜单上根据试题内容的要求选择相应的命令，系统将自动进入中文版 Microsoft Access 系统，再根据基本操作试题内容的要求进行操作。

③ 简单应用题。当考生成功登录系统后，请在试题内容查阅窗口的"答题"菜单上根据试题内容的要求选择相应的命令，系统将自动进入中文版 Microsoft Access 系统，再根据简单应用试题内容的要求进行操作。

④ 综合应用题。当考生成功登录系统后，请在试题内容查阅窗口的"答题"菜单上根据试题内容的要求选择相应的命令，系统将自动进入中文版 Microsoft Access 系统，再根据综合应用试题内容的要求进行操作。

7. 交卷

如果考生要提前结束考试进行交卷处理，则请在屏幕顶部的浮动窗口中选择"交卷"按钮。考试系统检查是否存在未作答的文件，若存在就会给出未作答文件名提示，否则会给出是否要交卷处理的提示信息。此时，如果考生选择"确定"按钮，则退出考试系统进行交卷处理；如果考生还没有做完试题，可选择"取消"按钮继续进行考试。

进行交卷处理时，系统首先锁住屏幕，并显示"系统正在进行交卷处理，请稍候！"，当系统完成了交卷处理，会在屏幕上显示"交卷正常，请输入结束密码："或"交卷异常，请输入结束密码："。

8. 注意事项：考生文件夹

当考生登录成功后，考试系统将会自动产生一个考生考试文件夹。该文件夹将存放该考生所有无纸化考试的考试内容以及答题过程，因此考生不能随意删除该文件夹以及该文件夹中与考试内容有关的文件及文件夹，避免在考试和评分时产生错误，从而影响考试成绩。

假设考生登录的准考证号为 2935999999880001，则考试系统生成的考生文件夹将存放到 K 盘根目录下的用户目录文件夹中，即考生文件夹为 K:\用户目录文件夹\29880001。考生在考试过程中所有操作都不能脱离考试系统生成的考生文件夹，否则将会直接影响考生的考试成绩。

在考试界面的菜单栏下，左边的区域可显示出考生文件夹路径，单击后可以直接进入考生文件夹。

附录 B 计算机等级考试二级 Access 试题及参考答案

一、选择题（40 分）

1. 下列数据结构中，属于非线性结构的是（   ）。

    A. 循环队列   B. 带链队列   C. 二叉树   D. 带链栈

参考答案：C

【解析】 树是简单的非线性结构，所以二叉树作为树的一种也是一种非线性结构。

2. 下列数据结构中，能够按照"先进后出"原则存取数据的是（   ）。

    A. 循环队列   B. 栈   C. 队列   D. 二叉树

参考答案：B

【解析】 栈是按先进后出的原则组织数据的，队列是按先进先出的原则组织数据。

3. 对于循环队列，下列叙述中正确的是（   ）。

    A. 队头指针是固定不变的

    B. 队头指针一定大于队尾指针

    C. 队头指针一定小于队尾指针

    D. 队头指针可以大于队尾指针，也可以小于队尾指针

    参考答案：D

【解析】 循环队列的队头指针与队尾指针都不是固定的，随着入队与出队操作要进行变化。因为是循环利用的队列结构，所以队头指针有时可能大于队尾指针，有时也可能小于队尾指针。

4. 算法的空间复杂度是指（   ）。

    A. 算法在执行过程中所需要的计算机存储空间

    B. 算法所处理的数据量

    C. 算法程序中的语句或指令条数

    D. 算法在执行过程中所需要的临时工作单元数

    参考答案：A

【解析】 算法的空间复杂度是指算法在执行过程中所需要的内存空间。

5. 软件设计中划分模块的一个准则是（   ）。

    A. 低内聚低耦合   B. 高内聚低耦合   C. 低内聚高耦合   D. 高内聚高耦合

    参考答案：B

【解析】 一般优秀的软件设计，应尽量做到高内聚、低耦合，即减弱模块之间的耦合性和提高模块内的内聚性，有利于提高模块的独立性。

6. 下列选项中不属于结构化程序设计原则的是（   ）。

    A. 可封装   B. 自顶向下   C. 模块化   D. 逐步求精

    参考答案：A

【解析】 结构化程序设计的思想包括：自顶向下、逐步求精、模块化、限制使用 goto 语句，所以选择 A。

7. 深度为 6 的满二叉树中，度为 2 的结点个数为（   ）。

    A. 31   B. 32   C. 63   D. 64

    参考答案：A

【解析】 在该满二叉树的第 6 层的叶子结点共有 32 个，而在任意一颗二叉树中，度为 2 的结

点数总是比叶子结点数少一个。

8. 数据库管理系统是（　　）。

　　A. 操作系统的一部分　　　　　　　　B. 在操作系统支持下的系统软件

　　C. 一种编译系统　　　　　　　　　　D. 一种操作系统

参考答案：B

【解析】　数据库管理系统是数据库的机构，它是一种系统软件，负责数据库中数据组织、数据操纵、数据维护、控制及保护和数据服务等，是一种在操作系统之上的系统软件。

9. 在 E-R 图中，用来表示实体联系的图形是（　　）。

　　A. 椭圆形　　　　　　B. 矩形　　　　　　C. 菱形　　　　　　D. 三角形

参考答案：C

【解析】　在 E-R 图中实体集用矩形表示，属性用椭圆表示，联系用菱形表示。

10. 有三个关系 R、S 和 T 如下。

R

A	B	C
a	1	2
b	2	1
c	3	1

S

A	B	C
d	3	2

T

A	B	C
a	1	2
b	2	1
c	3	1
d	3	2

则关系 T 是由关系 R 和 S 通过某种操作得到，该操作为（　　）。

　　A. 选择　　　　　　B. 投影　　　　　　C. 交　　　　　　D. 并

参考答案：D

【解析】　在关系 T 中包含了关系 R 与 S 中的所有元组，所以进行的是并运算。

11. 在学生表中要查找所有年龄小于 20 岁且姓"王"的男生，应采用的关系运算是（　　）。

　　A. 选择　　　　　　B. 投影　　　　　　C. 联接　　　　　　D. 比较

参考答案：A

【解析】　关系运算包括选择、投影和连接。①选择：从关系中找出满足给定条件的元组的操作称为选择。选择是从行的角度进行的运算。②投影：从关系模式中指定若干个属性组成新的关系。投影是从列的角度进行的运算。③连接：连接运算将两个关系模式拼接成一个更宽的关系模式，生成的新关系中包含满足连接条件的元组。比较不是关系运算。此题是从关系中查找所有年龄小于 20 岁且姓王的男生，应进行的运算是选择，所以选 A。

12. Access 数据库最基础的对象是（　　）。

　　A. 表　　　　　　B. 宏　　　　　　C. 报表　　　　　　D. 查询

参考答案：A

【解析】　Access 数据库对象包括表、查询、窗体、报表、宏和模块。其中，表是数据库中用来存储数据的对象，是整个数据库系统的基础。

13. 在关系窗口中，双击两个表之间的连接线，会出现（　　）。

　　A. 数据表分析向导　　　　　　　　　B. 数据关系图窗口

　　C. 连接线粗细变化　　　　　　　　　D. 编辑关系对话框

参考答案：D

【解析】　当两个表之间建立了关系，在关系窗口中两个表之间会出现一条连接线，双击这条连接线会出现编辑关系对话框。

14. 下列关于 OLE 对象的叙述中，正确的是（   ）。

    A. 用于输入文本数据
                B. 用于处理超级链接数据

    C. 用于生成自动编号数据
              D. 用于链接或内嵌 Windows 支持的对象

参考答案：D

【解析】 OLE 对象是指字段允许单独地"链接"或"嵌入"OLE 对象，如 Word 文档、Excel 表格、图像、声音或者其他二进制数据。故选项 D 正确。

15. 若在查询条件中使用了通配符"!"，它的含义是（   ）。

    A. 通配任意长度的字符
              B. 通配不在方括号内的任意字符

    C. 通配方括号内列出的任一单个字符
    D. 错误的使用方法

参考答案：B

【解析】 通配符"!"的含义是匹配任意不在方括号里的字符，如 b[! ae]ll 可查到 bill 和 bull，但不能查到 ball 或 bell。故选项 B 正确。

16. "学生表"中有"学号""姓名""性别"和"入学成绩"等字段。执行如下 SQL 命令后的结果是（   ）。

```
Select Avg(入学成绩) From 学生表 Group by 性别
```

    A. 计算并显示所有学生的平均入学成绩

    B. 计算并显示所有学生的性别和平均入学成绩

    C. 按性别顺序计算并显示所有学生的平均入学成绩

    D. 按性别分组计算并显示不同性别学生的平均入学成绩

参考答案：D

【解析】 SQL 查询中分组统计使用 Group by 子句，函数 Avg() 用来求平均值，所以此题的查询是按性别分组计算并显示不同性别学生的平均入学成绩，所以选项 D 正确。

17. 在 SQL 语言的 SELECT 语句中，用于实现选择运算的子句是（   ）。

    A. FOR
           B. IF
           C. WHILE
           D. WHERE

参考答案：D

【解析】 SQL 查询的 SELECT 语句是功能最强，也是最为复杂的 SQL 语句。SELECT 语句的结构是：

```
SELECT [ALL|DISTINCT] 别名 FROM 表名 [WHERE 查询条件]
[GROUP BY 要分组的别名 [HAVING 分组条件]]
```

WHERE 后面的查询条件用来选择符合要求的记录，所以选项 D 正确。

18. 在 Access 数据库中使用向导创建查询，其数据可以来自（   ）。

    A. 多个表
           B. 一个表
           C. 一个表的一部分
    D. 表或查询

参考答案：D

【解析】 所谓查询就是根据给定的条件，从数据库中筛选出符合条件的记录，构成一个数据的集合，其数据来源可以是表或查询。选项 D 正确。

19. 下列统计函数中不能忽略空值（NULL）的是（   ）。

    A. SUM
           B. AVG
           C. MAX
           D. COUNT

参考答案：D

【解析】　本题考查统计函数的知识。在 Access 中进行计算时，可以使用求和函数 SUM、求平均值函数 AVG、求最大值函数 MAX、求最小值函数 MIN 和计数函数 COUNT。其中，统计数目的函数 COUNT 不能忽略字段中的空值。

20. 在成绩表中要查找成绩≥80 且成绩≤90 的学生，正确的条件表达式是（　　　　）。

  A. 成绩 Between 80 And 90　　　　　　B. 成绩 Between 80 TO 90

  C. 成绩 Between 79 And 91　　　　　　D. 成绩 Between 79 TO 9l

参考答案：A

【解析】　在查询准则中比较运算符"Between…And"用于设定范围，表示"在…之间"，此题要在成绩表中查找成绩≥80 且成绩≤90 的学生，应选 A。

21. 在报表中，要计算"数学"字段的最低分，应将控件的"控件来源"属性设置为（　　　　）。

  A. = Min([数学])　　　B. = Min(数学)　　　C. = Min[数学]　　　D. Min(数学)

参考答案：A

【解析】　在报表中，要为控件添加计算字段，应设置控件的"控件来源"属性，并且以"="开头，字段要用"()"括起来，在此题中要计算数学的最低分，应使用 Min()函数，故正确形式为"= Min([数学])"，即选项 A 正确。

22. 在打开窗体时，依次发生的事件是（　　　　）。

  A. 打开(Open)→加载(Load)→调整大小(Resize)→激活(Activate)

  B. 打开(Open)→激活(Activate)→加载(Load)→调整大小(Resize)

  C. 打开(Open)→调整大小(Resize)→加载(Load)→激活(Activate)

  D. 打开(Open)→激活(Activate)→调整大小(Resize)→加载(Load)

参考答案：A

【解析】　Access 开启窗体时事件发生的顺序是：Open(窗体)→Load(窗体)→Resize(窗体)→Activate(窗体)→Current(窗体)→Enter(第一个拥有焦点的控件)→GotFocus(第一个拥有焦点的控件)。所以此题答案为 A。

23. 如果在文本框内输入数据后，按<Enter>键或按<Tab>键，输入焦点可立即移至下一指定文本框，应设置（　　　　）。

  A. "制表位"属性　　　　　　　　　　B. "Tab 键索引"属性

  C. "自动 Tab 键"属性　　　　　　　　D. "Enter 键行为"属性

参考答案：B

【解析】　在 Access 中为窗体上的控件设置 Tab 键的顺序，应选择"属性"对话框的"其他"选项卡中的"Tab 键索引"选项进行设置，故答案为 B。

24. 窗体 Caption 属性的作用是（　　　　）。

  A. 确定窗体的标题　　　　　　　　　　B. 确定窗体的名称

  C. 确定窗体的边界类型　　　　　　　　D. 确定窗体的字体

参考答案：A

【解析】　窗体 Caption 属性的作用是确定窗体的标题，故答案为 A。

25. 窗体中有 3 个命令按钮，分别命名为 Command1、Command2 和 Command3。当单击 Command1 按钮时，Command2 按钮变为可用，Command3 按钮变为不可见。下列 Command1 的单击事件过程中，正确的是（　　　　）。

  A. `Private Sub Command1_Click()`

```
        Command2.Visible = True
        Command3.Visible = False
    End Sub
B. Private Sub Command1_Click()
        Command2.Enabled = True
        Command3.Enabled = False
    End Sub
C. Private Sub Command1_Click()
        Command2.Enabled = True
        Command3.Visible = False
    End Sub
D. Private Sub Command1_Click()
        Command2.Visible = True
        Command3.Enabled = False
    End Sub
```

参考答案：C

【解析】 控件的 Enable 属性是设置控件是否可用，如设为 True 表示控件可用，设为 False 表示控件不可用；控件的 Visible 属性是设置控件是否可见，如设为 True 表示控件可见，设为 False 表示控件不可见。此题要求 Command2 按钮变为可用，Command3 按钮变为不可见，所以选项 C 正确。

26. 在报表的设计视图中，区段被表示成带状形式，称为（　　　）。

  A. 主体   B. 节   C. 主体节   D. 细节

参考答案：B

【解析】 在报表的设计视图中，区段被表示成带状形式，称为节。主体节是节的一种。

27. 下列叙述中，错误的是（　　　）。

  A. 宏能够一次完成多个操作   B. 可以将多个宏组成一个宏组

  C. 可以用编程的方法来实现宏   D. 宏命令一般由动作名和操作参数组成

参考答案：C

【解析】 宏是由一个或多个操作组成的集合，其中每个操作都实现特定的功能。宏可以是由一系列操作组成的一个宏，也可以是一个宏组。通过使用宏组，可以同时执行多个任务。可以用 Access 中的宏生成器来创建和编辑宏，但不能通过编程实现。宏由条件、操作和操作参数等构成。因此，C 选项错。

28. 在宏表达式中要引用 Form1 窗体中的 txt1 控件的值，正确的引用方法是（　　　）。

  A. Form1!txt1   B. txt1

  C. Forms!Form1!txt1   D. Forms!txt1

参考答案：C

【解析】 宏表达式中引用窗体的控件值的格式是：Forms!窗体名!控件名[.属性名]。

29. VBA 中定义符号常量使用的关键字是（　　　）。

  A. Const   B. Dim   C. Public   D. Static

参考答案：A

【解析】 符号常量使用关键字 Const 来定义，格式为：Const 符号常量名称 = 常量值。Dim 是定义变量的关键字，Public 关键字定义作用于全局范围的变量、常量，Static 用于定义静态变量。

30. 下列表达式计算结果为数值类型的是（　　　）。

  A. #5/5/2010# - #5/1/2010#   B. "102" > "11"

C.　$102 = 98 + 4$　　　　　　　　　　D.　#5/1/2010# + 5

参考答案：A

【解析】　A 选项中两个日期数据相减后结果为整型数据 4。B 选项中是两个字符串比较，结果为 False，是布尔型。C 选项中为关系表达式的值，结果为 True，是布尔型。D 选项中为日期型数据加 5，结果为 2010-5-6，仍为日期型。

31．要将"选课成绩"表中学生的"成绩"取整，可以使用的函数是（　　　）。

　　A．Abs([成绩])　　　　B．Int([成绩])　　　　C．Sqr([成绩])　　　　D．Sgn([成绩])

参考答案：B

【解析】　取整函数是 Int，而 Abs 是求绝对值函数，Sqr 是求平方根函数，Sgn 函数返回的是表达式的符号值。

32．将一个数转换成相应字符串的函数是（　　　）。

　　A．Str　　　　　　　　B．String　　　　　　　C．Asc　　　　　　　　D．Chr

参考答案：A

【解析】　将数值表达式的值转化为字符串的函数是 Str。而 String 返回一个由字符表达式的第 1 个字符重复组成的指定长度为数值表达式值的字符串；Asc 函数返回字符串首字符的 ASCII 值；Chr 函数返回以数值表达式值为编码的字符。

33．可以用 InputBox 函数产生"输入对话框"。执行语句：

```
st = InputBox("请输入字符串","字符串对话框","aaaa")
```

当用户输入字符串"bbbb"，按"OK"按钮后，变量 st 的内容是（　　　）。

　　A．aaaa　　　　　　　B．请输入字符串　　　　C．字符串对话框　　　D．bbbb

参考答案：D

【解析】　InputBox 函数表示在对话框中显示提示，等待用户输入正文或按下按钮，并返回包含文本框内容的字符串。本题中的输入框初始显示为 aaaa，输入 bbbb 后单击"OK"按钮后，bbbb 传给变量 st。

34．由"For i = 1 To 16 Step 3"决定的循环结构被执行（　　　）。

　　A．4 次　　　　　　　　B．5 次　　　　　　　　C．6 次　　　　　　　　D．7 次

参考答案：C

【解析】　题目考查的是 For 循环结构，循环初值 i 为 1，终值为 16，每次执行循环 i 依次加 3，则 i 分别为 1、4、7、10、13、16，则循环执行 6 次。

35．运行下列程序，输入数据 8、9、3、0 后，窗体中显示结果是（　　　）。

```
Private Sub Form_Click()
Dim sum As Integer, m As Integer
sum = 0
Do
    m = InputBox("输入 m")
    sum = sum + m
Loop Until m = 0
MsgBox sum
End Sub
```

　　A．0　　　　　　　　　B．17　　　　　　　　　C．20　　　　　　　　　D．21

参考答案：C

【解析】 本题程序是通过 Do 循环结构对键盘输入的数据进行累加，循环结束条件是输入的字符为 0，题目在输入 0 之前输入的 3 个有效数据 8、9、3，相加值为 20。

36. 窗体中有命令按钮 Command1 和文本框 Text1，事件过程如下。

```
Function result(ByVal x As Integer)As Boolean
    If x Mod 2 = 0 Then
        result = True
    Else
        result = False
    End If
End Function
Private Sub Command1_Click()
    x = Val(InputBox("请输入一个整数"))
    If 【      】 Then
        Text1 = Str(x) & "是偶数"
    Else
        Text1 = Str(x) & "是奇数"
    End If
End Sub
```

运行程序，单击命令按钮，输入 19，在 Text1 中会显示"19 是奇数"。那么在程序的括号内应填写（   ）。

A. NOT result(x)　　　　　　　　　　　　B. result(x)

C. result(x)="奇数"　　　　　　　　　　　D. result(x)="偶数"

参考答案：B

【解析】 本题程序是判断奇偶性的程序，函数 Result 用来判断 x 是否是偶数，如果 x 是偶数，那么 Result 的返回值为真，否则返回值为假；单击命令按钮时执行的过程是输入整数然后调用 Result 函数，如果值为真，文本框会显示输入的值是偶数，否则显示输入的值为奇数。调用 Result 函数且 Result 函数值为真时的表达式为：Result(x)。

37. 若有如下 Sub 过程：

```
Sub sfun(x As Single, y As Single)
    t = x
    x = t/y
    y = t Mod y
End Sub
```

在窗体中添加一个命令按钮 Command33，对应的事件过程如下。

```
Private Sub Command33_Click()
    Dim a As Single
    Dim b As Single
    a = 5 : b = 4
    sfun a,b
    MsgBox a & chr(10) + chr(13) & b
End Sub
```

打开窗体运行后，单击命令按钮，消息框中有两行输出，内容分别为（   ）。

A. 1 和 1　　　　　B. 1.25 和 1　　　　　C. 1.25 和 4　　　　　D. 5 和 4

参考答案：B

【解析】 此题中设定了一个 Sfun()函数，进行除法运算和求模运算。命令按钮的单击事件中，定义两变量 a=5，b=4，调用 Sfun 函数传递 a、b 的值给 x、y 进行运算，t=x=5，y=4；x=t/y=5/4=1.25（除法运算）；y=t Mod y=5 mod 4=1（求模运算）。Sfun 函数参数没有指明参数传递方式，则默认以传址方式传递，因此 a 的值为 1.25，b 的值为 1。

38. 窗体有命令按钮 Command1 和文本框 Text1，对应的事件代码如下。

```
Private Sub Command1_Click()
    For i = 1 To 4
        x = 3
        For j = 1 To 3
            For k = 1 To 2
                x = x + 3
            Next k
        Next j
    Next i
    Text1.Value = Str(x)
End Sub
```

运行以上事件过程，文本框中的输出是（   ）。

A. 6　　　　　　　B. 12　　　　　　　C. 18　　　　　　　D. 21

参考答案：D

【解析】 题目中程序是在文本框中输出 x 的值，x 的值由一个三重循环求出，在第一重循环中，x 的初值都是 3，因此，本程序中 x 重复运行 4 次，每次都是初值为 3，然后再经由里面两重循环的计算。在里面的两重循环中，每循环一次，x 的值加 3，里面两重循环分别从 1~3，从 1~2 共循环 6 次，所以 x 每次加 3，共加 6 次，最后的结果为 x=3+6*3=21。Str 函数将数值表达式转换成字符串，即在文本框中显示 21。

39. 在窗体中有一个命令按钮 Command1，编写事件代码如下。

```
Private Sub Command1_Click()
    Dim s As Integer
    s = P(1) + P(2) + P(3) + P(4)
    debug.Print s
End Sub
Public Function P(N As Integer)
    Dim Sum As Integer
    Sum = 0
    For i = 1 To N
        Sum = Sum + i
    Next i
    P = Sum
End Function
```

打开窗体运行后，单击命令按钮，输出结果是（   ）。

A. 15　　　　　　　B. 20　　　　　　　C. 25　　　　　　　D. 35

参考答案：B

【解析】 题目中在命令按钮的单击事件中调用了函数过程 P。而函数过程 P 的功能是根据参数 N，计算从 1 到 N 的累加，然后返回这个值。N=1 时，P(1)返回 1，N=2 时，P(2)返回 3，N=3 时，P(3)返回 6，N=4 时，P(4)返回 10，所以 s=1+3+6+10=20。

40. 下列过程的功能是：通过对象变量返回当前窗体的 Recordset 属性记录集引用，消息框中输出记录集的记录（即窗体记录源）个数。

```
Sub GetRecNum()
    Dim rs As Object
    Set rs = Me.Recordset
    MsgBox 【            】
End Sub
```

程序括号内应填写的是（   ）。

  A．Count   B．rs.Count

  C．RecordCount   D．rs.RecordCount

参考答案：D

【解析】 题目中对象变量 rs 返回了当前窗体的 RecordSet 属性记录集的引用，那么通过访问对象变量 rs 的属性 RecordCount 就可以得到该记录集的记录个数，引用方法为 rs.RecordCount。

二、基本操作题（18 分）

在考生文件夹下的"sampl.mdb"数据库文件中已建立好表对象"tStud"和"tScore"、宏对象"mTest"和窗体"fTest"。试按以下要求，完成各种操作。

（1）分析表对象"tScore"的字段构成，判断并设置其主键。

（2）删除"tStud"表结构的"照片"字段列，在"简历"字段之前增添一个新字段（字段名称：团员否。数据类型："是/否"型）。

（3）隐藏"tStud"中的"所属院系"字段列。

（4）将考生文件夹下文本文件 Test.txt 中的数据导入到当前数据库中。其中，第一行数据是字段名，导入的数据以"tTest"数据表命名保存。

（5）将窗体"fTest"中名为"bt2"的命令按钮，其高度设置为 1 厘米，左边界设置为左边对齐"bt1"命令按钮。

（6）将宏"mTest"重命名为自动运行的宏。

【答案解析】

【考点分析】 本题考点：删除字段；添加字段；隐藏字段；表的导入；窗体中命令按钮控件属性设置；宏的重命名。

【解题思路】 第（1）、（2）小题在设计视图中删除和添加字段；第（3）小题在数据表中设置隐藏字段；第（4）小题通过单击"外部数据"|"文本文件"导入表；第（5）小题在窗体设计视图中右键单击控件选择"属性"，设置属性；第（6）小题右键单击宏名选择"重命名"。

（1）【操作步骤】

步骤 1：选择"表"对象，右键单击表"tScore"，从弹出的快捷菜单中选择"设计视图"命令。

步骤 2：选中"学号"和"课程号"字段行，单击"设计"中"主键"按钮。

步骤 3：按<Ctrl>+<S>组合键保存修改，关闭设计视图。

（2）【操作步骤】

步骤 1：选中"表"对象，右键单击"tStud"，选择"设计视图"。

步骤 2：选中"照片"字段行，右键单击"照片"并选择"删除行"，在弹出的对话框中选中"是"按钮。选中"简历"字段行，右键单击"简历"选择"插入行"，在"字段名称"列输入"团员否"，在"数据类型"列下拉列表中选中"是/否"。

步骤 3：按<Ctrl>+<S>组合键保存修改。

（3）【操作步骤】

步骤 1：双击表"tStud"，打开数据表视图。

步骤 2：选中"所属院系"，右键单击"所属院系"|"隐藏字段"。

步骤 3：按<Ctrl>+<S>组合键保存修改，关闭数据表。

（4）【操作步骤】

步骤 1：单击"外部数据"|"导入"|"文本文件"，单击"浏览"，在"考生文件夹"找到要导入的文件，选中"Test.txt"文件，单击"确定"按钮。

步骤 2：单击"下一步"按钮，选中"第一行包含字段名称"复选框，单击"下一步"按钮，将"学号"字段的数据类型设置为"文本"，将"所属院系"字段的数据类型设置为"文本"，单击"下一步"，单击"不要主键"，单击"下一步"。

步骤 3：在"导入到表"处输入"tTest"，单击"完成"按钮。

（5）【操作步骤】

步骤 1：选中"窗体"对象，右键单击"fTest"选择"设计视图"。

步骤 2：右键单击"bt1"，选择"属性"，查看"左边距"行的数值，并记录下来，关闭属性表。

步骤 3：右键单击"bt2"，选择"属性"，分别在"高度"和"左边距"行输入"1cm"和"3cm"，关闭属性表。

步骤 4：按<Ctrl>+<S>组合键保存修改，关闭设计视图。

（6）【操作步骤】

步骤 1：选中"宏"对象，右键单击"mTest"，选择"重命名"。

步骤 2：在光标处输入"AutoExec"，按<Ctrl>+<S>保存修改。

【易错误区】 导入文件时要选择正确的文件类型。

三、简单应用题（24 分）

在考生文件夹下有一个数据库文件"samp2.mdb"，里面已经设计好了 3 个关联表对象"tStud""tCourse"和"tScore"。此外，还提供窗体"fTest"和宏"mTest"，请按以下要求完成设计。

（1）创建一个选择查询，查找年龄大于 25 的学生的"姓名""课程名"和"成绩"3 个字段的内容，所建查询命名为"qT1"。

（2）创建生成表查询，组成字段是没有书法爱好学生的"学号""姓名"和"入校年"3 列内容（其中"入校年"数据由"入校时间"字段计算得到，显示为 4 位数字年的形式），生成的数据表命名为"tTemp"，将查询命名为"qT2"。

（3）补充窗体"fTest"上"test1"按钮（名为"bt1"）的单击事件代码，实现以下功能。

当单击按钮"test1"，将文本框中输入的内容与文本串"等级考试测试"连接，并消除连接串的前导和尾随空白字符，用标签"bTitle"显示连接结果。

注意：不能修改窗体对象"fTest"中未涉及的控件和属性；只允许在"*****Add1*****"与"*****Add1*****"之间的空行内补充语句、完成设计。

（4）设置窗体"fTest"上"test2"按钮（名为"bt2"）的单击事件为宏对象"mTest"。

【答案解析】

【考点分析】 本题考点：创建条件查询、生成表查询；窗体中命令按钮控件属性设置。

【解题思路】 第（1）、（2）小题在查询设计视图中创建不同的查询，按题目要求添加字段和条件表达式；第（3）小题在窗体设计视图中右键单击控件选择"事件生成器"，输入代码；第（4）

小题在窗体设计视图中右键单击控件选择"属性"，设置属性。

（1）【操作步骤】

步骤1：单击"创建"选项卡中"查询设计"按钮，在"显示表"对话框中双击表"tStud""tCourse"和"tScore"，然后关闭"显示表"对话框。

步骤2：用鼠标拖动"tScore"表中"学号"至"tStud"表中的"学号"字段，建立两者的关系，用鼠标拖动"tScore"表中"课程号"至"tCourse"表中的"课程号"字段，建立两者的关系。

分别双击"姓名""课程名""成绩"和"年龄"字段。

步骤3：在"年龄"字段"条件"行输入">25"，单击"显示"行取消该字段显示。

步骤4：按<Ctrl>+<S>组合键保存修改，另存为"qT1"。关闭设计视图。

（2）【操作步骤】

步骤1：单击"创建"选项卡中"查询设计"按钮，在"显示表"对话框双击表"tStud"，关闭"显示表"对话框。

步骤2：单击"设计"选项卡中"生成表"，在弹出的对话框中输入"tTemp"，单击"确定"按钮。

步骤3：分别双击"学号""姓名"和"简历"将其添加到"字段"行，在"简历"字段"条件"行输入"not like "*书法*""，单击"显示"行。

步骤4：在"字段"行的下一列输入"入校年:Year([入校时间])"行。

步骤5：单击"设计"选项卡中"运行"，在弹出的对话框中单击"是"按钮。

步骤6：按<Ctrl>+<S>组合键保存修改，另存为"qT2"。关闭设计视图。

（3）【操作步骤】

步骤1：选中"窗体"对象，右键单击"fTest"，选择"设计视图"。

步骤2：右键单击"test1"，选择"事件生成器"|"代码生成器"，空行内输入代码：

```
'*****Add1*****
bTitle.Caption = Trim(tText) & "等级考试测试"
'*****Add1*****
```

关闭代码生成器，按<Ctrl>+<S>组合键保存修改。

（4）【操作步骤】

步骤1：右键单击"test2"，选择"属性"。

步骤2：单击"事件"选项卡，在"单击"行右侧下拉列表中选中"mTest"，关闭属性表。

步骤3：按<Ctrl>+<S>组合键保存修改，关闭设计视图。

【易错误区】 添加字段"入校年"要注意表达式的书写。

四、综合应用题（18分）

在考生文件夹下有一个数据库文件"samp3.mdb"，里面已经设计了表对象"tEmp"和窗体对象"fEmp"。同时，给出窗体对象"fEmp"上"追加"按钮(名为 bt1)和"退出"按钮(名为 bt2)的单击事件代码，请按以下要求完成设计：

（1）删除表对象"tEmp"中年龄在 25～45 岁之间(不含 25 和 45)的非党员职工记录信息。

（2）设置窗体对象"fEmp"的窗体标题为"追加信息"。

（3）将窗体对象"fEmp"上名为"bTitle"的标签以"特殊效果：阴影"显示。

（4）按以下窗体功能，补充事件代码设计。

在窗体的 4 个文本框内输入合法的职工信息后，单击"追加"按钮(名为 bt1)，程序首先判断职工编号是否重复，如果不重复则向表对象"tEmp"中添加职工纪录，否则出现提示；当单击窗体上的"退出"按钮(名为 bt2)时，关闭当前窗体。

注意：不要修改表对象"tEmp"中未涉及的结构和数据；不要修改窗体对象"fEmp"中未涉及的控件和属性。

程序代码只允许在"*****Add*****"与"*****Add*****"之间的空行内补充一行语句以完成设计，不允许增删和修改其他位置已存在的语句。

【答案解析】

【考点分析】　本题考点：表中字段属性有效性规则、有效性文本设置；窗体中文本框和命令按钮控件属性设置。

【解题思路】　第（1）小题在设计视图中设置字段属性；第（2）、（3）小题在窗体设计视图中右键单击窗体或控件选择"属性"，设置属性；第（4）小题右键单击控件选择"事件生成器"，输入代码。

（1）【操作步骤】

步骤 1：单击"创建"选项卡中"查询设计"按钮，在"显示表"对话框双击表"tEmp"，然后关闭"显示表"对话框。

步骤 2：单击"设计"选项卡中"删除"。

步骤 3：分别双击"党员否"和"年龄"字段。

步骤 4：在"党员否"和"年龄"字段的"条件"行分别输入"<>Yes"和">25 and <45"。

步骤 5：单击"设计"选项卡中"运行"，在弹出的对话框中单击"是"按钮。

步骤 6：关闭设计视图，在弹出的对话框中单击"否"按钮。

（2）【操作步骤】

步骤 1：选中"窗体"对象，右键单击"fEmp"选择"设计视图"。

步骤 2：右键单击"窗体选择器"，选择"属性"，在"标题"行输入"追加信息"。关闭属性表。

（3）【操作步骤】

步骤 1：右键单击"bTitle"，选择"属性"。

步骤 2：在"特殊效果"行右侧下拉列表中选中"阴影"，关闭属性表。

（4）【操作步骤】

步骤 1：右键单击命令按钮"追加"，选择"事件生成器"，在空行输入代码。

```
'*****Add1*****
If Not ADOrs.EOF Then
'*****Add1*****
```

关闭界面。

步骤 2：右键单击命令按钮"退出"，选择"事件生成器"，在空行输入代码。

```
'*****Add2*****'
DoCmd.Close
'*****Add2*****'
```

关闭界面。按<Ctrl>+<S>组合键保存修改，关闭设计视图。

【易错误区】　设置控件代码时要选择正确的函数。

［1］黎升洪. Access 数据库应用与 VBA 编程. 北京：中国铁道出版社，2011.

［2］刘卫国. Access 2010 数据库应用技术. 北京：人民邮电出版社，2013.

［3］陈薇薇，巫张英. Access 基础与应用教程（2010 版）. 北京：人民邮电出版社，2013.

［4］李勇帆，廖瑞华. Access 数据库程序设计与应用教程. 北京：人民邮电出版社，2014.

［5］郑小玲. Access 数据库实用教程. 2 版. 北京：人民邮电出版社，2013.

［6］黄崇本，谭恒松. 数据库技术与应用. 北京：电子工业出版社，2012.

［7］李雁翎. 数据库技术及应用：Access. 2 版. 北京：高等教育出版社，2012.

［8］王娟，李向群，高娟. Access 数据库应用技术. 2 版. 北京：清华大学出版社，2014.

［9］吕洪柱，李君. Access 数据库系统与应用. 2 版. 北京：北京邮电大学出版社，2012.

［10］齐晖，潘惠勇. Access 数据库技术及应用（2010 版）. 北京：人民邮电出版社，2014.

［11］孙未，李雨. 数据库技术与应用教程——Access 2010. 北京：化学工业出版社，2014.

［12］林明杰. Access 数据库程序设计习题与上机指导. 北京：科学出版社，2012.

［13］刘卫国. Access 数据库基础与应用实验指导. 2 版. 北京：北京邮电大学出版社，2013.

［14］刘卫国. Access 2010 数据库应用技术实验指导与习题选解. 北京：人民邮电出版社，2013.

［15］新思路教育科技研究中心. 二级公共基础知识与 Access 数据库程序设计. 北京：机械工业出版社，2012.

［16］钱丽璞. Access 2010 数据库管理从新手到高手. 北京：中国铁道出版社，2013.

［17］施兴家，王秉宏. Access 2010 数据库应用基础教程. 北京：清华大学出版社，2013.

［18］董卫军. 数据库基础与应用（Access 版）. 北京：清华大学出版社，2012.